电子信息科学与工程类专业规划教材

单片机技术及应用
——基于汇编及 C51 程序设计

方 红 杨加国 唐毅谦 编著

电子工业出版社
Publishing House of Electronics Industry
北京·BEIJING

内 容 简 介

本书以实用为宗旨，以 51 系列单片机为背景，结合 Keil、C51、Proteus 等单片机系统开发软件，通过实例讲解 MCS-51 单片机的原理和硬、软件开发技术，针对同一功能，同时提供单片机汇编源程序和单片机 C 语言源程序。主要内容包括计算机基础知识及微处理器、8051 单片机的结构体系、指令系统、8051 单片机程序设计基础、8051 单片机的中断系统、8051 单片机的定时/计数器、8051 单片机的串行接口及串行总线、8051 单片机的系统扩展与接口技术、单片机应用系统的开发实例、Proteus 仿真软件及 Keil 集成开发环境的使用。

本书可作为高等院校自动化、电子信息、计算机应用、机电一体化等专业的单片机课程本科教材，同时可作为工程技术人员的参考书。

本书配有免费电子课件，欢迎选用本书作为教材的老师发邮件到 fanghong@cdu.edu.cn 索取。

未经许可，不得以任何方式复制或抄袭本书之部分或全部内容。

版权所有，侵权必究。

图书在版编目（CIP）数据

单片机技术及应用：基于汇编及 C51 程序设计 / 方红等编著. —北京：电子工业出版社，2017.7
ISBN 978-7-121-31665-4

I. ①单… Ⅱ. ①方… Ⅲ. ①单片微型计算机－高等学校－教材 Ⅳ. ①TP368.1

中国版本图书馆 CIP 数据核字（2017）第 120864 号

策划编辑：张小乐
责任编辑：张小乐　　　　　特约编辑：朱海云
印　　刷：北京虎彩文化传播有限公司
装　　订：北京虎彩文化传播有限公司
出版发行：电子工业出版社
　　　　　北京市海淀区万寿路 173 信箱　　邮编　100036
开　　本：787×1 092　1/16　印张：16.75　字数：429 千字
版　　次：2017 年 7 月第 1 版
印　　次：2022 年 11 月第 3 次印刷
定　　价：39.80 元

凡所购买电子工业出版社图书有缺损问题，请向购买书店调换。若书店售缺，请与本社发行部联系，联系及邮购电话：（010）88254888，88258888。

质量投诉请发邮件至 zlts@phei.com.cn，盗版侵权举报请发邮件至 dbqq@phei.com.cn。

本书咨询联系方式：（010）88254462，zhxl@phei.com.cn。

前　言

单片机技术及应用是理工科类专业的重要课程之一，也是一门实践性非常强的课程。MCS-51 系列单片机的应用十分广泛，是学习单片机技术较好的系统平台，同时也是开发单片机应用系统的一个重要 CPU 系列。本书以实用为宗旨，以 51 系列单片机为背景，结合 Keil、C51、Proteus 等单片机系统开发软件，通过实例讲解 MCS-51 单片机的原理和硬、软件开发技术，针对同一功能，同时提供单片机汇编源程序和单片机 C 语言源程序，并免费提供所有源代码和电路图的资源下载，读者可以此作为进入单片机应用系统开发领域的首次尝试。

本教材突出工程特色，以工程教育为理念，围绕培养应用创新型工程人才这一目标，着重培养学生的独立研究能力、动手能力和解决实际问题的能力。本书与传统的单片机基本原理书籍相比，更面向实际开发；与单片机 C 语言程序设计书籍相比，兼顾了单片机原理和汇编语言的讲解，有利于初学者迅速掌握单片机技术，并且可以在未学习"微型计算机原理"的情况下直接学习"单片机原理及应用"。本书的实例分别用汇编语言和 C 语言来实现相同的功能，通过两种编程语言的对比，学生能够有选择地掌握一种语言并认识另一种语言。同时，为了提高学生应用设计的能力，本书还介绍了目前单片机接口常用的接口芯片，列举了几个简单的单片机应用系统开发实例。

全书共 11 章。第 1 章是微型计算机与单片机基础知识；第 2 章介绍了单片机的结构及工作原理；第 3 章介绍了指令系统及汇编程序设计；第 4 章介绍了 C51 语言及程序设计；第 5 章介绍了 MCS-51 单片机的中断系统及其应用方法；第 6 章介绍了 MCS-51 单片机定时/计数器的原理及使用方法；第 7 章介绍了 MCS-51 单片机的串行接口及串行通信技术；第 8 章介绍了 51 系统扩展及接口技术；第 9 章介绍了单片机应用系统设计及举例；第 10 章介绍 Keil C51 集成环境的使用；第 11 章介绍了 Proteus 软件的使用。

本书结构合理、内容翔实、实例丰富，突出了选取内容的实用性、典型性，书中的应用实例大多来自科研工作及教学实践。本书可作为高等院校自动化、电子信息、计算机应用、机电一体化等专业单片机课程的本科教材，同时可作为相关领域工程技术人员的参考书。

本书由成都大学方红、杨加国、唐毅谦等编著。书中参考并吸取了大量国内教材、论文的长处，在此表示感谢。由于编者水平有限，书中难免存在缺漏或不妥之处，敬请读者批评指正。

编　者

2017 年 4 月

目　　录

第1章

微型计算机与单片机基础知识

1.1 微型计算机与单片机的感性认识

1946 年人类第一台电子计算机 ENIAC(Electronic Numerical Integrator And Computer)问世。在其后几十年的发展历史中,计算机经历了电子管、晶体管、中小规模集成电路和大规模、超大规模集成电路几个阶段。

20 世纪 70 年代初期,由于微电子技术和超大规模集成技术的发展,导致了以微处理器为核心的微型计算机的诞生。微型计算机(Microcomputer)与其他计算机的区别在于它的中央处理器 CPU(Central Processing Unit)是采用超大规模技术集成在一块硅片上的,又称为微处理器(Microprocessor)。微型计算机由微处理器(CPU)、存储器和输入/输出接口组成。微型计算机系统由硬件(微型计算机)和软件两大部分组成。硬件指组成计算机的设备实体。软件是相对于硬件而言的,指计算机运行所需的各种程序,广义地讲还包括各种信息。

单片微型计算机(Single Chip Micro Computer)简称单片机,它是把组成微型计算机的各功能部件,如中央处理单元 CPU、一定容量的随机存储器 RAM 和只读存储器 ROM、I/O 接口电路、定时/计数器以及串行口等,制作在一块芯片中的计算机。由于单片机的硬件结构与指令系统的功能都是按工业控制要求而设计的,常用在工业检测、控制装置中,因而也称为微控制器(Micro-Controller)。它具有结构简单、控制功能强、可靠性高、体积小、价格低等特点,从家用电器、智能化仪器、工业控制到火箭导航尖端技术领域都发挥着十分重要的作用。

1.2 计算机硬件的基本组成

1946 年美籍匈牙利数学家冯·诺依曼(John Von Nenman)等人在"关于电子计算仪器逻辑设计的初步探讨"的论文中,第一次提出了计算机组成和工作方式的基本思想,其主要内容是:

1. 计算机由运算器、控制器、存储器、输入和输出设备五部分组成。

2. 存储器不但能存放数据,也能存放程序。数据和程序均以二进制数码形式在机器内存放。计算机能自动识别数据和程序。

3. 编好的程序事先存入存储器中,计算机在指令计数器控制下,自动高速执行。

目前,虽然计算机已取得惊人的进步,但究其本质,仍属冯·诺依曼结构体系。

我们知道,微型计算机系统由硬件和软件两大部分组成。硬件和软件系统本身还可细分为更多的子系统,如图 1-1 所示。

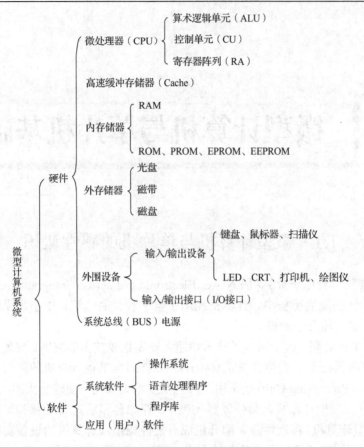

图1-1　微型计算机系统组成

1.3　微型计算机的硬件构成

1.3.1　微型计算机的硬件结构

微型计算机的硬件主要由以下 5 个部分组成：①微处理器(CPU)，②内存储器(RAM、ROM)，③外存储器(磁盘、磁带、光盘)，④输入、输出设备，⑤系统总线(BUS)电源。其系统结构如图 1-2 所示。

1.3.2　微处理器(CPU)

微处理器是整个微型计算机硬件控制指挥中心，不同型号的微型计算机性能的差别首先在于微处理器性能的不同。但无论哪种微处理器，其基本结构、基本部件的作用都是相同的。微处理器的基本组成如图 1-3 所示。

微处理器包括运算器和控制器两部分。

1.　运算器部分

(1)算术逻辑单元(Arithmetic Logic Unit，ALU)

ALU 是微型计算机运算部分的核心，在控制信号作用下可完成加、减、乘、除四则运算，还可进行与、或、非、异或等逻辑运算。

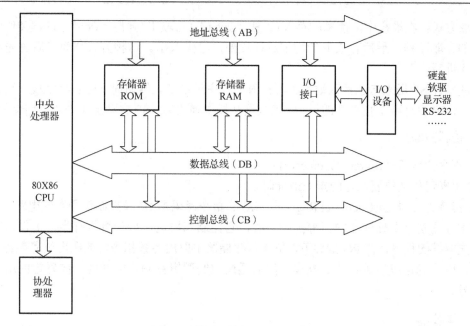

图 1-2　微型计算机硬件系统结构

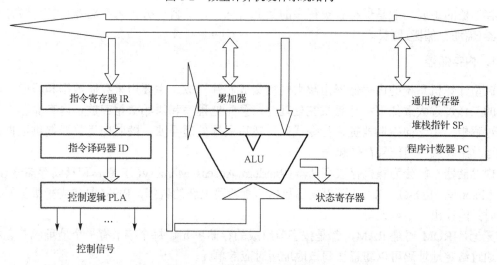

图 1-3　微处理器 CPU 内部组成

（2）累加器（Accumulator，ACC）

ACC 是通用寄存器中的一个，它提供送入 ALU 的两个操作数中的一个，而运算后的结果送回 ACC。因为它与 ALU 联系特别密切，故常把它划出，而不归在通用寄存器组中。

（3）状态寄存器（Flag Register，FR）

FR 用来记录计算机运行的某些重要状态，在必要时，根据这些状态控制 CPU 的运行。

（4）寄存器组（Resisters，RS）

RS 用来加快运算和处理速度。计算机访问存储器比访问寄存器要慢得多，因此在需要反复使用某些数据或中间结果时，可将其暂时存放在 RS 中，避免反复访问存储器，提高执行速度。

（5）堆栈和堆栈指针寄存器（SP）

堆栈是一组寄存器或存储器中某一指定区域，在计算机中广泛使用"堆栈"作为信息的一种存取方式。在堆栈中，信息的存入（进栈"Push"）与取出（弹出"Pop"）过程类似于仓库中货物的存取过程，最后存放的货物堆放在顶部，最先取出。这种方式称为"后进先出"或称为"先进后出"。

堆栈指针 SP 用来指示栈顶地址，其初值由程序员设定。例如向下生长型堆栈，当数据压入堆栈时，SP 自动减 1 指向新的栈顶；当数据从栈中弹出时，SP 自动加 1 同样指向新的栈顶。

2. 控制器部分

（1）程序计数器（Program Counter，PC）

PC 用来记住当前要执行的指令地址码。

（2）指令寄存器（Instructional Register，IR）、指令译码器 ID 及控制信号发生电路

这部分是整个微处理器的指挥控制中心，它控制和协调微型计算机有序地工作。它根据用户预先编好的程序，在 PC 指导下，依次从存储器中取出各条指令，放在指令寄存器中，通过指令译码器确定应该进行什么操作，然后通过控制逻辑在确定的时间，向确定的地方发出控制信号。

1.3.3　存储器

存储器的主要功能是保存各类程序的数据信息。存储器可分为内存储器（主存储器）和外存储器（辅助存储器）两类。

1. 内存储器

微型计算机系统的内存储器由超大规模集成芯片构成，主要用来存储数据和程序。内存储器的工作过程大致如下：计算机在处理前，预先把程序和原始数据存放于内存储器中，在处理过程中，由它向控制器提供指令代码，然后根据处理需要，随时向运算器提供数据，并且把运算结果或中间结果存储起来。

内存储器一般分为随机存取存储器（Random Access Memory，RAM）和只读存储器（Read Only Memory，ROM）。RAM 可以读出数据和重新写上新的数据，ROM 是事先把数据写入，使用时只能读出，不能改写。

无论是 ROM 还是 RAM，都是按字节组成的存储单元，每个字节有一个地址码与之相对应，通过给定地址码可以随意访问该地址所对应的单元。

计算机存储器系统大部分为 RAM。

2. 外存储器

内存储器工作速度较高，和 CPU 的速度基本相匹配，但由于价格的原因，内存储器容量不宜做得太大（通常小于 500MB）；且内存储器上信息易丢失，为此引入了外存储器。外存储器一般属于外部设备，用来存储 CPU 不急用的信息，它不能直接和 CPU 交换数据，要通过接口电路将信息送到内存储器中，CPU 才能使用。

外存储器的种类很多，目前用得最多的是磁盘存储器（包括硬盘和软盘）、光盘存储器等。

1.3.4　输入/输出（I/O）

I/O 子系统一般包括 I/O 接口电路与 I/O 设备。I/O 接口电路是介于计算机和外部设备之间的电路，I/O 接口电路基本功能如下：

1．缓存数据，使各种速度的外部设备与计算机速度相匹配。

2．信号变换，使各种电气特性不同的外部设备与计算机相连接。

3．联络作用，使外部设备的输入/输出与计算机操作同步。

输入/输出设备通过接口与 CPU 相连接，它是微型计算机与外界通信联系的渠道。常用的输入设备有键盘、卡片、输入机、条形码识别装置、扫描仪等；输出设备有 LED 显示器、CRT、打印机、绘图仪等。输入/输出设备又称外围设备。

1.3.5　总线（BUS）

总线是一组公共的信息传输线，用以连接计算机的各个部件。内部总线位于芯片内部，外部总线把中央处理器、存储器和 I/O 设备连接起来，用来传输各部件之间的通信信息。微型计算机总线按功能可分为地址总线、数据总线和控制总线，三者特点分别如下。

1．数据总线（data bus）

用于各部件之间传输数据信息，数据可朝两个方向传送，是双向总线。

2．地址总线（address bus）

用于传输通信所需的地址，用以指明数据的来源和目的，是单向总线。

3．控制总线（control bus）

用于传送 CPU 对存储器或 I/O 设备的控制命令和 I/O 设备对 CPU 的请求信号，使微型计算机各部件能协调工作。

微型计算机采用标准总线结构，使整个系统中各部件之间相互关系变为面向总线的单一关系。凡符合总线标准的功能部件和设备可以互换和互连，提高了微型计算机系统的通用性和可扩充性。

1.4　计算机中信息的表示

计算机是能够对输入的信息进行加工处理、存储并能按要求输出结果的电子设备，又称为电脑或信息处理机。计算机中处理的信息主要有数值信息和非数值信息两大类。数值信息是指日常生活中接触到的数字类数据，主要用来表示数量的多少，可以比较大小；非数值信息有多种，有用来表示文字信息的字符数据，也有用来表示图形、图像和声音等其他信息的数据。不同的信息在计算机中的表示形式不一样。从计算机内部角度来说，由于计算机内部只能识别二进制数，因此所有信息在计算机内都通过二进制编码表示。

1.4.1　计算机中无符号数的表示

无符号数不带符号，表示时比较简单，在计算机中一般直接用二进制数形式表示，位数不足时前面加 0 补充。对一个 n 位二进制数，它能表示的无符号数的范围是 $0 \sim 2^n - 1$。例如，假设机器字长 8 位，无符号数 156 在计算机中表示为 10011100B；45 在计算机中表示为 00101101B。

1.4.2 计算机中有符号数的表示

有符号数带有正负号。数学上用正负号来表示数的正负。由于计算机只能识别二进制符号，不能识别正负号，因此计算机中只能将正负号数字化，用二进制符号表示。在计算机中表示有符号数时，一般用二进制数的最高位来表示符号，正数表示为 0，负数表示为 1，称为符号位；其余位用来表示有符号数的数值大小，称为数值位。通常，把一个数及其符号位在计算机中的二进制数表示形式称为"机器数"。机器数所表示的值称为该机器数的"真值"。机器数的表示如图 1-4 所示。

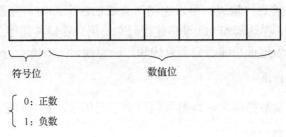

图 1-4 机器数的表示

机器数通常有 3 种表示方法：原码表示法、反码表示法和补码表示法。为了运算方便，计算机中通常用补码表示。为了研究补码表示法，首先了解原码表示法和反码表示法。

1. 原码

原码表示方法如下：最高位为符号位，用 0 表示正数，用 1 表示负数，数值位用数的绝对值表示，数值位如位数不足前面加 0 填充。由于正数的符号位为 0，因而正数的原码表示与相应的无符号数的表示相同。原码的表示如图 1-5 所示。

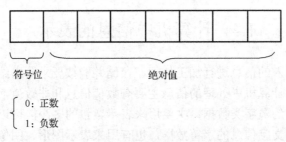

图 1-5 原码的表示

【例 1-1】 求+78、−23 的原码(设机器字长为 8 位)。
因为

$$|+78| = 78 = 1001110B$$

$$|-23| = 23 = 10111B$$

所以

$$[+78]_原 = 01001110B$$

$$[-23]_原 = 10010111B$$

原码表示时，如果机器字长为 n 位二进制数，其原码表示的有符号数范围为$-(2^{n-1}-1)\sim$ $+(2^{n-1}-1)$。例如，如果机器字长为 8 位二进制数，则表示的有符号数范围为$-127\sim+127$。

另外，"0" 的原码表示有两个，-0 和$+0$ 的编码不一样。假设机器字长为 8 位，-0 的编码为 10000000B，$+0$ 的编码为 00000000B。

2．反码

反码是在原码的基础上发展而来的，反码表示方法如下：最高位为符号位，用 0 表示正数，用 1 表示负数，对于数值位，正数的反码数值位与原码相同，而负数的反码数值位由原码的数值位取反得到。反码的表示如图 1-6 所示。

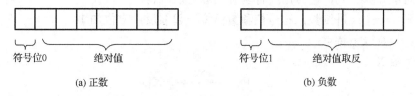

(a) 正数　　　　　　　　　　　　　(b) 负数

图 1-6　反码的表示

【例 1-2】　求$+78$、-23 的反码(设机器字长为 8 位)。

因为

$$[+78]_{原} = 01001110B$$

$$[-23]_{原} = 10010111B$$

所以

$$[+78]_{反} = 01001110B$$

$$[-23]_{反} = 11101000B$$

反码的表示范围与原码相同，如果机器字长为 n 位二进制数，反码表示的有符号数范围为$-(2^{n-1}-1)\sim+(2^{n-1}-1)$。例如，如果机器字长为 8 位二进制数，则表示的有符号数范围为$-127\sim+127$。

另外，"0" 的反码表示也有两个。假设机器字长为 8 位，-0 的反码编码为 11111111B，$+0$ 的反码编码为 00000000B。

3．补码

补码表示时，数的加减运算非常简单、方便，因而现在的计算机有符号数都用补码表示。补码表示如下：最高位为符号位，正数用 0 表示，负数用 1 表示。正数的补码与原码、反码相同，而负数的补码可在反码的基础之上，末位加 1 得到。对于一个负数 X，其补码也可用 $2^n-|X|$ 得到，其中 n 为计算机字长。补码的表示如图 1-7 所示。

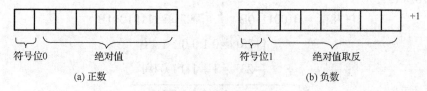

(a) 正数　　　　　　　　　　　　　(b) 负数

图 1-7　补码的表示

【例 1-3】 求+78、−23 的补码(设机器字长为 8 位)。

因为

$$[+78]_反 = 01001110B$$

$$[−23]_反 = 11101000B$$

所以

$$[+78]_补 = 01001110B$$

$$[−23]_补 = 11101000B+1 = 11101001B$$

另外，对于计算补码，也可用一种求补运算方法求得。

求补运算：一个二进制数，符号位和数值位一起取反，末位加 1。

求补运算具有以下特点：

对于一个数 X

$$[X]_补 \xrightarrow{\ 求补\ } [−X]_补$$

那么，已知正数的补码，则可通过求补运算求得对应负数的补码，已知负数的补码，相应也可通过求补运算求得对应正数的补码，也就是说，在用补码表示时，求补运算可得到数的相反数。

4．补码的加减运算

在现在的计算机中，有符号数都用补码表示，用补码表示时运算简单。

补码的加、减法运算规则如下：

$$[X+Y]_补 = [X]_补 + [Y]_补$$

$$[X−Y]_补 = [X]_补 + [−Y]_补 = [X]_补 + \{[Y]_补\}_{求补}$$

即：求两个数之和的补码，直接用两个数的补码相加；求两个数之差的补码，用被减数的补码加减数的相反数的补码($[−Y]_补$)，对于$[−Y]_补$用$[Y]_补$求补运算就可以得到，也就是说，减法运算可通过加法和求补运算来处理，下面我们通过例子来看看补码的加减运算。

【例 1-4】 假设计算机字长为 8 位，完成下列补码运算。

① （+78)+（+23)

因为　　　　　　$[+78]_补 = 01001110B$　　　　$[+23]_补 = 00010111B$

$$\begin{array}{r} [+78]_补 = 0\,1\,0\,0\,1\,1\,1\,0 \\ +\quad [+23]_补 = 0\,0\,0\,1\,0\,1\,1\,1 \\ \hline 0\,1\,1\,0\,0\,1\,0\,1 \end{array}$$

所以　　$[(+78)+(+23)]_补 = [+78]_补+[+23]_补 = 01100101B = [+101]_补$

② （+78)+（−23)

因为　　　　　　$[+78]_补 = 01001110B$　　　　$[−23]_补 = 11101001B$

$$\begin{array}{r} [+78]_补 = 0\,1\,0\,0\,1\,1\,1\,0 \\ +\quad [−23]_补 = 1\,1\,1\,0\,1\,0\,0\,1 \\ \hline 1\,0\,0\,1\,1\,0\,1\,1\,1 \end{array}$$

进位 1 自动丢失 ⟶

所以　　$[(+78)+(−23)]_补 = [+78]_补+[−23]_补 = 00110111B = [+55]_补$

1.4.3　十进制数的表示

十进制数是我们日常生活中习惯使用的数制，但计算机内部只能处理二进制数，为了处理方便，计算机对于十进制数也提供了相应的二进制编码形式。

在计算机中，十进制数的二进制编码称为 BCD 码，BCD 码有两种：压缩 BCD 码和非压缩 BCD 码。压缩 BCD 码又称为 8421 码，用 4 位二进制数来表示 1 位十进制符号。十进制数符号有 0~9 共 10 个数字，其压缩 BCD 码如表 1-1 所示。

表 1-1　压缩 BCD 编码表

十进制数	压缩 BCD 编码	十进制数	压缩 BCD 编码
0	0000	5	0101
1	0001	6	0110
2	0010	7	0111
3	0011	8	1000
4	0100	9	1001

用压缩 BCD 码表示十进制数，只要把每位十进制数用对应的 4 位二进制编码代替即可。例如，十进制数 54 的压缩 BCD 码为 0101 0100。

非压缩 BCD 码是用 8 位二进制数来表示 1 位十进制数，其中低 4 位二进制编码与压缩 BCD 码相同，高 4 位任取。下面介绍的数字符号的 ASCII 码就是一种非压缩的 BCD 码。例如，十进制数 24 的非压缩 BCD 码为 0011 0010 0011 0100。

1.4.4　计算机中字符的表示

计算机处理的最重要的非数值信息就是西文字符，西文字符包括字母、数字、专用字符及一些控制字符等，它们在计算机中也通过二进制编码表示，现在计算机中西文字符的编码通常采用的是美国信息交换标准代码(American Standard Code for Information Interchange，ASCII 码)。标准 ASCII 码定义了 128 个字符，用 7 位二进制数来编码，包括 26 个英文大写字母 A~Z，26 个英文小写字母 a~z，10 个数字符号 0~9，还有一些专用符号(如 ":"、"!"、"%")及控制符号(如换行、换页、回车等)。计算机中一般以字节为单位，8 位二进制位为一个字节，西文字符 ASCII 码通常置于低 7 位，高位补 0。在通信时，最高位常用作奇偶校验位。常用西文字符的 ASCII 码如表 1-2 所示。

表 1-2　常用字符的 ASCII 码(用十六进制数表示)

字符	ASCII	字符	ASCII	字符	ASCII	字符	ASCII	字符	ASCII
NUL	00	.	2F	C	43	W	57	k	6B
BEL	07	0	30	D	44	X	58	l	6C
LF	0A	1	31	E	45	Y	59	m	6D
FF	0C	2	32	F	46	Z	5A	n	6E
CR	0D	3	33	G	47	[	5B	o	6F
SP	20	4	34	H	48	\	5C	p	70
!	21	5	35	I	49	]	5D	q	71
"	22	6	36	J	4A	↑	5E	r	72
#	23	7	37	K	4B	'	5F	s	73
$	24	8	38	L	4C	←	60	t	74

（续表）

字符	ASCII	字符	ASCII	字符	ASCII	字符	ASCII	字符	ASCII
%	25	9	39	M	4D	a	61	u	75
&	26	:	3A	N	4E	b	62	v	76
'	27	;	3B	O	4F	c	63	w	77
(	28	<	3C	P	50	d	64	x	78
)	29	=	3D	Q	51	e	65	y	79
*	2A	>	3E	R	52	f	66	z	7A
+	2B	?	3F	S	53	g	67	{	7B
,	2C	@	40	T	54	h	68	|	7C
−1	2D	A	41	U	55	i	69	}	7D
/	2E	B	42	V	56	j	6A	~	7E

表 1-2 中数字 0~9 的 ASCII 码为 30H~39H，大写字母 A~Z 的 ASCII 码为 41H~5AH，小写字母 a~z 的 ASCII 码为 61H~7AH。常用的控制符如回车符的 ASCII 码为 0DH（表中用 CR 表示），换行符的 ASCII 码为 0AH（表中用 LF 表示），空格的 ASCII 码为 20H（表中用 SP 表示），等等。

1.5　单片机概述

1.5.1　单片机的典型硬件结构

单片微型计算机是指集成在一个芯片上的微型计算机，也就是把组成微型计算机的各种功能部件，包括 CPU（Central Processing Unit）、随机存取存储器（Random Access Memory，RAM）、只读存储器（Read-Only Memory，ROM）、基本输入/输出（Input/Output）接口电路、定时/计数器等制作在一块集成芯片上，构成一个完整的微型计算机，从而实现微型计算机的基本功能。单片机内部结构示意图如图 1-8 所示。单片机在早期的自动化生产控制领域中应用得十分广泛，因此单片机也称为微控制器（MicroController Unit，MCU）。

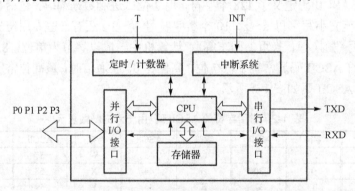

图 1-8　单片机内部结构示意图

单片机通常是指芯片本身，单片机系统则是在单片机芯片的基础上扩展其他电路或芯片构成的具有一定应用功能的计算机系统。单片机应用系统是以单片机为核心，配以输入、输出、显示、控制等外围电路和软件，能实现一种或多种功能的实用系统。它除了有单片机芯片以外，还有许多的外围电路，再配以一系列的实训程序，可以实现很多功能。所以说，单片机应用系统是由硬件和软件组成的，硬件是应用系统的基础，软件是在硬件的基础上对其资源进行合理调配和使用，从而完成应用系统所要求的任务，二者相互依赖，缺一不可，单片机应用系统的组成如图1-9所示。

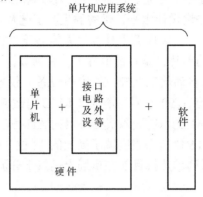

图 1-9　单片机应用系统的组成

1.5.2　单片机与微型计算机的比较

　　微型计算机技术有两大分支：微处理器（MPU）和微控制器（MCU，习惯称为单片机）。MPU，如8086，是微型计算机的核心，具有通用性，由于其应用主要面向数据处理，其发展主要围绕数据处理功能、计算速度和精度的进一步提高。

　　MCU主要面向控制，控制中的数据类型及数据处理相对简单，所以单片机的数据处理功能比通用微机相对要弱一些，计算速度和精度也相对要低一些。微型计算机系统中存储器的组织结构主要针对增大存储容量和提高处理器对数据的存取速度。MCU中存储器的组织结构比较简单，存储器芯片直接挂接在单片机的总线上，CPU对存储器的读写按直接物理地址来寻址，存储器的寻址空间一般都为64 KB。通用微型计算机中I/O接口主要考虑标准外设（如CRT、标准键盘、鼠标、打印机、硬盘、光盘等）。单片机的I/O接口实际上是向用户提供的与外设连接的物理界面。用户对外设的连接要设计具体的接口电路，需有熟练的接口电路设计技术。

1.5.3　主要的单片机产品

　　单片机种类繁多，不同种类单片机的内部结构不同，集成的功能部件不一样，指令系统和使用方法各不相同，主要有以下几种。

1. MCS-51 单片机

　　51单片机最早由Intel公司推出，由于Intel公司将重点放在通用微型计算机及其产品开发上，因此后来Intel公司将51内核使用权以专利互换的形式出让给世界许多著名集成芯片制造厂商，如Philips、NEC、Atmel、AMD、Dallas、siemens、Fujutsu、OKI、华邦、LG等。在保持与51单片机兼容的基础上，这些公司融入了自身的优势，扩展了针对满足不同测控对象要求的外围电路，如满足模拟量输入的A/D转换器、满足伺服驱动的PWM、满足高速输入/输出控制的HSL/HSO、满足串行扩展总线I^2C、保证程序可靠运行的WDT、引入使用方便且价廉的Flash ROM等，开发出上百种功能各异的新品种。

2. ATMEL 单片机

ATMEL 公司是世界上著名的高性能低功耗非易失性存储器和数字集成电路的一流半导体制造公司，ATMEL 公司最令人注目的是它的闪速存储器技术和质量可靠的生产技术。在 CMOS 器件生产领域中，ATMEL 的先进设计水平，优秀的生产工艺及封装技术一直处于世界的领先地位，这些技术用于单片机生产使单片机也具有优秀的品质，在结构、性能和功能等方面都有明显的优势。ATMEL 公司的单片机是目前世界上一种独具特色、性能卓越的单片机，它在计算机外部设备、通信设备、自动化工业控制、宇航设备、仪器仪表和各种消费类产品中都有着广泛的应用前景。其生产的 AT90 系列是增强型 RISC 内载 Flash 型单片机，通常称为 AVR 系列。AT91M 系列是基于 ARM7TDMI 嵌入式处理器的 ATMEL 16/32 微处理器系列中的一个新成员，该处理器用高密度的 16 位指令集实现了高效的 32 位 RISC 结构，且功耗很低。另外，基于 51 内核的增强型 AT89 系列单片机目前在市场上仍然十分流行。

3. Microchip 单片机

Microchip 单片机是市场份额增长最快的单片机。其主要产品是 16C 系列 8 位单片机，CPU 采用 RISC 结构，仅 33 条指令，运行速度快，且以低价位著称，一般价格都在 1 美元以下。Microchip 单片机没有掩膜产品，全部都是 OTP 器件（现已推出 Flash 型单片机），Microchip 强调节约成本的最优化设计，是使用量大，档次低，价格敏感的产品。

4. TI 公司的 MSP430 系列单片机

MSP430 系列单片机是由美国德州仪器（TI）公司开发的 16 位单片机。其突出特点是超低功耗，非常适合于各种功率要求低的场合。具有多个系列和型号，分别由一些基本功能模块按不同的应用目标组合而成。典型应用是流量计、智能仪表、医疗设备和保安系统等方面。由于其较高的性能价格比，应用日趋广泛。

5. 凌阳单片机

中国台湾凌阳科技股份有限公司（Sunplus Technology CO. LTD）致力于 8 位和 16 位机的开发。SPMC65 系列单片机是凌阳主推产品，采用 8 位 SPMC65 CPU 内核，并围绕这个通用的 CPU 内核，形成了具有不同片内资源的一系列产品。SPMC75 系列单片机内核采用凌阳科技自主知识产权的 μ' nSP（Microcontroller and Signal Processor）16 位微处理器 SPMC75 系列单片机集成了多种功能模块：多功能 I/O 口、串行口、 ADC 、定时计数器等常用硬件模块，以及能产生电机驱动波形的 PWM 发生器、多功能的捕获比较模块、BLDC 电机驱动专用位置侦测接口、两相增量编码器接口等特殊硬件设备，主要用于变频马达驱动控制。凌阳单片机最大的特点就是具有超强的抗干扰能力，广泛应用于家用电器、工业控制、仪器仪表、安防报警、计算机外围等领域。

6. Motorola 单片机

Motorola 是世界上最大的单片机厂商，品种齐全，选择余地大，新产品多，在 8 位机方面有 68HC05 和升级产品 68HC08，68HC05 有 30 多个系列 200 多个品种，产量超过 20 亿片。8 位增强型单片机 68HC11 也有 30 多个品种，年产量 1 亿片以上，升级产品有 68HC12。16 位单片机 68HC16 也有十多个品种，32 位单片机 683XX 系列也有几十个品种。近年来以 Power PC、Codfire M.CORE 等作为 CPU，DSP 作为辅助模块集成的单片机也纷纷推出，目前仍是单片机的首选品牌。Motorola 单片机的特点之一是在同样的速度下所用的时钟较 Intel 类单片机低得多，因而使得高频噪声低，抗干扰能力强，更适合用于工控领域以及恶劣环境。在 32 位机上，M.CORE 在性能和功耗上都胜过 ARM7。

7. Zilog 单片机

Z8 单片机是 Zilog 公司的主要产品，采用多累加器结构，有较强的中断处理能力。产品为 OTP 型，Z8 单片机的开发工具可以说是物美价廉，Z8 单片机以低价位的优势面向低端应用。最近 Zilog 公司又推出了 Z86 系列单片机，该系列内部集成廉价的 DSP 单元。

8. Scenix 单片机

Scenix 单片机(Ubicom 公司)的 I/O 模块最有创意，Scenix 单片机采用了 RISC 结构的 CPU，使 CPU 最高工作频率达 50MHz，运算速度接近 50MIPS。Scenix 单片机在 I/O 模块的处理上引入了虚拟 I/O 的概念，各种 I/O 功能可以用软件的办法模拟，公司提供各种 I/O 的库函数，用于实现各种 I/O 模块的功能。

9. NEC 单片机

NEC 单片机自成体系，以 8 位机 78K 系列产量最高，也有 16 位、32 位单片机。16 位单片机采用内部倍频技术，以降低外时钟频率。有的单片机采用内置操作系统，NEC 的销售策略是注重服务大客户，并投入相当大的技术力量帮助大客户开发新产品。

10. 东芝单片机

东芝单片机从 4 位到 64 位，门类齐全。4 位机在家电领域仍有较大市场，8 位机主要有 870 系列、90 系列等。该类单片机允许使用慢模式，采用 32kHz 时钟，功耗低至 10μA。CPU 内部使用多组寄存器，使得中断响应与处理更加快捷。东芝公司的 32 位机采用 MIPS3000 ARISC 的 CPU 结构，面向 VCD、数字相机、图像处理市场。

11. 富士通单片机

富士通也有 8 位、16 位和 32 位单片机，但是 8 位机使用的是 16 位的 CPU 内核，也就是说 8 位机与 16 位机指令相同，使得开发比较容易。8 位机有 MB8900 系列，16 位机有 MB90 系列。富士通注重服务大公司、大客户，帮助大客户开发产品。

12. Epson 单片机

Epson(日本爱普生)公司以擅长制造液晶显示器著称，故 Epson 单片机主要为该公司生产的 LCD 配套，其单片机的 LCD 驱动做得特别好，在低电压、低功耗方面也很有特色。目前 0.9V 供电的单片机已经上市，不久 LCD 显示手表将使用 0.5V 供电。

13. STC 单片机

STC 单片机完全兼容 51 单片机，并有其独到之处：抗干扰性强，加密性强，超低功耗，可以远程升级，内部有 MAX810 专用复位电路，价格也较便宜，由于这些特点使得 STC 系列单片机的应用日趋广泛。

14. 三星单片机

三星单片机有 KS51 和 KS57 系列 4 位单片机，KS86 和 KS88 系列 8 位单片机，KS17 系列 16 位单片机和 KS32 系列 32 位单片机，三星还为 ARM 公司生产 ARM 单片机，常见的有 S344b0 等。三星单片机为 OTP 型 ISP 在线编程功能。

15．SST 单片机

美国 SST 公司推出的 SST89 系列单片机为标准的 51 系列单片机，包括 SST89E/V52RD2、SST89E/V54RD2、SST89E/V58RD2、SST89E/V554RC、SST89E/V564RD 等。它与 8052 系列单片机兼容，提供系统在线编程(ISP 功能)，内部 Flash 擦写次数达 1 万次以上，程序保存时间可达 100 年。

16．华帮单片机

华帮单片机属于 8051 类单片机，它们的 W78 系列与标准的 8051 兼容，W77 系列为增强型 51，对 8051 的时序做了改进，同样时钟下速度快了不少。在 4 位机上华帮有 921 系列，带 LCD 驱动的 741 系列。在 32 位机方面，华帮使用了惠普公司 PA-RISC 单片机技术，生产出低 32 位 RISC 单片机。

17．Silicon Labs 公司单片机

Silicon Labs 公司推出了 C8051F 系列单片机，基于增强的 CIP-51 内核，其指令集与 MCS-51 完全兼容，具有标准 8051 的组织架构，可以使用标准的 803x/805x 汇编器和编译器进行软件开发。CIP-51 采用流水线结构，70%的指令执行时间为一个或两个系统时钟周期，是标准 8051 指令执行速度的 12 倍；其峰值执行速度可达 100MIPS(C8051F120 等)，是目前世界上速度较快的 8 位单片机。

在上面介绍的单片机产品中，其中 Intel 公司的 MCS-51 系列及其兼容产品是目前最常用的一种单片机类型，其引进历史较长，学习资料齐全，影响面较广、应用成熟，已被单片机控制装置的开发设计人员广泛接受。本书将以这种单片机产品为主介绍单片机的结构原理、指令系统、编程应用及接口电路等内容。

1.5.4　单片机的应用领域

单片机是在一块芯片上集成了一台微型计算机所需的 CPU、存储器、输入/输出部件和时钟电路等。因此它具有体积小、使用灵活、成本低、易于产品化、抗干扰能力强，可在各种恶劣环境下可靠地工作等特点。特别是它应用面广，控制能力强，使它在工业控制、智能仪表、外设控制、家用电器、机器人、军事装置等方面得到了广泛的应用。单片机主要可用于以下几方面：

1．测控系统中的应用

控制系统特别是工业控制系统的工作环境恶劣，各种干扰也强，而且往往要求实时控制，因此要求控制系统工作稳定、可靠、抗干扰能力强。单片机非常适宜用于控制领域。如炉子恒温控制、电镀生产线自动控制等。

2．智能仪表中的应用

用单片机制作的测量、控制仪表，能使仪表向数字化、智能化、多功能化、柔性化发展，并使监测、处理、控制等功能一体化，使仪表重量大大减轻，便于携带和使用，同时降低了成本，提高了性能价格比。如数字式 RLC 测量仪、智能转速表、计时器等。

3. 智能产品

单片机与传统的机械产品相结合,使传统机械产品结构简化、控制智能化,构成新型的机、电、仪一体化产品。如数控车床、智能电动玩具、各种家用电器和通信设备等。

4. 在智能计算机外设中的应用

在计算机应用系统中,除通用外部设备(键盘、显示器、打印机)外,还有许多用于外部通信、数据采集、多路分配管理、驱动控制等的接口。如果这些外部设备和接口全部由主机管理,势必造成主机负担过重、运行速度降低,并且不能提高对各种接口的管理水平。如果采用单片机专门对接口进行控制和管理,则主机和单片机能并行工作,这不仅大大提高了系统的运算速度,而且单片机还可对接口信息进行预处理,以减少主机和接口之间的通信密度、提高接口控制管理水平。如绘图仪、磁带机、打印机的控制器等。

综上所述,单片机在很多领域都得到了广泛的应用。目前国外的单片机应用已相当普及,国内虽然从 1980 年开始才着手开发应用,但至今也已拥有数十家专门生产单片机开发系统的工厂或公司,越来越多的科技工作者投身到单片机的开发和应用中,并且在程序控制、智能仪表等方面涌现出大量科技成果,可以预见,单片机在我国必将有着更为广阔的发展前景。

1.5.5　单片机的发展过程与趋势

1. 单片机发展概况

自 1971 年 Intel 公司制造出世界上第一块微处理器芯片 4004 不久,就出现了单片微型计算机,经过之后的二三十年,单片机得到了飞速的发展,在发展过程中,单片机先后经过了4 位机、8 位机、16 位机、32 位机几个有代表性的发展阶段。

(1) 4 位单片机

自 1975 年美国德州仪器公司首次推出 4 位单片机 TMS-1000 后,各个计算机生产公司相继推出 4 位单片机,4 位单片机的主要生产国是日本。如 SHARP 公司的 SM 系列、东芝公司的 TLCS 系列、NEC 公司的 Ucom75XX 系列等。国内已能生产 COP400 系列单片机。

4 位单片机的特点是价格便宜,主要用于控制洗衣机、微波炉等家用电器及高档电子玩具。

(2) 8 位单片机

1976 年 9 月,美国 Intel 公司首先推出 MCS-48 系列 8 位单片机,使单片机的发展进入了一个新的阶段。随后各个计算机公司先后推出各自的 8 位单片机。例如,仙童公司(Fairchild)的 F8 系列,摩托罗拉(Motorola)公司的 6801 系列,Zilog 公司的 Z8 系列,NEC 公司的μPD78XX 系列。

1978 年以前,各厂家生产的 8 位单片机由于集成度的限制,一般都没有串行接口,只提供小范围的寻址空间(小于 8KB),性能相对较低,称为低档 8 位单片机。如 Intel 公司的 MCS-48 系列和仙童公司(Fairchild)的 F8 系列。

1978 年以后,集成电路水平有所提高,出现了一些高性能的 8 位单片机,它们的寻址能力达到了 64KB,片内集成了 4～8KB 的 ROM,片内除了带并行 I/O 接口外,还有串行 I/O 接口,甚至有些还集成 A/D 转换器,这类单片机称为高档 8 位单片机。如 Intel 公司的 MCS-51

系列，摩托罗拉(Motorola)公司的 6801 系列，Zilog 公司的 Z8 系列，NEC 公司的μPD78XX 系列。

8 位单片机由于功能强、价格低廉、品种齐全，被广泛用于工业控制、智能接口、仪器仪表等各个领域。特别是高档 8 位单片机，是现在使用的主要机型。

(3) 16 位单片机

1983 年以后，集成电路的集成度可达到十几万只管/片，出现了 16 位单片机。16 位单片机把单片机性能又推向了一个新的阶段。它内部集成多个 CPU，8KB 以上的存储器，多个并行接口，多个串行接口等，有的还集成高速输入/输出接口、脉冲宽度调制输出、特殊用途的监视定时器等电路。如 Intel 公司的 MCS-96 系列，美国国家半导体公司的 HPC16040 系列和 NEC 公司的 783XX 系列。

16 位单片机往往用于高速复杂的控制系统。

(4) 32 位单片机

近年来，各个计算机厂家已经推出更高性能的 32 位单片机，但在测控领域对 32 位单片机的应用很少，因而，32 位单片机使用的并不多。

2．单片机发展趋势

(1) CPU 功能增强、资源增多、大容量化

高处理速度与精度，IO 处理能力提高；片内存储器容量增大，最大可达 64KB ROM 和 RAM。采用 EEPROM、Flash ROM，扩大寻址范围。增加更多功能模块、接口。

(2) 小容量化，低廉化与微型化

传统数字逻辑电路分立器件用 4 位、8 位专用单片机代替，简化系统结构。使用性能较低、功能较少的单片机就能完成一定的应用功能，既提高了系统可靠性，在大批量生产时又降低了成本。高新技术下移，不断提高 8 位机的性能，特别适用于一些家电、玩具。

(3) 引脚多功能、发展串行总线

内部功能多需要更多的引脚，引脚多使用不方便、不灵活，故引脚多功能化，复用引脚。多种串行总线扩展方式，成为一些工业标准，SPI 总线、IIC 总线、CAN 总线、USB 总线，3 条数据总线代替 8 位数据总线，减少引脚数。

随着新型单片机片内接口电路的增多，外引脚也增多，为减少外引脚线，目前主要采用两种方式，一是采用新颖的通信总线以减少外引线；二是改进外封装，例如采用扁平引脚封装(Flat Pachage，FP)、方形引脚封装(Quad In line Package，QIP)和叠背式封装(Piggk Back Package，PBP)等。它的引脚都比双列直插式(Dual In line Package，DIP)封装要多得多。

(4) 低功耗、宽电压、高可靠性

普遍采用 CMOS 工艺，降低功耗，提高可靠性，另外，工作电源范围较宽。

(5) 片内固化应用软件和系统软件

将一些应用软件和系统软件固化于片内 ROM 中，以便简化用户应用程序的编制工作，为用户开发和应用提供方便。Intel 公司，在有的 MCS-51 单片机内固化了 PL/M-51 语言，在 8052BH 中固化了 BASIC 解释程序，用户不仅可用汇编语言，还可用 BASIC 语言编程，其 BASIC 语言系统比基本 BASIC 有所扩充，增加了很多适合控制用的语句、命令、运算符等，而且还允许 BASIC 语言和汇编语言互相调用。需要快速控制时，可用汇编语言，如采样、A/D 转换等，在进行复

杂的数据运算时，可用汇编语言来调用 BASIC 中现成的运算子程序。可见它既能满足速度方面的要求，又能简化用户编程。

习　题

1．什么是微处理器？什么是微型计算机？什么是微型计算机系统？

2．通用微型计算机硬件系统结构是怎样的？请用示意图表示并说明各部分作用。

3．什么是单片机？

4．单片机系统由哪几部分组成？各部分功用是什么？

5．单片机与微型计算机有什么区别？

6．单片机用于哪些领域？

7．单片机的发展方向是什么？

8．计算机中最常用的字符信息编码是什么？

9．写出下列二进制数的原码、反码和补码(设机器字长为 8 位)。

　(1)+011001　　　　　　　(2)−100100　　　　　　　(3)−111111

10．已知 $X_1 = +0011011$，$Y_1 = +0100100$，$X_2 = −0010110$，$Y_2 = −0100101$，试计算下列各式(设机器字长为 8 位)。

　(1)$[X_1+Y_1]_{补}$　　　　　　(2)$[X_1−Y_1]_{补}$　　　　　　(3)$[X_2−Y_2]_{补}$

11．写出下列补码表示的原码和真值，分别用二进制数、十六进制数、十进制数和 BCD 码表示。

　5AH，80H，0FFH，72H

第 2 章

单片机的结构及工作原理

单片机全称单片微型计算机(Single Chip Microcomputer，SCM)。是一种将中央处理器(CPU)、存储器(RAM、ROM)、I/O 接口电路、定时/计数器、串行通信接口及中断系统等部件集成到一块硅芯片上构成的相对完整的微型计算机系统。

MCS-51 系列单片机基于简单的嵌入式控制系统结构，被广泛应用于从军事到自动控制，再到 PC 键盘等各种应用系统，是我国目前应用最广泛的单片机系列。很多制造商都提供基于8051 内核的 MCS-51 系列单片机，如 Intel、Philips、Siemens 、Atmel、Winbond 等，这些制造商给 MCS-51 系列单片机加入了大量的外部功能，如 I^2C 总线接口、A/D 转换、看门狗、PWM输出等，不少芯片的工作频率可达 40MHz，工作电压下降到 1.5V。基于一个内核的这些功能使 MCS-51 系列单片机适合作为厂家产品的基本架构，它能够运行各种程序，而开发者只需要学习这个平台。本章以 Intel 的 8051 单片机为例介绍 MCS-51 系列单片机的基本知识。

2.1   MCS-51 系列单片机的内部结构

2.1.1   MCS-51 单片机的基本组成

MCS-51 单片机的内部结构如图 2-1 所示，由 8 位中央处理器(CPU)、时钟电路、输入/输出接口(并行接口、串行接口)、内部程序存储器(EPROM)、内部数据存储器(RAM)、2 个 16位的定时计数器、中断系统和一个串行通信接口组成。

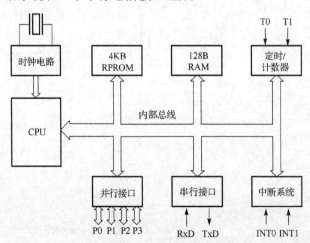

图 2-1   MCS-51 单片机的内部结构

MCS-51 系列单片机片内部各部分的功能简要说明如下：

① 中央处理器(CPU)：用于进行运算和控制。

② 片内的振荡器及时钟电路：提供整个单片机所需要的各个时钟信号。

③ 并行接口：与外部接口通信，进行数据交换。

④ 2 个 16 位定时计数器：根据设置进行定时或计数工作。

⑤ 串行接口：根据设置进行串行数据通信。

⑥ 中断系统：根据设置接收单片机的各个中断事件，提交到处理器。

⑦ 数据存储器(RAM)：存放执行过程中的数据。

⑧ 程序存储器(EPROM)：存放程序代码。

2.1.2　中央处理器(CPU)

MCS-51 系列单片机的核心部件是一个 8 位高性能中央处理器 CPU，其作用是读入和分析每条指令，根据每条指令的功能要求，控制单片机的各个部件执行具体指令的操作。MCS-51 系列单片机的 CPU 由 8 位运算器(算术/逻辑运算部件，ALU)、布尔处理器、定时/控制部件和若干寄存器等主要部件组成。

1. 算术/逻辑运算部件 ALU

MCS-51 系列单片机的 ALU 由一个加法器、两个 8 位暂存器(TMP1 和 TMP2，对用户不开放)和一个性能强大的布尔处理器组成。既可以进行加、减、乘、除等四则运算，又可以完成与、或、非、异或等逻辑运算，还可以执行数据传送、移位、判断及程序转移等操作。

布尔处理机是单片机 CPU 中一个独立的位处理机，用于完成位运算。在软件上，它有相应的指令系统，可提供 17 条位操作指令；在硬件上，它有自己的"累加器"(进位位 C)、自己的位寻址 RAM 和 I/O 空间。

2. 定时控制部件

定时控制部件由定时控制逻辑、指令寄存器 IR 和一个由反相放大器构成的振荡器 OSC 等电路组成。OSC 是控制器的心脏，能为控制器提供时钟脉冲，其反相器的输入/输出端分别接单片机的 XTAL1 和 XTAL2 引脚；指令寄存器用于存放从程序存储器中取出的指令码；定时控制逻辑对 IR 中的指令进行译码，并在 OSC 的配合下产生指令的时序脉冲，以完成相应指令的执行。

3. 专用寄存器组

专用寄存器组主要用来指示当前要执行指令的内在地址、存放操作数和指示指令执行后的状态等，是任何一台计算机的 CPU 都不可缺少的组成部件，其寄存器的多少、位数因机器的型号而不同。MCS-51 系列单片机的专用寄存器组主要包括累加器 A、程序指针计数器 PC、程序状态字寄存器 PSW、堆栈指针寄存器 SP、数据指针寄存器 DPTR 和通用寄存器 B 等。

（1）累加器 A

累加器 A(又记作 ACC)是最常用的一个 8 位专用寄存器，专门用来存放操作数或运算结果。进入 ALU 进行算术运算或逻辑运算的操作数很多来自 ACC，操作的结果也常送回 ACC。

（2）通用寄存器 B

通用寄存器 B 是专门为乘法和除法指令设置的寄存器，也是一个 8 位寄存器，该寄存器在执行乘法或除法指令前用来存放乘数或除数，在乘法或除法运算完成后用于存放乘积的高 8 位或除法的余数。

(3) 程序指针计数器 PC

程序计数器 PC 是一个 16 位的程序地址寄存器，用来存放下一条执行指令的 16 位首地址，可对 64K 程序存储器（片内和片外统一编址）进行寻址。对外部程序存储器寻址时，PC 的低 8 位由 P0 口输出，高 8 位由 P2 口输出。

(4) 程序状态字 PSW

程序状态字 PSW 是一个 8 位标志寄存器，用来存储指令执行后的有关状态，其各标志位的定义如图 2-2 所示，其中，PSW7 为最高位，PSW0 为最低位。

PSW7	PSW6	PSW5	PSW4	PSW3	PSW2	PSW1	PSW0
CY	AC	FO	RS1	RS0	OV		P

图 2-2　程序状态字 PSW 各标志位定义

① **进位标志 CY**：加（减）法运算时，如果最高位 D7 有进（借）位，则 CY=1，否则 CY=0；位处理时，它起着"位累加器"的作用。

② **辅助进位标志 AC**：加（减）法运算时，如果低半字节的最高位 D3 有进（借）位，则 AC=1，否则 AC=0；CPU 根据 AC 标志对 BCD 码的算术运算结果进行调整。

③ **用户标志 FO**：是用户定义的一个状态标志。可通过软件对它置位、清零；在编程时，也常测试其状态进行程序分支。

④ **工作寄存器区选择位 RS1、RS0**：可借软件置位或清零，以选定 4 个工作寄存器区中的一个区投入工作。

⑤ **溢出标志 OV**：进行有符号数加、减法运算时由硬件置位或清零，以指示运算结果是否溢出。

⑥ **奇偶标志 P**：每执行一条指令，单片机都能根据累加器 A 中 1 的个数的奇偶自动令 P 置位或清零；奇为 1，偶为 0。此标志对串行通信的数据传输非常有用，通过奇偶校验可检验数据传输的正确与否。

(5) 数据指针寄存器 DPTR

数据指针寄存器 DPTR 是一个 16 位的专用寄存器，主要用于访问单片机外部数据存储器或扩展的 I/O 口，也可以用来访问片内或片外程序存储器中的表格数据。DPTR 由 DPH、DPL 两个 8 位专用寄存器拼装而成，其中 DPH 为 DPTR 的高 8 位，DPL 为 DPTR 的低 8 位。

(6) 堆栈指针寄存器 SP

MCS-51 系列单片机的堆栈建在内 RAM 区中，8 位地址指针 SP 总是指向栈顶的位置。复位时，(SP)= 07H。在汇编语言中，可以通过 MOV 指令对 SP 赋值；而在 C51 程序设计语言中，堆栈指针寄存器 SP 可以作为一个变量，通过赋值语句对其进行赋值。

2.1.3　存储器

MCS-51 单片机的程序存储器和数据存储器空间是互相独立的，物理结构也不同。程序存储器为只读存储器（ROM），数据存储器为随机存取存储器（RAM）。单片机的存储器编址方式采用与工作寄存器、I/O 口锁存器统一编址的方式。有关存储器的内容将在 2.2 节中详述。

2.1.4 I/O 端口

I/O 端口又称为 I/O 接口，也称为 I/O 通道或 I/O 通路，I/O 端口是 MCS-51 单片机对外部实现控制和信息交换的必经之路，I/O 端口有串行和并行之分，串行 I/O 端口一次只能传送一位二进制信息，并行 I/O 端口一次能传送一组二进制信息。

1. 并行 I/O 端口

MCS-51 单片机设有四个 8 位双向 I/O 端口（P0、P1、P2、P3），每一条 I/O 线都能独立地用作输入或输出。P0 口为三态双向口，能带 8 个 LSTTL 电路。P1、P2、P3 口为准双向口（在用作输入线时，端口锁存器必须先写入"1"，故称为准双向口），负载能力为 4 个 LSTTL 电路。

（1）P0 口的功能（P0.0~P0.7、32~39 引脚）

P0 口的位结构如图 2-3 所示，包括 1 个输出锁存器，2 个三态缓冲器，1 个输出驱动电路和 1 个输出控制端。输出驱动电路由一对场效应管组成，其工作状态受输出端的控制，输出控制端由 1 个与门、1 个反相器和 1 个转换开关 MUX 组成。对 8051/8751 来说，P0 口既可作为输入/输出端口，又可作为地址/数据总线使用。

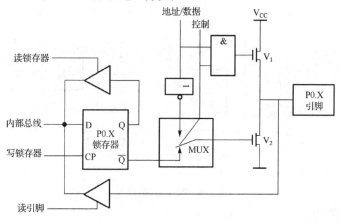

图 2-3 P0 端口位结构

① P0 口作地址/数据复用总线使用

若从 P0 口输出地址或数据信息，此时控制端应为高电平，转换开关 MUX 将反相器输出端与输出级场效应管 V_2 接通，同时与门开锁，内部总线上的地址或数据信号通过与门去驱动 V_1 管，又通过反相器去驱动 V_2 管，这时内部总线上的地址或数据信号就传送到 P0 口的引脚上。工作时低 8 位地址与数据线分时使用 P0 口。低 8 位地址由 ALE 信号的负跳变使它锁存到外部地址锁存器中，而高 8 位地址由 P2 口输出。

② P0 口作通用 I/O 端口使用

对于有内部 ROM 的单片机，P0 口也可以作通用 I/O 端口使用，此时控制端为低电平，转换开关把输出级与锁存器的 Q 端接通，同时因与门输出为低电平，输出级 V_1 管处于截止状态，输出级为漏极开路电路，在驱动 NMOS 电路时应外接上拉电阻；作输入口用时，应先将锁存器写"1"，这时输出级两个场效应管均截止，可作高阻抗输入，通过三态输入缓冲器读取引脚信号，从而完成输入操作。

③ P0 口线上的"读—修改—写"功能

图 2-3 上面一个三态缓冲器是为了读取锁存器 Q 端的数据。Q 端与引脚的数据是一致的。

结构上这样安排是为了满足："读—修改—写"指令的需要，这类指令的特点是：先读端口锁存器，随之可能对读入的数据进行修改再写入到端口上。例如：ANL PO，A；ORL PO，A；XRL PO，A；……

这类指令同样适合于 P1～P3 口，其操作是：先将端口字节的全部 8 位数读入，再通过指令修改某些位，然后将新的数据写回到端口锁存器中。

(2) P1 口(P1.0～P1.7、1～8 引脚)——准双向口

① P1 口作通用 I/O 端口使用

P1 口是一个有内部上拉电阻的准双向口，位结构如图 2-4 所示，P1 口的每一位端口线能独立用作输入线或输出线。作输出时，如将"0"写入锁存器，场效应管导通，输出线为低电平，即输出为"0"。因此在作输入时，必须先将"1"写入端口锁存器，使场效应管截止。该端口线由内部上拉电阻提拉成高电平，同时也能被外部输入源拉成低电平，即当外部输入"1"时该口线为高电平，而输入"0"时，该端口线为低电平。P1 口作输入时，可被任何 TTL 电路和 MOS 电路驱动，由于具有内部上拉电阻，也可以直接被集电极开路和漏极开路电路驱动，不必外加上拉电阻。P1 口可驱动 4 个 LSTTL 门电路。

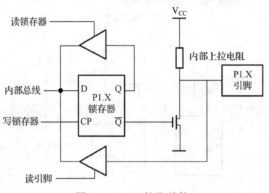

图 2-4　P1 口的位结构

② P1 口的其他功能

P1 口在 EPROM 编程和验证程序时，它输入低 8 位地址；在 8032/8052 系列中 P1.0 和 P1.1 是多功能的，P1.0 可作定时/计数器 2 的外部计数触发输入端 T2，P1.1 可作定时/计数器 2 的外部控制输入端 T2EX。

(3) P2 口(P2.0～P2.7，21～28 引脚)——准双向口

P2 口的位结构如图 2-5 所示，引脚上拉电阻同 P1 口。在结构上，P2 口比 P1 口多一个输出控制部分。

① P2 口作通用 I/O 端口使用

当 P2 口作通用 I/O 端口使用时，是一个准双向口，此时转换开关 MUX 倒向左边，输出级与锁存器接通，引脚可接 I/O 设备，其输入/输出操作与 P1 口完全相同。

② P2 口作地址总线口使用

当系统中接有外部存储器时，P2 口用于输出高 8 位地址 A15～A8。这时在 CPU 的控制下，转换开关 MUX 倒向右边，接通内部地址总线。P2 口的端口线状态取决于片内输出的地址信息，这些地址信息来源于 PCH、DPH 等。在外接程序存储器的系统中，由于访问外部存储器的操作连续不断，P2 口不断送出地址高 8 位。例如，在 8031 构成的系统中，P2 口一般只作地址总线口使用，不再作 I/O 端口直接连外部设备。

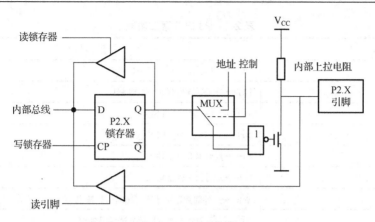

图 2-5　P2 口位结构

在不接外部程序存储器而接有外部数据存储器的系统中，情况有所不同。若外接数据存储器容量为 256B，则可使用 MOVX　A，@Ri 类指令由 P0 口送出 8 位地址，P2 口上引脚的信号在整个访问外部数据存储器期间也不会改变，故 P2 口仍可作通用 I/O 端口使用。若外接存储器容量较大，则需用 MOVX A，@DPTR 类指令，由 P0 口和 P2 口送出 16 位地址。在读写周期内，P2 引脚上将保持地址信息，但从结构可知，输出地址时，并不要求 P2 口锁存器锁存 "1"，锁存器内容也不会在送地址信息时改变。故访问外部数据存储器周期结束后，P2 口锁存器的内容又会重新出现在引脚上。这样，根据访问外部数据存储器的频繁程度，P2 口仍可在一定限度内作一般 I/O 端口使用。P2 口可驱动 4 个 LSTTL 门电路。

（4）P3 口（P3.0～P3.7、10～17 引脚）——双功能端口

P3 口是一个多用途的端口，也是一个准双向口，用于第一功能时，其功能同 P1 口。P3 口的位结构如图 2-6 所示。

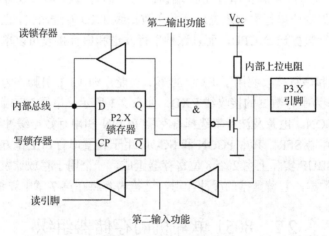

图 2-6　P3 口的位结构

当 P3 口用于第二功能时，每一位功能定义如表 2-1 所示。P3 口的第二功能实际上就是系统具有控制功能的控制线。此时相应的口线锁存器必须为 "1" 状态，与非门的输出由第二功能输出线的状态确定，从而 P3 口线的状态取决于第二功能输出线的电平。在 P3 口的引脚信号输入通道中有两个三态缓冲器，第二功能的输入信号取自第一个缓冲器的输出端，第二个缓冲器仍是第一功能的读引脚信号缓冲器。P3 口可驱动 4 个 LSTTL 门电路。

表 2-1　P3 口的第二功能

端　　口	第二功能
P3.0	RXD——串行输入(数据接收)端口
P3.1	TXD——串行输出(数据发送)端口
P3.2	$\overline{INT0}$ ——外部中断 0 输入线
P3.3	$\overline{INT1}$ ——外部中断 1 输入线
P3.4	T0——定时器 0 外部输入
P3.5	T1——定时器 1 外部输入
P3.6	$\overline{WR}$ ——外部数据存储器写选通信号输出
P3.7	$\overline{RD}$ ——外部数据存储器读选通信号输出

每个 I/O 端口内部都有 1 个 8 位数据输出锁存器和 1 个 8 位数据输入缓冲器，4 个数据输出锁存器与端口 P0、P1、P2 和 P3 同名，皆为特殊功能寄存器。因此，CPU 数据从并行 I/O 端口输出时可以得到锁存，数据输入时可以得到缓冲。

4 个并行 I/O 端口作为通用 I/O 端口使用时，共有写端口、读端口和读引脚三种操作方式。写端口实际上就是输出数据，是将累加器 A 或其他寄存器中数据传送到端口锁存器中，然后由端口自动从端口引脚线上输出。读端口不是真正的从外部输入数据，而是将端口锁存器中输出数据读到 CPU 的累加器。读引脚才是真正的输入外部数据的操作，是从端口引脚线上读入外部的输入数据。端口的上述三种操作实际上是通过指令或程序来实现的，这些将在后续章节中详细介绍。

2. 串行 I/O 端口

8051 有一个全双工的可编程串行 I/O 端口。这个串行 I/O 端口既可以在程序控制下将 CPU 的 8 位并行数据变成串行数据逐位地从发送数据线 TXD 发送出去，也可以把串行接收到的数据变成 8 位并行数据送给 CPU，而且这种串行发送和串行接收可以单独进行，也可以同时进行。

8051 串行发送和串行接收利用了 P3 口的第二功能，即 P3.1 引脚作为串行数据的发送线 TXD 和 P3.0 引脚作为串行数据的接收线 RXD，如表 2-1 所示。串行 I/O 端口的电路结构还包括串行口控制器 SCON、电源及波特率选择寄存器 PCON 和串行数据缓冲器 SBUF 等，它们都属于特殊功能寄存器 SFR。其中 PCON 和 SCON 用于设置串行口工作方式和确定数据的发送和接收波特率，SBUF 实际上由 2 个 8 位寄存器组成，一个用于存放欲发送的数据，另一个用于存放接收到的数据，起着数据的缓冲作用，这些内容将在第 7 章中详细介绍。

2.2　8051 单片机的存储器组织

2.2.1　存储器组织

8051 单片机的存储系统与典型微型计算机的冯·诺依曼体系结构不同，而是采用哈佛体系结构，其存储器由逻辑上和物理上都完全分开、各自独立的程序存储器和数据存储器组成，通过不同的地址指针、寻址方式和控制信号进行寻址。

从物理结构上看存在 4 个相互独立的存储器空间：芯片内、外部的程序存储器和芯片内、外部的数据存储器。从逻辑上看，存在三个不同的存储空间：片内、片外的程序存储器在同一逻辑空间中，地址从 0x0000～0xFFFF，共有 64KB；片内、片外的数据存储器各占一个逻辑空间，其中片内数据存储器的地址空间为 0x00～0xFF，而片外数据存储器的地址空间则为 0x0000～0xFFFF。8051 的存储器结构如图 2-7 所示。

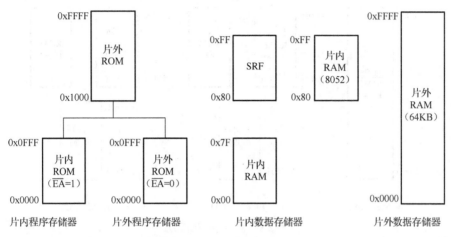

图 2-7 8051 的存储器结构

2.2.2 程序存储器

程序存储器用于存放单片机工作时的程序，单片机工作时先把用户编制好的程序下载到程序存储器中，然后在控制器的控制下，CPU 通过程序计数器 PC 依次从程序存储器中取出指令并执行，实现相应的功能。由于 MCS-51 单片机的程序计数器 PC 宽度为 16 位，因此，程序存储器地址空间为 64KB。另外，程序存储器有时也用于存放程序执行中固定不变的数据，如有些表格类数据，它们往往与程序一起被下载到程序存储器中，对于它们，51 单片机采用专门的指令——查表指令 MOVC A, @A+DPTR 或 MOVC A, @A+PC 访问。

程序存储器从物理结构上分为片内程序存储器和片外程序存储器。对于片内程序存储器，在 MCS-51 系列中，不同的芯片各不相同，8031 和 8032 内部没有 ROM，8051 内部有 4KB 的 ROM，8751 内部有 4KB 的 EPROM，地址空间为 0000H～0FFFH，8052 内部有 8KB 的 ROM，8752 内部有 8KB 的 EPROM，地址空间为 0000H～1FFFH。片外程序存储器是由外部用只读存储芯片扩展而来的，存储空间大小随存储芯片容量而定。片内程序存储器和片外程序存储器的总空间大小不能超过 64KB。

对于内部没有程序存储器的 8031 和 8032 芯片，使用时只能扩展外部程序存储器，最多可扩展 64KB，地址范围为 0000H～FFFFH。对于内部有程序存储器的 8051、8751、8052 和 8752 芯片，如果片内程序存储器够用，则不用扩展片外程序存储器，如内部不够用，也需外部扩展程序存储器，但内部 ROM 和外部 ROM 共用 64KB 的存储空间。具体情况如图 2-8 所示。其中，在图 2-8（b）、(c)中，片内程序存储器的地址空间和片外程序存储器的低地址空间重叠。51 子系列重叠区域为 0000H～0FFFH，52 子系列重叠区域为 0000H～1FFFH。单片机在执行指令时，对于低地址部分，是从片内程序存储器取指令，还是从片外程序存储器取指令，是根据单片机芯片上的片外程序存储器选用引脚 $\overline{EA}$ 电平的高低来决定的。$\overline{EA}$ 接低电平，则从片外程序存储器取指令；$\overline{EA}$ 接高电平，则从片内程序存储器取指令。在这种情况下，为了处理方便，程序一般都下载到片外程序存储器中，在使用时 $\overline{EA}$ 接低电平，从片外程序存储器取指令；对于 8031 和 8032 芯片，$\overline{EA}$ 只能保持低电平，指令只能从片外程序存储器取得。另外，如果集成在片内的程序存储器已足够程序下载，则不用再扩展片外程序存储器，这时 $\overline{EA}$ 应接高电平，从片内程序存储器取指令，实际上，这种情况最常见，因为其硬件线路最简单。

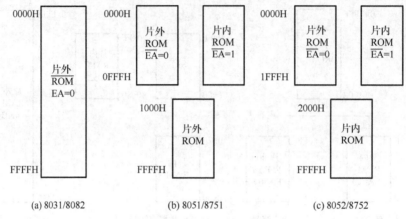

图 2-8　程序存储器编址

在 64KB 程序存储器中，有 7 个单元比较特殊，使用时必须注意。第一个是 0000H 单元，是 51 单片机的系统复位地址，其余 6 个是从 0003H 单元开始，两者间隔 8 个字节，是 6 个中断源(51 子系列为 5 个)的中断服务程序的入口地址，如表 2-2 所示。

表 2-2　程序存储器的特殊地址

名　　　称	地　　址
系统复位地址	0000H
外部中断 0 中断服务程序入口地址	0003H
定时/计数器 0 中断服务程序入口地址	000BH
外部中断 1 中断服务程序入口地址	0013H
定时/计数器 1 中断服务程序入口地址	001BH
串行口入口地址中断服务程序	0023H
定时/计数器 2 中断服务程序入口地址(仅 52 子系列有)	002BH

MCS-51 系列单片机复位后程序计数器 PC 的内容为 0000H，复位后将从 0000H 单元开始执行程序。但由于 0003H 开始是中断服务的入口地址，用户程序就不能直接从 0000H 单元开始存放，如何处理呢？这里用户一般放一条绝对转移指令，真正的用户程序放在程序存储空间的后面位置，系统复位后通过执行绝对转移指令再转到后面的用户程序去。

表 2-2 中所示的 6 个中断入口地址之间仅隔 8 个单元，用于存放中断服务程序往往也不够用。这里通常也放一条绝对转移指令，转到真正的中断服务程序，而真正的中断服务程序也放到后面。

这 6 个地址之后是一般程序存储区，用户可以把用户程序和中断服务程序放在一般程序存储区的任一位置，一般我们把用户程序放在从 0100H 开始的区域。

2.2.3 数据存储器

数据存储器用于存放程序执行时所需的数据，既可以读也可以改写。从物理结构上，51 单片机的数据存储器也分为片内数据存储器和片外数据存储器，而且两者完全独立，有不同的存储空间，访问方式也各不相同，其中片内数据存储器又可分成多个部分，采用多种方式访问。

1．片内数据存储器

片内数据存储器是 MCS-51 系列单片机中使用最频繁、最灵活的一部分存储区域。它总体上分为两部分：片内的随机存储块和特殊功能寄存器(SFR)块。对于 51 子系列，前者有 128 字节，编址为 00H～7FH；后者也占 128 字节，编址为 80H～FFH；二者连续不重叠。对于 52 子系列，片内的随机存储块有 256 字节，编址为 00H～FFH；特殊功能寄存器(SFR)块也有 128 字节，编址为 80H～FFH；后者与前者的高端 128 字节编址重叠，访问时通过不同的指令相区分，片内的随机存储块的高端 128 字节只能用间接寻址方式访问，而特殊功能寄存器(SFR)只能用直接寻址方式访问。

片内的随机存储块按功能可以分成以下几个部分：工作寄存器组区、位寻址区和一般RAM区，其中还包含堆栈区。具体分配情况如图 2-9 所示。

(1)工作寄存器组区

工作寄存器组区位于 00H～1FH 单元，共 32 个字节。工作寄存器也称为通用寄存器，用于临时寄存 8 位信息。工作寄存器共有 4 组，称为 0 组、1 组、2 组和 3 组。每组 8 个寄存器，依次用 R0～R7 表示。也就是说，R0 可能表示 0 组的第一个寄存器(地址为 00H)，也可能表示 1 组的第一个寄存器(地址为 08H)，还可能表示 2 组、3 组的第一个寄存器(地址分别为 10H和 18H)。使用哪一组当中的寄存器由程序状态寄存器 PSW 中的 RS0 和 RS1 两位来选择。对应关系如表 2-1 所示。

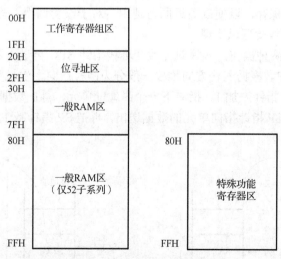

图 2-9 片内数据存储器分配情况

(2)位寻址区

位寻址区位于 20H～2FH 单元，共 16 字节，128 位。这 128 位中的每位都可以按位方式使用，每一位都有一个位地址，位地址范围为 00H～7FH，它的具体情况如表 2-3 所示。

(3) 一般 RAM 区

30H～7FH 单元是一般 RAM 区，也称为用户 RAM 区，共 80 字节，对于 52 子系列，一般 RAM 区为 30H～FFH 单元。另外，对于前两区中未使用的单元也可作为用户 RAM 单元使用。

表 2-3　位寻址区地址表(地址为十六进制数)

字节单元地址	D7	D6	D5	D4	D3	D2	D1	D0
20H	07	06	05	04	03	02	01	00
21H	0F	0E	0D	0C	0B	0A	09	08
22H	17	16	15	14	13	12	11	10
23H	1F	1E	1D	1C	1B	1A	19	18
24H	27	26	25	24	23	22	21	20
25H	2F	2E	2D	2C	2B	2A	29	28
26H	37	36	35	34	33	32	31	30
27H	3F	3E	3D	3C	3B	3A	39	38
28H	47	46	45	44	43	42	41	40
29H	4F	4E	4D	4C	4B	4A	49	48
2AH	57	56	55	54	53	52	51	50
2BH	5F	5E	5D	5C	5B	5A	59	58
2CH	67	66	65	64	63	62	61	60
2DH	6F	6E	6D	6C	6B	6A	69	68
2EH	77	76	75	74	73	72	71	70
2FH	7F	7E	7D	7C	7B	7A	79	78

(4) 堆栈区与堆栈指针

堆栈是在存储器中按"先入后出、后入先出"的原则进行管理的一段存储区域，通过堆栈指针 SP 管理。堆栈主要是为子程序调用和中断调用而设立的，用于保护断点地址和现场状态。无论是子程序调用还是中断调用，调用完后都要返回调用位置，因此调用时，应先把当前的断点地址送入堆栈保存，以便以后返回时使用。对于嵌套调用，先调用的后返回，后调用的先返回，刚好用堆栈就可以实现。

堆栈有入栈和出栈两种操作，入栈时先改变堆栈指针 SP，再送入数据，出栈时先送出数据，再改变堆栈指针 SP。根据入栈方向堆栈一般分为两种：向上生长型和向下生长型。向上生长型堆栈入栈时，SP 指针先加 1，指向下一个高地址单元，再把数据送入当前 SP 指针指向的单元；出栈时，先把 SP 指针指向单元的数据送出，再把 SP 指针减 1，数据是向高地址单元存储的，如图 2-10 所示。

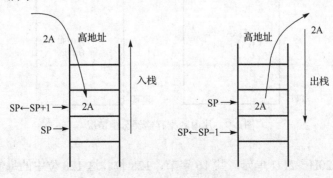

图 2-10　向上生长型堆栈

向下生长型堆栈入栈时，SP 指针先减 1，指向下一个低地址单元，再把数据送入当前 SP 指针指向的单元；出栈时，先把 SP 指针指向单元的数据送出，再把 SP 指针加 1，数据是向低地址单元存储的，如图 2-11 所示。

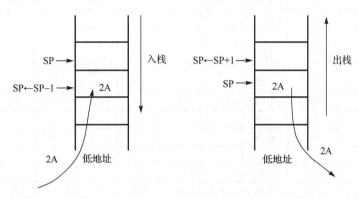

图 2-11　向下生长型堆栈

MCS-51 单片机堆栈是向上生长型的，位于片内数据存储器中，堆栈指针 SP 为 8 位，入栈和出栈数据是以字节为单位的。复位时，SP 的初值为 07H，因此复位时堆栈实际上是从 08H 开始的。当然在实际使用时，堆栈最好避开使用的工作寄存器、位寻址区等。在 MCS-51 单片机中可以通过给堆栈指针 SP 赋值的方式来改变堆栈的初始位置。

(5)特殊功能寄存器

特殊功能寄存器(SFR)也称为专用寄存器，专门用于控制、管理片内算术逻辑部件、并行 I/O 接口、串行口、定时/计数器、中断系统等功能模块的工作。用户在编程时可以给其设定值，但不能移作它用。SFR 分布在地址空间 80H～FFH 位置处，通过直接寻址方式访问。除 PC 外，51 子系列有 18 个特殊功能寄存器，其中 3 个为双字节，共占用 21 个字节；52 子系列有 21 个特殊功能寄存器，其中 5 个为双字节，共占用 26 个字节。它们的分配情况如下。

CPU 专用寄存器：累加器 A(E0H)，寄存器 B(F0H)，程序状态寄存器 PSW(D0H)，堆栈指针 SP(81H)，数据指针 DPTR(82H、83H)。

并行接口：P0～P3(80H、90H、A0H、B0H)。

串行接口：串口控制寄存器 SCON(98H)，串口数据缓冲器 SBUF(99H)，电源控制寄存器 PCON(87H)。

定时/计数器：方式寄存器 TMOD(89H)，控制寄存器 TCON(88H)，初值寄存器 TH0、TL0(8CH、8AH)/TH1、TL1(8DH、8BH)。

中断系统：中断允许寄存器 IE(A8H)，中断优先级寄存器 IP(B8H)。

定时/计数器 2 相关寄存器：定时/计数器 2 控制寄存器 T2CON(CBH)，定时/计数器 2 自动重装寄存器 RLDL、RLDH(CAH、CBH)，定时/计数器 2 初值寄存器 TH2、TL2(CDH、CCH)(仅 52 子系列有)。

特殊功能寄存器的名称、表示符及地址如表 2-4 所示。

在表 2-4 中，其中字节地址能被 8 整除的特殊功能寄存器，既能按字节方式处理，也能按位方式处理。

表 2-4 特殊功能寄存器表

特殊功能寄存器名称	符 号	地 址	位地址与位名称(位地址为十六进制)							
			D7	D6	D5	D4	D3	D2	D1	D0
P0 口	P0	80H	87	86	85	84	83	82	81	80
堆栈指针	SP	81H								
数据指针低字节	DPL	82H								
数据指针高字节	DPH	83H								
定时/计数器控制	TCON	88H	TF1 8F	TR1 8E	TF0 8D	TR0 8C	IE1 8B	IT1 8A	IE0 89	IT0 88
定时/计数器方式	TMOD	89H	GATE	C/T	M1	M0	GAME	C/T	M1	M0
定时/计数器 0 低字节	TL0	8AH								
定时/计数器 0 高字节	TH0	8BH								
定时/计数器 1 低字节	TL1	8CH								
定时/计数器 1 高字节	TH1	8DH								
P1 口	P1	90H	97	96	95	94	93	92	91	90
电源控制	PCON	97H	SMOD				GF1	GF0	PD	IDL
串行口控制	SCON	98H	SM0 9F	SM1 9E	SM0 9D	REN 9C	TB8 9B	RB8 9A	TI 99	RI 98
串行口数据	SBUF	99H								
P2 口	P2	A0H	A7	A6	A5	A4	A3	A2	A1	A0
中断允许控制	IE	A8H	EA AF		ET2 AD	ES AC	ET1 AB	EX1 AA	ET0 A9	EX0 A9
P3 口	P3	B0H	B7	B6	B5	B4	B3	B2	B1	B0
中断优先级控制	IP	B8H			PT2 BD	PS BC	PT1 BB	PX1 BA	PT0 B9	PX0 B8
定时/计数器 2 控制	T2CON	C8H	TF2 CF	EXF2 CE	RCLK CD	TCLK CC	EXEN2 CB	TR2 CA	C/T2 C9	CP/RL2 C8
定时/计数器 2 重装低字节	RLDL	CAH								
定时/计数器 2 重装高字节	RLDH	CBH								
定时/计数器 2 低字节	TL2	CCH								
定时/计数器 2 高字节	TH2	CDH								
程序状态寄存器	PSW	D0H	C D7	AC D6	F0 D5	RS1 D4	RS0 D3	OV D2	D1	P D0
累加器	A	E0H	E7	E6	E5	E4	E3	E2	E1	E0
寄存器 B	B	F0H	F7	F6	F5	F4	F3	F2	F1	F0

💡 **注意**：在 80H～FFH 的地址范围，仅有 21 个(51 子系列)或 26 个(52 子系列)字节作为特殊功能寄存器，即是有定义的。其余字节无定义，用户不能访问这些字节，若访问这些字节，将得到一个不确定的值。

对于片内数据存储器的各个部分，它们在编址时是统一编址的。因此在访问它们时，可按它们各自特有的方式访问，也可按统一的方式访问。

2. 片外数据存储器

MCS-51 单片机片内有 128 字节或 256 字节的数据存储器。当数据存储器不够时，可扩展外部数据存储器，扩展的外部数据存储器最多为 64KB，地址范围为 0000H～0FFFFH，片外数据存储器只能通过间接寻址方式访问，对于 64KB 空间，通过 DPTR 作指针的间接方式访问。

对于低端的 256 字节，也可用 2 位十六进制地址编址，地址范围为 00H～0FFH，由 R0 和 R1 按间接方式访问。另外，扩展的外部设备占用片外数据存储器的空间，通过用访问片外数据存储器的方式访问。

对于 MCS-51 单片机的存储器结构，必须注意以下几个方面，第一，64KB 的程序存储器和 64KB 的片外数据存储器的地址空间都为 0000H～0FFFFH，地址空间是重叠的，使用的地址线相同，它们如何区分呢？MCS-51 单片机是通过不同的信号来对片外数据存储器和程序存储器进行读、写的，片外数据存储器的读、写通过 $\overline{RD}$ 和 $\overline{WR}$ 信号来控制，而程序存储器的读通过 $\overline{PSEN}$ 信号控制。同时两者通过用不同的指令来实现访问，片外数据存储器用 MOVX 指令访问，程序存储器用 MOVC 指令访问。第二，片内数据存储器、片外数据存储器的低 256 字节和位地址空间都是用 2 位十六进制数表示，它们如何区分呢？通过不同的指令区分，片内数据存储器用 MOV 指令访问，片外数据存储器用 MOVX 指令访问，而位地址空间只能用位指令访问。因此，在访问时不会产生混乱。

2.3 51 系列单片机的引脚及功能

MCS-51 系列单片机一般采用 40 个引脚，双列直插式封装，用 HMOS 工艺制造，其外部引脚排列如图 2-12 所示。

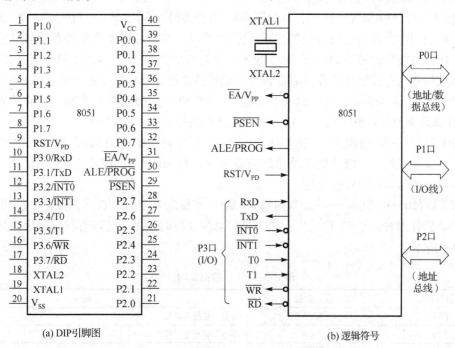

(a) DIP引脚图 (b) 逻辑符号

图 2-12 8051 单片机的引脚排列图

2.3.1 51 单片机的引脚分类

（1）主电源引脚

V_{CC}（40 引脚）：接+5V 电源

V_{SS} (20 引脚)：接电源地

一般 V_{CC} 和 V_{SS} 之间应接高频去耦电容和低频滤波电容。

(2) 外接晶体或外部振荡器引脚

XTAL1 (19 引脚)：接外部晶振的一个引脚。在单片机内部，它是一个反相放大器的输入端，这个放大器构成了片内振荡器 OSC。当采用外部振荡器时，此引脚应接地。

XTAL2 (18 引脚)：接外部晶振的另一个引脚。在片内接至反相放大器的输出端和内部时钟电路的输入端。当采用外部振荡器时，此引脚接外部振荡器的输出端。

(3) 控制信号线

RST/V_{PD} (9 引脚)：复位信号输入端/掉电时内部 RAM 的备用电源输入端。

ALE/$\overline{PROG}$ (30 引脚)：地址锁存信号输出端/编程脉冲输入。用 ALE 锁存从 P0 口输出的低 8 位地址；在对片内 EPROM 编程时，编程脉冲由此输入。

$\overline{PSEN}$ (29 引脚)：外部程序存储器读选通信号，低电平有效。

$\overline{EA}$/V_{PP} (31 引脚)：外部存储器使能端/编程电压输入。EA 为高电平时，访问内部存储器；EA 为低电平时，访问外部存储器。对片内 EPROM 编程时，此引脚接 21V 编程电压。

(4) 多功能 I/O 端口引脚

MCS-51 系列单片机设有 4 个双向 I/O 端口 (P0、P1、P2、P3)，每一组 I/O 端口线都可以独立地用作输入或输出端口，其中：

① P0 口 (32~39 引脚)——双向口 (三态)，可作为输入/输出端口，可驱动 8 个 LSTTL 门电路。实际应用中常作为分时使用的地址/数据总线口，对外部程序或数据存储器寻址时低 8 位地址与数据总线分时使用 P0 口：先送低 8 位地址信号到 P0 口，由地址锁存信号 ALE 的下降沿将地址信号锁存到地址锁存器后，再作为数据总线的口线对数据进行输入或输出。

② P1 口 (1~8 引脚)——准双向口 (三态)，可驱动 4 个 LSTTL 门电路。用作输入线时，P1 口锁存器必须由单片机先写入 "1"，每一位都可编程为输入或输出线。

③ P2 口 (21~28 引脚)——准双向口 (三态)，可驱动 4 个 LSTTL 门电路。可作为输入/输出端口，实际应用中一般作为地址总线的高 8 位，与 P0 口一起组成 16 位地址总线，用于对外部存储器的接口电路进行寻址。

④ P3 口 (10~17 引脚)——准双向口 (三态)，可驱动 4 个 LSTTL 门电路。双功能端口，作为第一功能使用时，与 P1 口一样；作为第二功能使用时，每一位都有特定用途，其特殊用途如表 2-5 所示。

表 2-5　P3 口的第二功能

端口引脚	第二功能	注　释
P3.0	RXD	串行口数据接收端
P3.1	TXD	串行口数据发送端
P3.2	$\overline{INT0}$	外中断请求 0
P3.3	$\overline{INT1}$	外中断请求 1
P3.4	T0	定时/计数器 0 外部计数信号输入
P3.5	T1	定时/计数器 1 外部计数信号输入
P3.6	$\overline{WR}$	外部 RAM 写选通信号输出
P3.7	$\overline{RD}$	外部 RAM 读选通信号输出

2.3.2　三总线结构

MCS-51 单片机属总线型结构，通过地址/数据总线可以与存储器(RAM、EPROM)、并行 I/O 端口芯片相连接。

在访问外部存储器时，P2 口输出高 8 位地址，P0 口输出低 8 位地址，由 ALE(地址锁存允许)信号将 P0 口(地址/数据总线)上的低 8 位锁存到外部地址锁存器中，从而为 P0 口接收数据作准备。

在访问外部程序存储器(即执行 MOVX)指令时，PSEN(外部程序存储器选通)信号有效，在访问外部数据存储器(即执行 MOVX)指令时，由 P3 口自动产生读/写($\overline{RD}/\overline{WR}$)信号，通过 P0 口对外部数据存储器单元进行读/写操作。

2.4　时钟电路与 CPU 时序

2.4.1　振荡器和时钟电路

8051 片内设有一个由反向放大器所构成的振荡电路，XTAL1 和 XTAL2 分别为振荡电路的输入和输出端，时钟可以由内部方式产生或外部方式产生。内部方式时钟电路如图 2-13 所示。在 XTAL1 引脚和 XTAL2 引脚上外接定时元件，内部振荡电路就产生自激振荡。定时元件通常采用石英晶体和电容组成的并联谐振回路。晶振可以在 1.2～12MHz 之间选择，电容值在 5～30pF 之间选择，电容的大小可起频率微调作用。

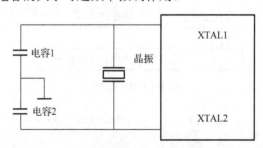

图 2-13　内部方式时钟电路

外部方式的时钟很少使用，若要使用时，只要将 XTAL1 接地，XTAL2 接外部振荡器即可。对外部振荡信号无特殊要求，只要保证脉冲宽度，一般采用频率低于 12MHz 的方波信号。

时钟发生器把振荡频率两分频，产生一个两相时钟信号 P1 和 P2 供单片机使用。P1 在每一个状态 S 的前半部分有效，P2 在每一个状态 S 的后半部分有效。

2.4.2　CPU 时序

时序就是在执行指令过程中，CPU 产生的各种控制信号在时间上的相互关系。每执行一条指令，CPU 的控制器就产生一系列特定的控制信号，不同的指令产生的控制信号不一样。

1. 机器周期和指令周期

时钟周期(振荡周期)：单片机内部时钟电路产生(或外部时钟电路送入)的信号周期，单片机的时序信号是以时钟周期信号为基础的，在它的基础上形成了机器周期、指令周期和各种时序信号。

机器周期：机器周期是单片机的基本操作周期，每个机器周期包含 S1、S2、…、S66 个状态，每个状态包含两拍 P1 和 P2，每一拍为一个时钟周期(振荡周期)。因此，一个机器周期包含 12 个时钟周期。依次可表示为 S1P1、S1P2、S2P1、S2P2、…、S6P1、S6P2，如图 2-14(a) 所示。

指令周期：计算机从取一条指令开始，到执行完该指令所需要的时间称为指令周期。不同的指令，指令长度不同，指令周期也不一样。但指令周期以机器周期为单位。51 单片机指令根据指令长度和执行方式可分为：单字节单周期指令、单字节双周期指令、双字节单周期指令、双字节双周期指令、三字节双周期指令及一字节四周期指令。

每一个机器周期 ALE 信号固定地出现两次，分别在 S1P2 和 S4P2，每出现一次 ALE 信号，CPU 就进行一次取指令的操作，不同的指令，指令长度和机器周期数不同，所以具体的取指操作也有所不同。它们的典型时序如图 2-14(b)～(d)所示。

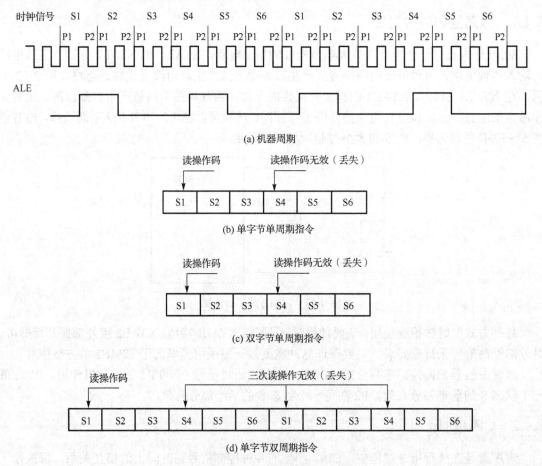

图 2-14 MCS-51 单片机的指令周期

图 2-14(b)为单字节单周期指令，图 2-14(c)为双字节单周期指令。单字节指令和双字节指令都在 S1P2 期间由 CPU 取指令，将指令码读入指令寄存器，同时程序计数器 PC 加 1。在 S4P2 再读出一个字节，单字节指令取得的是下一条指令，故读后丢弃不用，程序计数器 PC

也不加 1；双字节指令读出第二个字节后，送给当前指令使用，并使程序计数器 PC 加 1。两种指令都在 S6P2 结束时完成操作。

图 2-14(d) 为单字节双机器周期指令，在两个机器周期中发生了四次读操作码的操作，第一次读出为操作码，读出后程序计数器 PC 加 1，后 3 次读取操作都无效，自然丢失，程序计数器 PC 也不会改变。

2．访问外部 ROM 的时序

如果指令是从外部 ROM 中读取，除了 ALE 信号之外，控制信号还有 $\overline{PSEN}$，此外，还要用到 P0 和 P2 口，P0 口分时用作低 8 位地址总线和数据总线，P2 口用作高 8 位地址总线。相应的时序图如图 2-15 所示。过程如下。

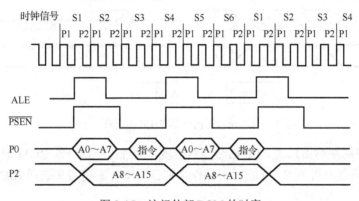

图 2-15　访问外部 ROM 的时序

(1) 在 S1P2 时刻 ALE 信号有效。

(2) 在 P0 口送出 ROM 地址低 8 位，在 P2 口送出 ROM 地址高 8 位。A0～A7 只持续到 S2P2 结束，因此在外部要用锁存器加以锁存，用 ALE 作为锁存信号。A8～A15 在整个读指令过程都有效，不必再接锁存器。到 S2P2 前 ALE 失效。

(3) 在 S3P1 时刻 $\overline{PSEN}$ 开始低电平有效，用它来选通外部 ROM 的使能端，所选中 ROM 单元的内容，即指令，从 P0 口读入到 CPU，然后 $\overline{PSEN}$ 失效。

(4) 在 S4P2 后开始第二次读入，过程与第一次相同。

3．访问外部 RAM 的时序

另一种需要注意的时序就是访问外部数据 RAM 的时序，这里包括从 RAM 中读和写两种时序，但基本过程是相同的。这时所用的控制信号有 ALE、$\overline{PSEN}$ 和 $\overline{RD}$（读）/$\overline{WR}$（写）。 P0 口和 P2 口仍然要用，在取指阶段用来传送 ROM 地址和指令；而在执行阶段，传送 RAM 地址和读写的数据。图 2-16 是从外部数据 RAM 的读时序。读外部 RAM 的过程如下。

(1) 在第一次 ALE 有效到第二次 ALE 有效之间的过程，和读外部程序 ROM 过程一样，即 P0 口送出 ROM 单元低 8 位地址，P2 口送出 ROM 单元高 8 位地址，然后在 $\overline{PSEN}$ 有效后，读入 ROM 单元的内容。

(2) 第二次 ALE 有效后，P0 口送出 RAM 单元的低 8 位地址，P2 口送出 RAM 单元的高 8 位地址。

(3) 第二个机器周期的第一次 ALE 信号不再出现，$\overline{PSEN}$ 此时也保持高电位(无效)，而在第二个机器周期的 S1P1 时 $\overline{RD}$ 读信号开始有效，可用来选通 RAM 芯片，然后从 P0 口读出 RAM 单元的数据。

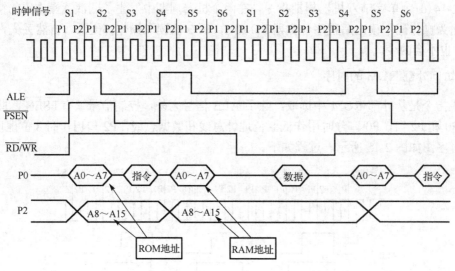

图 2-16　访问外部 RAM 的时序

(4) 第二机器周期的第二次 ALE 信号仍然出现，也进行一次外部 ROM 的读操作，但仍属于无效的操作。若是对外部 RAM 进行写操作，则应用 $\overline{WR}$ 写信号来选通 RAM 芯片，其余过程与读操作相似。

在对外部 RAM 进行读写时，ALE 信号也是用来对外部的地址锁存器进行选通。但这时的 ALE 信号在出现两次之后，将停发一次，呈现非周期性，因而不能用作其他外设的定时信号。

2.5　单片机的工作方式

单片机的工作方式包括：复位方式、程序执行方式、单步执行方式、掉电和节电方式，以及 EPROM 编程和校验方式。

2.5.1　复位方式

当 51 单片机的复位引脚 RST 输入两个机器周期(24 个时钟周期)以上的高电平时，系统复位。中央处理器 CPU 和内部其他部件恢复到初始状态，初始状态内部寄存器如表 2-6 所示。

复位有两种方式：上电复位和按钮复位，如图 2-17 所示。上电复位时最好使 RST 引脚的高电平保持 10ms 以上，以保证复位时内部其他电路已处于正常工作状态。

2.5.2　程序执行方式

程序执行方式是单片机的基本工作方式，通过这种方式实现用户功能。由于系统复位后，PC 指针总是指向 0000H，程序总是从 0000H 开始执行，而从 0003H 到 0032H 又是中断服务程序区，因而，真正的用户程序都放置在中断服务区后面，在 0000H 处放一条长转移指令，使系统复位后就转移到真正的用户程序执行。

表 2-6　初始状态内部寄存器的内容

特殊功能寄存器	初始内容	特殊功能寄存器	初始内容
A	00H	TCON	00H
PC	0000H	TL0	00H
B	00H	TH0	00H
PSW	00H	TL1	00H
SP	07H	TH1	00H
DPTR	0000H	SCON	00H
P0~P3	FFH	SBUF	XXXXXXXXB
IP	XX000000B	PCON	0XXX0000B
IE	0X000000B	TMOD	00H

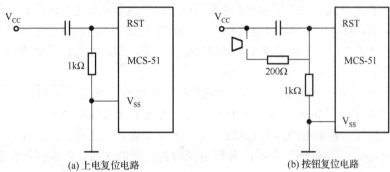

(a) 上电复位电路　　　　　　(b) 按钮复位电路

图 2-17　MCS-51 复位电路

2.5.3　单步执行方式

所谓单步执行，是指在外部单步脉冲的作用下，使单片机一个单步脉冲执行一条指令后就暂停下来，再一个单步脉冲执行一条指令后又暂停下来。单步执行方式通常用于调试程序、跟踪程序执行和了解程序执行过程。

MCS-51 单片机没有单步执行中断，单步执行是利用外部中断实现的。因为中断系统有规定，当从中断服务程序返回后，至少要再执行一条指令，才能重新进入中断。MCS-51 单片机单步处理时，开放外部中断 0，将外部单步执行脉冲加到外部中断 0（$\overline{INT0}$）引脚，平时将其置为低电平，通过编程规定 $\overline{INT0}$ 为低电平触发。那么，无脉冲时 $\overline{INT0}$ 总处于响应中断的状态。

在 $\overline{INT0}$ 的中断服务程序中安排下面的指令：

```
PAUSE0:JNB  P3.2,PAUSE0    ;若 INT0 =0,不往下执行
PAUSE1:JB   P3.2,PAUSE1    ;若 INT0 =1,不往下执行
       RETI                ;返回主程序执行下一条指令
```

当 $\overline{INT0}$ 无外部脉冲时，$\overline{INT0}$ 为低电平，向 CPU 申请中断，CPU 响应中断后执行中断服务程序，在中断服务程序的第一条指令循环。当按一次按钮向 $\overline{INT0}$ 端送一个单步脉冲（正脉冲）时，中断服务程序的第一条指令结束循环，执行第二条指令，在高电平期间，第二条指令循环，$\overline{INT0}$ 回到低电平，第二条指令结束循环，执行第三条指令，中断返回，返回到主程序，由于这时 $\overline{INT0}$ 又为低电平，又向 CPU 请求中断，而中断系统规定，从中断服务程序中返回之后，至少要再执行一条指令，才能重新进入中断。因此，当执行主程序的一条指令后，又响

应中断，进入中断服务程序，又在中断服务程序的第一条指令循环。这样，总体看来，按一次按钮，$\overline{INT0}$ 端产生一次高脉冲，主程序执行一条指令，实现单步执行。

2.5.4　掉电和节电方式

单片机经常在野外、井下、空中、无人值守的监测站等供电困难的场合，或在长期运行的监测系统中使用，要求系统的功耗很小。节电方式能使系统满足这样的要求。

在 MCS-51 单片机中，有 HMOS 和 CHMOS 工艺芯片。它们有不同的节电方式。

1. HMOS 单片机的掉电方式

HMOS 芯片本身运行功耗较大，这类芯片没有设置低功耗运行方式。因此为了减小系统的功耗，设置了掉电方式。RST/V_{pd} 端接有备用电源，即当单片机正常运行时，单片机内部的 RAM 由主电源 V_{CC} 供电，当 V_{CC} 掉电，或 V_{CC} 电压低于 RST/V_{PD} 端备用电源电压时，由备用电源向 RAM 维持供电，从而保证 RAM 中的数据不丢失。这时系统的其他部件都停止工作，包括片内振荡器。

在应用系统中经常这样处理：当用户检测到掉电发生时，就通过 $\overline{INT0}$ 或 $\overline{INT1}$ 向 CPU 发出中断请求，并在主电源掉至下限工作电压之前，通过中断服务程序把一些重要信息转存到片内 RAM 中，然后由备用电源只为 RAM 供电。在主电源恢复之前，片内振荡器被封锁，一切部件都停止工作。当主电源恢复时，备用电源保持一定的时间，以保证振荡器启动，系统完成复位。

2. CHMOS 的节电运行方式

CHMOS 芯片运行时耗电少，有两种节电运行方式：待机方式和掉电保护方式。以进一步降低功耗，它们特别适用于电源功耗要求低的应用场合。

CHMOS 型单片机的工作电源和备用电源加在同一个引脚 V_{CC} 上，正常工作时电流为 11～20mA，待机状态时电流为 1.7～5mA，掉电方式时电流为 5～50μA。在待机方式中，振荡器保持工作，时钟继续输出到中断、串行口、定时器等部件，使它们继续工作，全部信息被保存下来，但时钟不送给 CPU，CPU 停止工作。在掉电方式中，振荡器停止工作，单片机内部所有功能部件停止工作，备用电源为片内 RAM 和特殊功能寄存器供电，使它们的内容被保存下来。

待机方式和掉电保护方式由电源控制寄存器 PCON 中的有关控制位控制。在前面已介绍，这里不再重复。

2.5.5　编程和校验方式

在 MCS-51 单片机中，对于内部集成有 EPROM 的机型，可以工作于编程或校验方式。不同型号的单片机，EPROM 的容量和特性不一样，相应 EPROM 的编程、校验和加密的方法也不一样。这里用 HMOS 器件 8751 内部集成 4KB 的 EPROM 为例来进行介绍。

1. EPROM 编程

编程时时钟频率应定在 4～6MHz 的范围，各引脚的接法如下：

P1 口和 P2 口的 P2.3～P2.0 提供 12 位地址，P1 口为低 8 位。

P0 口输入编程数据。

P2.6～P2.4 及 PSEN 为低电平，P2.7 和 RST 为高电平。

以上除了 RST 的高电平为 2.5V，其余的均为 TTL 电平。

$\overline{EA}$/V$_{PP}$ 端加电压为 21V 的编程脉冲，不能大于 21.5V，否则会损坏 EPROM。

ALE/$\overline{PROG}$ 端加宽度为 50ms 的负脉冲作为写入信号，每接收一次负脉冲，则把 P0 口的数据写入到由 P1 口和 P2 口低 4 位提供的 12 位地址指向的片内 EPROM 单元。

8751 的 EPROM 编程一般通过专门的单片机开发系统完成。

2. EPROM 校验

在程序的保密位未设置时，无论在写入时或写入后，均可以将 EPROM 的内容读出进行校验。校验时各引脚的连接与编程时的连接基本相同，只有 P2.7 引脚改为低电平。在校验过程中，读出的 EPROM 单元的内容由 P0 口输出。

3. EPROM 加密

8751 的 EPROM 内部有一个程序保密位，当把该位写入后，就可禁止任何外部方法对片内程序存储器进行读写，也不能再对 EPROM 编程，从而对片内 EPROM 建立了保险。设置保密位时不需要单元地址和数据，所以 P0 口、P1 口的 P2.3～P2.0 为任意状态。引脚在连接时，除了将 P2.6 改为 TTL 高电平，其他引脚的连接与编程时相同。

当加了保密位后，就不能对 EPROM 编程，也不能执行外部存储器的程序。如果要对片内 EPROM 重新编程，只有解除保密位。对保密位的解除，只有将 EPROM 全部擦除时保密位才能一起被擦除，擦除后也可以再次写入。

2.6　51 系列单片机最小系统

所谓单片机的最小系统是指使单片机能运行程序、正常工作的最简单电路系统，是保证单片机正常启动、开始工作的必须电路，缺一不可。单片机最小系统一般由单片机、程序存储器、时钟电路和复位电路组成。对于 8051 单片机，由于片内有 4KB 的程序存储器，所以其最小系统除了单片机本身外，只需外接时钟电路与复位电路即可。典型的 8051 最小系统电路如图 2-18 所示。

图 2-18 中，单片机的时钟电路由 1 个振晶和 2 个校准电容组成，由片机振荡器产生单片机的时钟信号；复位电路由按键电平复位电路构成，完成单片机的上电复位和异常情况下的按键复位操作；由于 8051 单片机内部有 4KB 的 ROM，单片机需运行片内程序存储器的程序，所以其 EA 引脚(31 引脚)应接高电平。

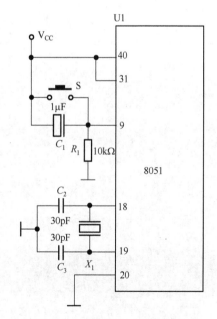

图 2-18　典型的 8051 最小系统电路

习　　题

1. C51 单片机的核心器件是什么？它由哪些部分组成？各部分的主要功能是什么？
2. 简述程序状态寄存器 PSW 各位的含义。单片机如何确定和改变当前的工作寄存器组？
3. C51 单片机有哪些信号需要芯片引脚以第二功能的方式提供。
4. C51 单片机的存储器有什么特点？如何划分存储空间。
5. 片内 RAM 低 128 单元划分为哪三部分？各部分主要功能是什么？
6. 堆栈有什么功能？堆栈指针（SP）的作用是什么？在程序设计中，为什么需要堆栈？
7. 单片机时钟电路有何用途？
8. 什么是指令周期、机器周期和时钟周期？
9. 单片机复位有几种方法？复位后各寄存器的状态如何？
10. 基于 89C51 单片机设计一个最小单片机系统。
11. $\overline{EA}/V_{PP}$ 引脚功能是什么？

第 3 章

51 单片机指令系统及汇编
程序设计

计算机采用程序式工作方式，一台计算机，无论是大型机、微型机还是单片机，只有硬件是不能工作的，必须要在其上运行相应软件，才能实现对应功能。软件是设计人员根据不同任务编制的程序。程序执行时都要翻译成计算机能直接识别和执行的命令。这种能直接识别和执行的命令称为指令，是计算机中最基本的操作命令。一个计算机所有指令的集合称为这个计算机的指令系统。

3.1　指令系统概述

一个计算机的指令系统与计算机硬件密切相关，不同类型的计算机，它们的指令系统不一样，使用时要注意区分。

指令通常有两种：机器语言指令和汇编语言指令。机器语言指令由二进制代码组成，能被计算机内部直接识别，编写的程序短，运行速度快，但不便于人们识别、记忆、理解和使用。汇编语言指令将机器语言指令符号化，执行时要翻译成对应的机器语言，但容易识别与记忆，使用起来比机器语言指令方便，而且它和机器语言指令一一对应，因而一般介绍汇编语言指令。下面介绍 MCS-51 单片机汇编语言指令系统。

3.1.1　51 单片机汇编指令格式

不同的指令实现的功能不同，具体格式也不一样。但从总体上来说，一条指令通常由操作码和操作数两部分组成。操作码是指明计算机执行何种操作的代码，操作数提供操作的数据或数据的地址。MCS-51 单片机汇编语言指令基本格式如下：

[标号:] 操作码　[操作数1][,操作数2]　[;注释]

其中：

（1）操作码指明指令的功能。不同功能的指令，其操作码不同，一般用说明其功能的英文单词的缩写形式表示。例如加法指令 ADD（addition），减法指令 SUBB（subtraction），跳转指令 JMP（jump）等。

（2）操作数给指令操作提供数据、数据的地址或指令的地址。不同的指令，其操作数可能不一样，同一种指令可能带多种操作数。不同的指令，操作数的个数不一样。51 单片机指令系统的指令按操作数的多少可分为无操作数、单操作数、双操作数和三操作数 4 种。无操作数指令是指指令中不需要操作数或操作数采用隐含形式指明。例如空操作指令 NOP，指令中不需要操作数。单操作数指令是指指令中只需提供一个操作数或操作数地址。例如 INC A 指令，它的功能是对累加器 A 中的内容加 1，操作中只需一个操作数。双操作数指令是指指令中需要两个操作数，这种指令在 MCS-51 系统中最多，通常第一个操作数为目的操作数，接收数据，第二个操作数为源操作数，提供数据。例如 MOV A，#30H，它的功能是将源操作数——立即数#30H 传送到目的操作数累加器 A 中。三操作数指令在 MCS-51 单片机中只有一条，即 CJNE 比较转移指令，具体使用以后介绍。操作数往往用相应的寻址方式指明。

(3)标号是指令的符号地址，后面需带冒号。主要为转移指令提供转移的目的地址。

(4)注释是对指令的解释，前面需带分号。它们是编程者根据需要加上去的，用于对指令进行说明。对于指令本身功能而言是非必需的，翻译成机器语言程序时自动去掉。

3.1.2 51 单片机汇编指令常用符号

为便于后面的学习，在这里先对指令中用到的一些符号的约定意义加以说明。

(1)Ri 和 Rn：表示当前工作寄存器区中的工作寄存器，i 取 0 或 1，表示 R0 或 R1。n 取 0～7，表示 R0～R7。

(2)#data：表示包含在指令中的 8 位立即数(常数)。

(3)#data16：表示包含在指令中的 16 位立即数(常数)。

(4)rel：以补码形式表示的 8 位相对偏移量，范围为-128～127，主要用在相对寻址的指令中。

(5)addr16 和 addr11：分别表示 16 位直接地址和 11 位直接地址。

(6)direct：表示直接寻址的地址。

(7)bit：表示可按位寻址的直接位地址。

(8)(X)：表示 X 单元中的内容。

(9)/和→符号："/"表示对该位操作数取反，但不影响该位的原值。"→"表示操作流程，将箭尾一方的内容送入箭头所指一方的单元中。

3.2　51 单片机的寻址方式

指令中的操作数往往用相应的寻址方式指明。寻址方式即操作数或操作数的地址的提供方式。每一个操作数，都存在寻址方式的问题。下面用两个操作数的指令举例，若不特别声明，均指源操作数的寻址方式。51 单片机的寻址方式通常可分为：立即寻址、寄存器寻址、直接寻址、寄存器间接寻址、变址寻址、指令寻址和位寻址方式。

不同的寻址方式，操作数的格式不同，处理的数据也不一样。下面分别介绍。

3.2.1　立即寻址

立即寻址方式中的操作数是常数，直接在指令中给出，紧跟在操作码的后面，作为指令的一部分。操作数与操作码一起存放在程序存储器中，可以立即得到，不需要经过别的途径去寻找，所以称为立即寻址。在 51 单片机系统中，常数前面以"#"符号作前缀。立即寻址通常用于给寄存器或存储器单元赋初值，例如：

```
MOV A,#30H
```

其功能是把常数 30H 送给累加器 A，其中源操作数 30H 就是常数。指令执行后累加器 A 中的内容为 30H。

3.2.2　寄存器寻址

寄存器寻址方式中的操作数存放在寄存器中，指令中直接给出寄存器名称，操作对象是寄存器中的内容。在 51 单片机系统中，这种寻址方式用到寄存器：8 个通用寄存器 R0～R7、累加器 A、寄存器 B 和数据指针寄存器 DPTR（DPH 和 DPL）。例如：

```
MOV A,R1
```

其功能是把 R1 寄存器中的数送给累加器 A。在指令中，源操作数 R1 为寄存器寻址，传送的对象为 R1 中的内容。如指令执行前 R1 中的内容为 30H，则指令执行后累加器 A 中的内容为 30H。

3.2.3　直接寻址

直接寻址方式中的操作数存放在存储单元中，指令中直接提供存储单元的地址，操作对象是存储单元的内容。在 51 单片机系统中，这种寻址方式访问的对象是：片内数据存储器和特殊功能寄存器。指令中，直接以地址数的形式提供存储器单元的地址。例如：

```
MOV A,30H
```

其功能是把片内数据存储器 30H 单元的内容送给累加器 A。如果指令执行前片内数据存储器 30H 单元的内容为 55H，则指令执行后累加器 A 的内容为 55H，如图 3-1 所示。注意：在 51 单片机系统中，地址数前面不加符号，常数前面才加符号"#"。

对于特殊功能寄存器，在指令中使用时往往通过特殊功能寄存器的名称使用，而特殊功能寄存器名称实际上是特殊功能寄存器单元的符号地址，因此它们是直接寻址。例如：

```
MOV A,P0
```

其功能是把 P0 口的内容送给累加器 A。P0 是特殊功能寄存器 P0 口的符号地址，该指令在翻译成机器码时，P0 就转换成直接地址 80H。

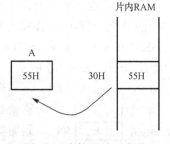

图 3-1　直接寻址示意图

3.2.4　寄存器间接寻址

寄存器间接寻址方式中的操作数存放在存储单元中，存储单元的地址又存放在寄存器中，在指令中通过相应的寄存器来提供的存储单元的地址，操作对象是存储单元的内容。

在 51 单片机系统中，寄存器间接寻址用到的寄存器有：通用寄存器 R0、R1 和数据指针寄存器 DPTR。访问的对象为：片内数据存储器和片外数据存储器。其中，用 R0 和 R1 作指针可以访问片内数据存储器和片外数据存储器低端的 256 字节；用 DPTR 作指针可以访问片外数据存储器整个 64K 字节空间。另外，片内 RAM 访问用 MOV 指令，片外 RAM 访问用 MOVX 指令。形式为：@寄存器名。

例如：

```
MOV  A,@R1
```

该指令的源操作数采用寄存器间接寻址方式。指令的功能是将工作寄存器 R1 中的内容取出，作为地址从相应的片内 RAM 单元中取出内容传送到累加器 A。若 R1 中的内容为 30H，片内 RAM 30H 地址单元的内容为 55H，则执行该指令后，累加器 A 的内容为 55H，如图 3-2 所示。

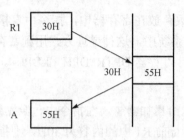

图 3-2　寄存器间接寻址示意图

3.2.5　变址寻址

变址寻址方式中的操作数存放在存储单元中，操作数的地址由指令中提供的基址寄存器和变址寄存器中的内容相加得到，操作对象是存储单元的内容。

在 51 单片机系统中，变址寻址用到的基址寄存器是数据指针寄存器 DPTR 和程序计数器 PC；变址寄存器只能是累加器 A。访问的对象只能是程序存储器，用 MOVC 指令访问。格式只有两种：

```
MOVC  A,@ A+DPTR
MOVC  A,@ A+PC
```

变址寻址方式通常用于访问程序存储器中的表格型数据，表首单元的地址为基址，表内单元相对于表首的位移量为变址，两者相加得到访问单元的地址。例如程序存储器 ROM 的 2000H 单元开始处有一表格，表格各单元相对表首 2000H 单元的位移量分别是 00H、01H、02H…06H，如图 3-3 所示。

查表时将表格起始地址 2000H 作基址送数据指针寄存器 DPTR，位移量 04H 作变址送累加器 A，则 MOVC　A, @ A+DPTR 指令执行后，累加器 A 中为查出的值 61H。

变址寻址可以用数据指针寄存器 DPTR 存放基址，也可以用程序计数器 PC 存放基址，当使用程序计数器 PC 时，由于 PC 用于控制程序的执行，在程序执行过程中用户不能随意改变，它始终是指向下一条指令的地址，因而就不能直接把基址放在 PC 中。那如何得到基址？基址值可以通过由当前的 PC 值加上一个相对于表首位置的差值得到，但这个差值不能直接加到 PC 中。由于 PC 加累加器 A 的值可以得到访问的存储单元的地址，那么可以把这个差值加到累加器 A 中，这同样可以得到对应单元的地址。这个过程我们将会在后面介绍。

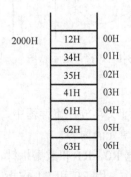

图 3-3　表格单元示意图

3.2.6　指令寻址

前面寻址方式操作的对象都是数据，51 单片机系统中还有另一种寻址方式，它的操作对象不是数据而是地址，比如控制程序转移的指令，指令执行时得到目的位置的地址，以便能转移到目的位置。在 51 单片机系统中，根据目的位置地址的提供方式指令寻址可以分两种：绝对寻址和相对寻址。

1. 绝对寻址

绝对寻址是在指令的操作数中直接提供目的位置的地址或地址的一部分。在 51 单片机系统中，长转移和长调用提供目的位置的 16 位地址，绝对转移和绝对调用提供目的位置的 16 位地址中低 11 位，它们都为绝对寻址。

2. 相对寻址

相对寻址用在相对转移指令中，是以当前程序计数器 PC 值加上指令中给出的偏移量 rel 得到目的位置的地址。使用相对寻址时要注意以下两点。

(1) 当前 PC 值是指转移指令执行时的 PC 值，它等于转移指令的地址加上转移指令的字节数。实际上是转移指令的下一条指令的地址。

(2) 偏移量 rel 是 8 位有符号数，以补码表示，它的取值范围为-128～+127。当为负值时向前转移，当为正数时向后转移。

相对寻址的目的地址为：

目的地址 = 当前 PC + rel = 转移指令的地址 + 转移指令的字节数 + rel

例如，若转移指令的地址为 2020H，转移指令的长度为两个字节，位移量为 10H，则转移的目的地址是 2020H + 2 + 10H = 2032H。

3.2.7　位寻址

在 51 单片机中有一个独立的位处理器，即进位标志 C，它能够进行各种位运算，有多条位处理指令。位处理操作的对象是 51 单片机中的可寻址位，对它们的访问是通过提供相应的位地址来处理的。这种寻址方式称为位寻址。

在 51 单片机系统中，位地址的表示可以用以下几种方式：

(1) 直接位地址(00H～0FFH)。例如：20H。

(2) 字节地址带位号。例如：20H.2 表示 20H 单元的 2 位。

(3) 特殊功能寄存器带位号。例如：P0.1 表示 P0 口的 1 位。

(4) 位符号地址。例如：TR0 是定时/计数器 T0 的启动位。

3.3　51 单片机的指令系统

51 单片机指令系统功能强、指令短、执行快。共有 111 条指令，42 种指令助记符，其中有 49 条单字节指令，45 条双字节指令和 17 条三字节指令；有 64 条为单机器周期指令，45 条为双机器周期指令，只有乘、除法两条指令为四机器周期指令。从功能上可分成五大类：数据传送类指令、算术运算类指令、逻辑操作类指令、控制转移类指令和位操作类指令。下面将分别进行介绍。

3.3.1 数据传送类指令

数据传送类指令有 29 条,是指令系统中数量最多、使用最频繁的一类指令。这类指令可分为三组:普通数据传送指令、数据交换指令、堆栈操作指令。用到的助记符有:MOV、MOVX、MOVC、XCH、XCHD、PUSH、POP 和 SWAP。

1. 普通数据传送指令

普通数据传送指令以助记符 MOV 为基础,分成片内数据存储器传送指令 MOV、片外数据存储器传送指令 MOVX 和程序存储器传送指令 MOVC。

(1)片内数据存储器传送指令 MOV

指令格式:MOV 目的操作数,源操作数

功能是把源操作数提供的数据传送到目的操作数对应的位置。其中:源操作数可以为 A、Rn、@Ri、direct、#data,目的操作数可以为 A、Rn、@Ri、direct、DPTR,组合起来总共 16 条,如图 3-4 所示。

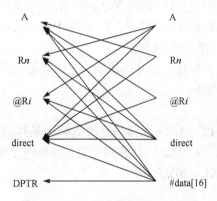

图 3-4 MOV 指令数据传送示意图

按目的操作数的寻址方式划分为以下 5 组,格式如下:

① 以 A 为目的操作数。

```
MOV  A,Rn              ;A← Rn
MOV  A,direct          ;A←(direct)
MOV  A,@Ri             ;A←(Ri)
MOV  A,#data           ;A← #data
```

② 以 Rn 为目的操作数。

```
MOV  Rn,A              ;Rn ← A
MOV  Rn,direct         ;Rn ←(direct)
MOV  Rn,#data          ;Rn ← #data
```

③ 以直接地址 direct 为目的操作数。

```
MOV  direct,A          ;(direct) ← A
MOV  direct,Rn         ;(direct) ←Rn
MOV  direct,direct     ;(direct) ←(direct)
MOV  direct,@Ri        ;(direct) ←(Ri)
MOV  direct,#data      ;(direct) ← #data
```

④ 以间接地址@Ri 为目的操作数。

```
MOV  @Ri,A               ;(Ri) ← A
MOV  @Ri,direct          ;(Ri) ←(direct)
MOV  @Ri,#data           ;(Ri) ← #data
```

⑤ 以 DPTR 为目的操作数。

```
MOV  DPTR,#data16        ;DPTR ← #data16
```

片内数据存储器传送指令 MOV 在使用时注意：

1. MOV A，A 指令没有意义，所以不存在。
2. 源操作数和目的操作数中的 Rn 和@Ri 不能相互配对。如不允许有"MOV Rn，Rn"，"MOV @Ri，Rn"这样的指令。实际上对于 51 单片机指令系统的所有指令，都不允许在一条指令中同时出现工作寄存器，无论它是寄存器寻址还是寄存器间接寻址。

（2）片外数据存储器传送指令 MOVX

在 51 单片机系统中只能通过累加器 A 与片外数据存储器进行数据传送，访问时，只能通过@R0、@R1 和@DPTR 以间接寻址方式进行。MOVX 指令共有 4 条，格式如下：

```
MOVX  A,@DPTR            ;A ← (DPTR)
MOVX  @DPTR,A            ;(DPTR) ← A
MOVX  A,@Ri             ;A ← (Ri)
MOVX  @Ri,A             ;(Ri)← A
```

其中前两条指令通过@DPTR 间接寻址，可以对整个 64K 片外数据存储器访问，访问时先将片外数据存储器的 16 位地址放于 DPTR 中。后两条指令通过@R0 或@R1 间接寻址，只能对片外数据存储器的低端的 256 字节访问，访问时先将存储单元低 8 位地址放于 R0 或 R1 中。

累加器 A 出现在目的操作数一侧是对片外数据存储器读，访问时片外数据存储器读信号 $\overline{RD}$ 低电平有效；累加器 A 出现在源操作数一侧是对片外数据存储器写，访问时片外数据存储器写信号 $\overline{WR}$ 低电平有效。

（3）程序存储器传送指令 MOVC

51 单片机系统程序存储器通过变址寻址方式访问，只能进行读操作，通过累加器 A 处理，只有两条：一条是用 DPTR 基址变址寻址，一条是用 PC 基址变址寻址。格式如下：

```
MOVC  A, @A+DPTR         ;A ← (A+DPTR)
MOVC  A, @A+PC           ;A ← (A+PC)
```

这两条指令又称为查表指令。通常用于访问表格数据。

【例 3-1】 写出完成下列功能的程序段。

① 将 R0 的内容传送到 R3 中。

程序为：

```
MOV  A, R0
MOV  R3, A
```

② 将片内 RAM 30H 单元的内容传送到片外 40H 单元中。

程序为：

```
MOV  A, 30H
MOV  R0, #40H
```

```
MOVX  @R0, A
```

③ 将片外 RAM 1000H 单元的内容传送到片内 30H 单元中。

程序为：

```
MOV  DPTR, #1000H
MOVX A, @DPTR
MOV  30H, A
```

④ 将 ROM 1000H 单元的内容传送到片内 RAM 的 30H 单元中。

程序为：

```
MOV  A, #0
MOV  DPTR, #1000H
MOVC A, @A+DPTR
MOV  30H, A
```

2. 数据交换指令

普通数据传送指令的数据传送是单向的，而数据交换指令的数据传送是双向的。执行时，第一个操作数的内容传送给第二个操作数，第二个操作数的内容传送给第一个操作数。

在 51 单片机系统中，数据交换指令要求第一个操作数必须为累加器 A，有 3 个助记符 XCH、XCHD 和 SWAP，5 条指令，格式如下：

```
XCH  A,Rn          ;A<=> Rn
XCH  A ,direct      ;A<=>(direct)
XCH  A, @Ri         ;A<=>(Ri)
XCHD A, @Ri         ;A₀~₃<=>(Ri)₀~₃
SWAP A             ;A₀~₃<=>A₄~₇
```

前面三条指令为字节交换指令，执行时，两个字节的内容相互交换；第四条指令为半字节交换，执行时，两个操作数的低半字节相互交换，高半字节不变；第五条指令为累加器 A 高、低 4 位互换指令，执行时，累加器 A 高、低 4 位互换。

【例 3-2】 若 R0 的内容为 20H，片内 RAM 20H 单元的内容为 11H，累加器 A 中的内容为 34H，则执行 XCH A, @R0 指令后片内 RAM 20H 单元的内容为 34H，累加器 A 中的内容为 11H。

若执行 SWAP A 指令，则累加器 A 的内容为 43H。

3. 堆栈操作指令

堆栈是按"先入后出，后入先出"原则设置专用存储区的，在 51 单片机系统中，堆栈位于片内 RAM 中。堆栈操作有两种："入栈"，助记符为 PUSH；"出栈"，助记符为 POP；入栈和出栈由堆栈指针 SP 统一管理。指令格式如下：

```
PUSH  direct        ;SP←SP+1,   (SP) ←(direct)
POP   direct        ;(direct)←(SP),  SP ← SP-1
```

在 51 单片机系统中，堆栈操作以字节为单位，操作数只能是用直接地址表示的片内 RAM 单元或特殊功能寄存器。入栈时先把堆栈指针 SP 加 1，再把用直接地址表示的片内 RAM 单元或特殊功能寄存器的内容入栈；出栈时先把堆栈指针 SP 指向的当前单元的内容出栈送入用直接地址表示的片内 RAM 单元或特殊功能寄存器，然后 SP 指针再减 1。用堆栈保存数据时，先入栈的内容后出栈，后入栈的内容先出栈。

【例 3-3】 若入栈保存时的顺序为：

```
PUSH   ACC
PUSH   B
PUSH   PSW
```

则出栈的顺序为：

```
POP    PSW
POP    B
POP    ACC
```

💡 **注意：** 这里 ACC 是累加器 A 的特殊功能寄存器名称。堆栈操作时累加器不能直接用它的专用名称 A。

3.3.2　算术运算类指令

算术运算指令有 24 条，包含加、减、乘、除这 4 种基本的算术运算指令和一条十进制 BCD 调整指令。51 单片机系统中算术运算指令针对的都是 8 位无符号数的运算，借助溢出标志可对 8 位有符号补码数进行加减运算，通过调整指令可实现两个 2 位十进制压缩 BCD 码数的加法运算。用到的助记符有：ADD、ADDC、INC、SUBB、DEC、MULL、DIV 和 DA。

1. 加法指令

加法指令有一般的加法指令、带进位的加法指令和加 1 指令。

（1）一般的加法指令 ADD

一般的加法指令有 4 条，格式如下：

```
ADD  A,Rn          ;A← A + Rn
ADD  A,direct      ;A← A +(direct)
ADD  A,@Ri         ;A← A +(Ri)
ADD  A,#data       ;A← A + #data
```

这 4 条指令的第一个操作数必须为累加器 A，执行过程如下：先把累加器 A 的内容与第二个操作数的内容相加，然后把加后的结果回送到累加器 A 中。累加器 A 相加时作为一个加数，加完后又用于存放结果，执行前后内容要发生变化，而第二个操作数执行前后内容不变。另外，在进行加法运算过程中会影响 CY、AC、OV 和 P 标志位。

（2）带进位的加法指令 ADDC

带进位的加法指令有 4 条，格式如下：

```
ADDC  A,Rn         ;A← A + Rn + C
ADDC  A,direct     ;A← A +(direct)+ C
ADDC  A,@Ri        ;A← A +(Ri)+ C
ADDC  A,#data      ;A← A + #data + C
```

这 4 条指令做加法时，除了要把指令中两个操作数的内容相加，还要加上当前的进位标志 CY 中的值，指令的其他处理过程与一般的加法相同。另外，如果执行时 CY = 0，则它们与一般加法指令执行结果完全相同。

在 51 单片机中，常将 ADD 和 ADDC 配合使用来实现多字节加法运算。

【例 3-4】 试把两个分别存放在 R4R3 和 R2R1 中的两字节数相加，结果存于 R6R5 中。

处理时,低字节 R3 和 R1 用 ADD 指令相加,结果存放于 R5 中,高字节 R4 和 R2 用 ADDC 指令相加,结果存放于 R6 中,程序如下:

```
MOV  A,R3
ADD  A,R1
MOV  R5,A
MOV  A,R4
ADDC A,R2
MOV  R6,A
```

(3)加 1 指令 INC

加 1 指令有 5 条,格式如下:

```
INC  A          ;A← A + 1
INC  Rn         ;Rn← Rn + 1
INC  direct     ;(direct)← (direct)+ 1
INC  @Ri        ;(Ri)←(Ri)+ 1
INC  DPTR       ;DPTR← DPTR + 1
```

INC 指令实现把指令后面的操作数中的内容加 1,前面 4 条是对字节处理,最后一条是对 16 位的数据指针 DPTR 加 1。INC 指令除了 INC　A 要影响 P 标志位外,其他指令对标志位都没有影响。

2. 减法指令

减法指令有带借位的减法指令和减 1 指令。

(1)带借位的减法指令 SUBB

带借位的减法指令有 4 条,格式如下:

```
SUBB  A,Rn      ;A← A - Rn - C
SUBB  A,direct  ;A← A -(direct)- C
SUBB  A,@Ri     ;A← A -(Ri)- C
SUBB  A,#data   ;A← A - #data - C
```

在 MCS-51 单片机中,没有提供一般的减法指令,只有带借位的减法指令。第一个操作数也必须是累加器 A,执行过程如下:先用累加器 A 中的内容减去第二操作数的内容,再减借位标志 CY,最后把结果送回累加器 A。运算过程也影响 CY、AC、OV 和 P 标志。

由于没有一般的减法指令,因此一般的减法只能通过带借位的减法来实现,在做带借位的减法前,先把借位标志 CY 清零,即可实现一般的减法。

【例 3-5】　求 R3← R3 - R2。

程序为:

```
MOV  A,R3
CLR  C
SUBB A,R2
MOV  R3,A
```

(2)减 1 指令 DEC

减 1 指令有 4 条,格式如下:

```
DEC  A          ;A← A - 1
```

```
DEC   Rn               ;Rn← Rn - 1
DEC   direct           ;direct← (direct)- 1
DEC   @Ri              ;(Ri)←(Ri)- 1
```

除了 DEC　A 要影响 P 标志位外，其他指令对标志位都没有影响。减 1 指令只能对上面 4 种字节单元内容减 1，没有对 DPTR 减 1 的指令。

(3)乘法指令 MUL

在 51 单片机系统中，乘法指令只有 1 条：

```
MUL   AB
```

该指令是将存放于累加器 A 中的 8 位无符号乘数和放于寄存器 B 中的 8 位无符号乘数相乘，相乘的结果为 16 位无符号数，高字节放入寄存器 B 中，低字节放入累加器 A 中。指令长度为一个字节，执行时间为 4 个机器周期。

乘法指令将影响 CY、OV 和 P 标志。乘法指令执行后，进位标志 CY 都清零；对于溢出标志 OV，当乘积大于 255 时(即 B 中不为 0)，OV 置 1；否则，OV 清零。奇偶标志 P 仍按累加器 A 中 1 的个数的奇偶性来确定。

(4)除法指令 DIV

在 51 单片机系统中，除法指令也只有 1 条：

```
DIV   AB
```

该指令将累加器 A 中的无符号数作被除数，寄存器 B 中的无符号数作除数，相除后的结果，商存于累加器 A 中，余数存于寄存器 B 中。

指令执行后也将影响 CY、OV 和 P 标志，一般情况下 CY 和 OV 都清零，只有当寄存器 B 中的除数为 0 时，CY 和 OV 才被置 1，而奇偶标志 P 仍按累加器 A 中 1 的个数的奇偶性来确定。

💡 注意：51 单片机指令系统中没有带符号数乘法和除法运行指令，因此带符号数乘法和除法不能直接处理。

(5)十进制调整指令

在 51 单片机系统中，十进制调整指令只有 1 条，只能对两个 2 位十进制压缩 BCD 数加法结果进行调整，指令格式为：

```
DA  A
```

它只能用在 ADD 或 ADDC 指令的后面，对存于累加器 A 中的结果进行调整，使之得到正确的十进制结果。通过该指令可实现 2 位十进制 BCD 码数的加法运算。

它的调整先后过程如下：

① 若累加器 A 的低 4 位为十六进制数的 A~F 或辅助进位标志 AC 为 1，则累加器 A 中的内容做加 06H 调整。

② 第一步调整以后，若累加器 A 的高 4 位为十六进制数 A~F 或进位标志 CY 为 1，则累加器 A 中的内容做加 60H 调整。

第二步调整后如果 CY 有进位，则该进位可作为十进制数结果的最高位。

【例 3-6】　在 R3 中有十进制数 67，在 R2 中有十进制数 85，用十进制数运算，运算的结果放于 R3 中。

程序为：

```
MOV  A,R3
ADD  A,R2
DA   A
MOV  R3,A
```

十进制数 67 在 R3 中的压缩 BCD 表示为 0110 0111B（67H），十进制数 85 在 R2 中的压缩 BCD 表示为 1000 0101B（85H），加法过程与调整过程如下：

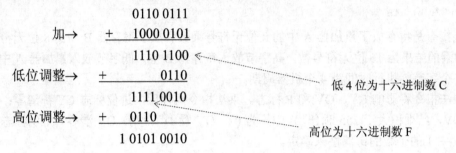

加法过程得到的结果为 1110 1100B（ECH）。调整过程分两步：低 4 位为十六进制数 C，低 4 位加 0110B（6D）调整；低 4 位调整后高 4 位为十六进制数 F，再对高 4 位加 0110B（6D）调整。调整后的进位放于 CY 标志中作为结果的最高位，所以调整后结果为 0001 0101 0010（152）。

3.3.3　逻辑操作类指令

逻辑操作指令有 24 条，包括逻辑与指令、或指令、异或指令、清零和求反，以及循环移位指令。指令助词符有 ANL、ORL、XRL、CLR、CPL、RL、RR、RLC 和 RRC。

1. 逻辑与指令 ANL

逻辑与指令将目的操作数和源操作数的内容按位与，结果放回目的操作数中，格式如下：

```
ANL  A,Rn           ;A← A ∧ Rn
ANL  A,direct        ;A← A ∧ (direct)
ANL  A,@Ri           ;A← A ∧ (Ri)
ANL  A,#data         ;A← A ∧ data
ANL  direct,A        ;(direct)← (direct) ∧ A
ANL  direct,#data    ;(direct)← (direct) ∧ data
```

2. 逻辑或指令 ORL

逻辑或指令将目的操作数和源操作数的内容按位或，结果放回目的操作数中，格式如下：

```
ORL  A,Rn           ;A← A ∨ Rn
ORL  A,direct        ;A← A ∨ (direct)
ORL  A,@Ri           ;A← A ∨ (Ri)
ORL  A,#data         ;A← A ∨ data
ORL  direct,A        ;(direct)← (direct) ∨ A
ORL  direct,#data    ;(direct)← (direct) ∨ data
```

3. 逻辑异或指令 XRL

逻辑异或指令将目的操作数和源操作数的内容按位异或，结果放回目的操作数中，格式如下：

```
XRL  A,Rn          ;A← A ∀ Rn
XRL  A,direct      ;A← A ∀ (direct)
XRL  A,@Ri         ;A← A ∀ (Ri)
XRL  A,#data       ;A← A ∀ data
XRL  direct,A      ;(direct)←(direct) ∀ A
XRL  direct,#data  ;(direct)←(direct) ∀ data
```

逻辑与、或、异或运算都有 6 条指令，其中 4 条指令将累加器 A 作为目的操作数，2 条指令将直接地址作为目的操作数。

逻辑与用于对指定位清零，其余位不变，清零的位和 0 相与，维持不变的位和 1 相与；逻辑或用于对指定位置 1，其余位不变，置 1 的位和 1 相或，维持不变的位和 0 相或；逻辑异或用于将指定位取反，其余位不变，取反的位和 1 相异或，维持不变的位和 0 相异或。

【例 3-7】 写出实现下列功能的指令段。

（1）对累加器 A 中的低 2 位清零，其余位不变。

```
ANL  A,#11111100B
```

（2）对累加器 A 中的高 2 位置 1，其余位不变。

```
ORL  A,#11000000B
```

（3）对累加器 A 中的低 4 位取反，其余位不变。

```
XRL  A,#00001111B
```

4. 清零和求反指令

（1）清零指令：CLR　A　　　;A← 0
（2）求反指令：CPL　A　　　;A← $\overline{A}$

在 51 单片机系统中，逻辑清零和求反指令只能直接对累加器 A 处理，如要对其他的寄存器或存储器单元清零和求反，则需放入累加器 A 中处理，运算后再放回原位置。清零后累加器 A 中 8 位都为 0；求反是按位取反，原来为 0 的位变为 1，原来为 1 的位变为 0。

5. 循环移位指令

51 单片机系统中，循环移位指令只能对累加器 A 处理，而且只能移一位，RL 和 RR 只在累加器 A 中进行循环移位，RLC 和 RRC 还要带进位标志 CY。循环移位指令有 4 条，格式如下：

（1）累加器 A 循环左移 RL：　　RL　　　A
（2）累加器 A 循环右移 RR：　　RR　　　A
（3）带进位的循环左移 RLC：　　RLC　　A
（4）带进位的循环右移 RRC：　　RRC　　A
它们的移位过程如图 3-5 所示。

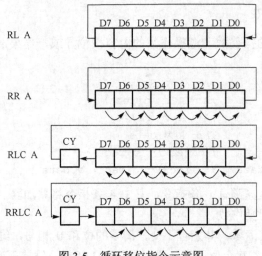

图 3-5　循环移位指令示意图

3.3.4　控制转移类指令

控制转移指令的操作数是目的位置地址，执行时将得到的目的位置地址传送到指令指针 PC 中，从而实现转移。该类指令有 17 条，包括无条件转移指令、条件转移指令、子程序调用及返回指令，通常用于实现循环结构和分支结构。助词符有 LJMP、AJMP、SJMP、JMP、JZ、JNZ、CJNE、DJNZ、LCALL、ACALL、RET 和 RETI。

1. 无条件转移指令

无条件转移指令包括长转移指令、绝对转移指令、相对转移指令和间接转移(又称散转)指令。

(1)无条件长转移指令 LJMP

指令格式：

```
    LJMP  addr16        ;PC ← PC + 2
                        ;PC ← addr16
```

操作数为目的位置的 16 位地址，执行时将该 16 位地址送到程序指针 PC 中，程序无条件地转到 16 位目标地址指明的程序存储单元去执行指令。该指令可以转移到程序存储器 64KB 空间的任意位置，故称为"长转移"。

该指令不影响标志位，使用方便。缺点是：执行时间长，字节数多。

(2)无条件绝对转移指令 AJMP

指令格式：

```
    AJMP  addr11        ;PC_{10~0} ← addr11
```

该指令长度为两个字节，操作数为目的位置的低 11 位地址，执行时先将程序指针 PC 的值加 2，然后把指令中的 11 位地址 addr11 送入程序指针 PC 的低 11 位，而程序指针的高 5 位不变，执行后转移到程序指针 PC 指向的程序存储单元执行指令。由于目的地址的高 5 位不变，故该指令只能在当前位置 2KB 范围以内转移。

(3)无条件相对转移指令 SJMP

指令格式：

```
    SJMP  rel              ;PC ← PC + 2
                           ;PC ← PC + rel
```

SJMP 指令长度为两个字节,操作数 rel 是 8 位带符号补码数,执行时先将程序指针 PC 的值加 2,然后再将程序指针 PC 的值与指令中的位移量 rel 相加得到转移的目的地址。即

转移的目的地址= SJMP 指令所在地址+2+rel

因为 8 位补码的取值范围为−128~+127,所以该指令的转移范围是:相对 PC 当前值向前 128 字节,向后 127 字节。

💡 注意: 1. 在单片机汇编程序设计中,通常在程序的最后位置用到这样一条 SJMP 指令:
  HERE: SJMP HERE 或 SJMP $
  该指令的功能是在自己本身上循环,进入等待状态。使程序不再向后执行。

2. 用汇编语言编程时,无论长转移、绝对转移还是相对转移,指令的操作数一般不直接是地址,而是目的位置的标号,汇编时自动转换成相应的地址。这时就要注意,如果是长转移,则目的位置可在程序存储器 64KB 空间任意位置;如果是绝对转移,则目的位置与转移指令要在同一个 2KB 以内(地址的高 5 位相同);如果是相对转移,则目的位置只能在转移指令的向前 128 字节,向后 127 字节范围内。如果不是这样,则汇编时会报错。

(4)无条件间接转移指令 JMP

指令格式:

```
    JMP  @A+DPTR           ;PC ← A + DPTR
```

该指令格式固定,转移的目的地址是由数据指针寄存器 DPTR 的内容与累加器 A 中的内容相加得到,指令执行后不会改变指针寄存器 DPTR 及累加器 A 中原来的内容。该指令又称为多分支转移指令,通常用来构造多分支转移程序。

2. 条件转移指令

条件转移指令是指当条件满足时,程序才转移到目的位置去执行指令,条件不满足时,程序就顺次执行它下面的指令。条件转移指令都是相对转移,只能在−128~+127 范围内转移。在 51 单片机系统中,条件转移指令有三种:累加器 A 判零条件转移指令、比较转移指令、减 1 不为零转移指令。

(1)累加器 A 判零条件转移指令

判 0 指令 JZ:

```
    JZ   rel    ;PC ← PC + 2
                ;若 A = 0,则 PC ← PC + rel; 否则,顺次执行下一条指令
```

判非 0 指令 JNZ:

```
    JNZ  rel    ;PC ← PC + 2
                ;若 A ≠ 0,则 PC ← PC + rel; 否则,顺次执行下一条指令
```

(2)比较转移指令 CJNE

比较转移指令用于对两个数进行比较,并根据比较情况进行转移,比较转移指令有 4 条,格式如下:

```
    CJNE A,#data,rel       ;PC ← PC + 3
```

```
                            ;若 A > data,则 C=0,PC ← PC + rel,转移
                            ;若 A < data,则 C=1,PC ← PC + rel,转移
                            ;若 A = data,不转移, 顺次执行下一条指令
        CJNE  Rn,#data,rel  ;PC ← PC + 3
                            ;若 Rn > data,则 C=0,PC ← PC + rel,转移
                            ;若 Rn < data,则 C=1,PC ← PC + rel,转移
                            ;若 Rn = data,不转移, 顺次执行下一条指令
        CJNE  @Ri,#data,rel ;PC ← PC + 3
                            ;若(Ri) > data,则 C=0,PC ← PC + rel,转移
                            ;若(Ri) < data,则 C=1,PC ← PC + rel,转移
                            ;若(Ri) = data,不转移, 顺次执行下一条指令
        CJNE  A,direct,rel  ;PC ← PC + 3
                            ;若 A > (direct),则 C=0,PC ← PC + rel,转移
                            ;若 A < (direct),则 C=1,PC ← PC + rel,转移
                            ;若 A = (direct),不转移, 顺次执行下一条指令
```

(3)减 1 不为零转移指令 DJNZ

这种指令是先减 1 后判断，若不为零则转移。指令有两条，格式如下：

```
        DJNZ  Rn,rel        ;PC ← PC + 2, Rn ← Rn - 1
                            ;若 Rn ≠ 0 , PC ← PC + rel,转移；否则,顺次执行下一条指令
        DJNZ  direct,rel    ;PC ← PC + 2,(direct)←(direct)- 1
                            ;若(direct)≠0,PC ← PC + rel,转移；否则,顺次执行下一条指令
```

在 51 单片机系统中，通常用 DJNZ 指令来构造循环结构。

3. 子程序调用及返回指令

这类指令有 4 条。其中 2 条为子程序调用指令，2 条为返回指令。

(1)长调用指令

指令格式：

```
        LCALL  addr16       ;PC ← PC + 3
                            ;SP ← SP + 1
                            ;(SP)← PC7~0
                            ;SP ← SP + 1
                            ;(SP)← PC15~8
                            ;PC ← addr16,转移到子程序去执行
```

该指令执行时，先将指令的程序指针 PC 加 3，其次将当前的程序指针 PC 值压入堆栈保存，入栈时先低字节，后高字节，然后再将指令中子程序起始位置的 16 位地址 addr16 送入程序指针 PC，转移到子程序去执行。由于后面带 16 位地址，因而可以转移到程序存储空间的任一位置。

(2)绝对调用指令

指令格式：

```
        ACALL  addr11       ;PC ← PC + 2
                            ;SP ← SP + 1
                            ;(SP)← PC7~0
                            ;SP ← SP + 1
```

```
                          ;(SP) ← PC15~8
                          ;PC10~0 ← addr11,转移到子程序去执行
```

该指令执行时，先将指令的程序指针 PC 加 2，其次将当前的 PC 值压入堆栈保存，入栈时先低字节，后高字节，然后再将指令中子程序起始位置的低 11 位地址 addr11 送给程序指针 PC 的低 11 位，转移到子程序去执行。由于程序指针 PC 的高 5 位地址没有变化，子程序和转移指令只能在同一个 2KB 范围内。

对于 LCALL 和 ACALL 两条子程序调用指令，在汇编程序中，指令后面通常带子程序位置的标号，用 LCALL 指令调用，子程序位置可以是程序存储空间的任一位置，用 ACALL 指令调用，子程序位置与 ACALL 指令的下一条指令必须在同一个 2KB 内，即它们的高 5 位地址相同。

(3) 子程序返回指令

指令格式：

```
    RET                   ;PC ← PC + 1
                          ;PC15~8 ← (SP)
                          ;SP ← SP - 1
                          ;PC7~0 ← (SP)
                          ;SP ← SP - 1;返回执行调用指令的下一条指令
```

执行时将子程序调用指令压入堆栈的地址出栈，第一次出栈的内容送至程序指针 PC 的高 8 位，第二次出栈的内容送至程序指针 PC 的低 8 位。执行完后，程序转移到新的程序指针 PC 位置执行指令。由于子程序调用指令执行时压入的内容是调用指令的下一条指令的地址，因而 RET 指令执行后，程序将返回到调用指令的下一条指令。

该指令通常放于子程序的最后一条指令的位置，用于实现返回到调用指令的下一条指令。

(4) 中断返回指令

指令格式：

```
    RETI                  ;PC ← PC + 1
                          ;PC15~8 ← (SP)
                          ;SP ← SP - 1
                          ;PC7~0 ← (SP)
                          ;SP ← SP - 1;返回执行中断断点位置的下一条指令
```

该指令的执行过程与 RET 基本相同，只是 RETI 在返回前将先清除中断的优先级触发器。该指令用于中断服务子程序，作为中断服务子程序的最后一条指令，它的功能是返回主程序中断的断点位置，继续执行断点位置后面的指令。

在 51 单片机系统中，中断都是硬件中断，没有软件中断调用指令。硬件中断时，由一条长转移指令使程序转移到中断服务程序的入口位置，在转移之前，由硬件将当前的断点地址压入堆栈保存，以便于以后通过中断返回指令返回到断点位置后继续执行。

3.3.5　位操作类指令

在 51 单片机系统中，有 17 条位处理指令，可以实现位传送、位逻辑运算、位控制转移等操作，指令助词符有 MOV、CLR、SETB、CPL、ANL、ORL、JC、JNC、JB、JNB 和 JBC。

1. 位传送指令 MOV

位传送指令有两条，用于实现位运算器 C 与一般位之间的相互传送。格式如下：

```
MOV  C,bit      ;C←(bit)
MOV  bit,C      ;(bit)←C
```

该指令在使用时必须有位运算器 C 参与，两位之间不能直接传送。如果进行两位之间的传送，可以通过位运算器 C 来实现。

【例 3-8】 把片内 RAM 中位寻址区的 20H 位的内容传送到 30H 位。

程序段如下：

```
MOV  C,20H
MOV  30H,C
```

2. 位逻辑操作指令

位逻辑操作指令包括位清零、置 1、取反、位与和位或，总共 10 条指令。格式如下：

(1) 位清零

```
CLR  C              ;C ← 0
CLR  bit            ;(bit) ← 0
```

(2) 位置 1

```
SETB  C             ;C ← 1
SETB  bit           ;(bit) ← 1
```

(3) 位取反

```
CPL  C              ;C ← C̄
CPL  bit            ;(bit) ← (bit‾)
```

(4) 位与

```
ANL  C,bit          ;C ← C ∧(bit)
ANL  C,/bit         ;C ← C ∧(bit‾)
```

(5) 位或

```
ORL  C,bit          ;C ← C ∨(bit)
ORL  C,/bit         ;C ← C ∨(bit‾)
```

利用位逻辑运算指令可以实现各种各样的逻辑功能。

【例 3-9】 利用位逻辑运算指令编程实现图 3-6 所示硬件逻辑电路的功能。

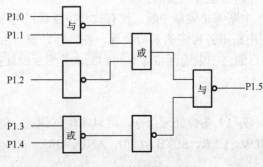

图 3-6　硬件逻辑电路图

程序段如下：

```
MOV  C,P1.0
ANL  C,P1.1
CPL  C
ORL  C,/P1.2
MOV  20H,C
MOV  C,P1.3
ORL  C,P1.4
ANL  C,20H
CPL  C
MOV  P1.5,C
```

3. 位转移指令

位转移指令有以 C 为条件的位转移指令和以 bit 为条件的位转移指令，共 5 条。

（1）以 C 为条件的位转移指令

```
JC   rel            ;PC ← PC + 2
                    ;若 C=1 , PC ← PC + rel,转移；否则,顺次执行下一条指令

JNC  rel            ;PC ← PC + 2
                    ;若 C=0 , PC ← PC + rel,转移；否则,顺次执行下一条指令
```

（2）以 bit 为条件的位转移指令

```
JB   bit,rel        ;PC ← PC + 3
                    ;若(bit)=1 , PC ← PC + rel,转移；否则,顺次执行下一条指令
JNB  bit,rel        ;PC ← PC + 3
                    ;若(bit)=0 , PC ← PC + rel,转移；否则,顺次执行下一条指令

JBC  bit,rel        ;PC ← PC + 3
                    ;若(bit)=1 , PC ← PC + rel, 且(bit)←0,转移
                    ;否则,顺次执行下一条指令
```

通常利用位转移指令可进行各种测试。

4. 空操作指令 NOP

指令格式：

```
NOP                 ;PC ← PC+1
```

该指令为单字节指令。执行时，不做任何操作（即空操作），仅将程序指针 PC 的内容加 1，使 PC 指向下一条指令继续执行程序。空操作指令 NOP 占用一个机器周期，常用来产生时间延迟，构造延时程序。

3.4　51 单片机汇编程序设计概述

前面介绍了 MCS-51 单片机汇编语言指令系统。在用 MCS-51 单片机设计应用系统时，可通过用汇编指令来编写程序，用汇编指令编写的程序称为汇编语言源程序。汇编语言源程序必须翻译成机器代码才能运行，翻译通常由计算机通过汇编程序来完成，翻译的过程称为汇编。

3.4.1　51 单片机汇编程序设计过程

用汇编语言进行程序设计的过程和用高级语言设计程序有相似之处，其设计过程大致可以分为以下几个步骤。

(1) 明确课题的具体内容，对程序功能、运算精度、执行速度等方面的要求及硬件条件。

(2) 把复杂问题分解为若干个模块，确定各模块的处理方法，画出程序流程图(简单问题可以不画)。对复杂问题可分别画出模块流程图和总流程图。

(3) 存储器资源分配，如各程序段的存放地址、数据区地址、工作单元分配等。

(4) 编制程序，根据程序流程图精心选择合适的指令和寻址方式来编制源程序。

(5) 对程序进行汇编、调试和修改。将编制好的源程序进行汇编，检查并修改程序中的错误，执行目标程序，对程序运行结果进行分析，直至正确为止。

另外，编写过程中要特别注意，用汇编语言进行程序设计时，对于程序、数据在存储器中的存放位置，工作寄存器、片内数据存储单元、堆栈空间等都要由编程者自己安排。

3.4.2　51 单片机汇编程序常用伪指令

伪指令是放在汇编语言源程序中用于指示汇编程序如何对源程序进行汇编的指令。它与指令系统中的指令不同，指令系统中的指令在汇编程序汇编时能够产生相应的指令代码，而伪指令在汇编程序汇编时不会产生代码，只是对汇编过程进行相应的控制和说明。

伪指令通常在汇编语言源程序中用于定义数据、分配存储空间、控制程序的输入/输出等。51 单片机汇编程序常用的伪指令有以下几条。

1．ORG 伪指令

ORG 伪指令格式：

```
ORG    addr        ;通常用十六进制数表示地址
```

这条伪指令放在一段源程序或数据的前面，汇编时用于指明程序或数据从程序存储空间的什么位置开始存放。ORG 伪指令后的地址是程序或数据的起始地址。

【例 3-10】

```
ORG  0100H
START: MOV  A,#7FH
  ⋮
```

指明后面的程序从程序存储器的 0100H 单元开始存放。

2．DB 伪指令

DB 伪指令格式：

```
[标号:]  DB    项或项表
```

DB 伪指令用于定义字节数据，它既可以定义一个字节，也可定义多个字节。定义多个字节时，两两之间用逗号间隔，定义的多个字节在存储器中是连续存放的。定义的字节可以是一般常数，也可以是字符，还可以是字符串。字符和字符串用单引号括起来，字符数据在存储器中以 ASCII 码形式存放。

在定义时前面可以带标号，定义的标号在程序中是起始单元的地址。

【例 3-11】

```
ORG    2000H
TAB1:  DB  11H,22H
       DB  '2','a','ABC'
```

汇编后，各个数据在存储单元中的存放情况如图 3-7 所示。

3．DW 伪指令

DW 伪指令格式：

　　[标号:]　DW　　项或项表

这条指令与 DB 伪指令相似，但用于定义字数据。项或项表所定义的一个字在存储器中占两个字节。汇编时，机器自动按高字节在前，低字节在后存放，即高字节存放在低地址单元，低字节存放在高地址单元。

【例 3-12】

```
ORG    2100H
TAB2:  DW  1122H,3344H
```

汇编后，各个数据在存储单元中的存放情况如图 3-8 所示。

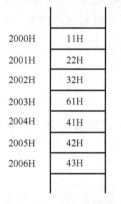

图 3-7　DB 数据分配图

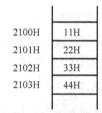

图 3-8　DW 数据分配图

4．DS 伪指令

DS 伪指令格式：

　　[标号:]　DS　　数值表达式

该伪指令用于在存储器中保留一定数量的字节单元，保留的数量由表达式的值决定。保留存储空间主要是为了以后存放数据。

【例 3-13】

```
ORG    2100H
TAB1:  DB  11H,22H
       DS  4H
       DB  '2'
```

汇编后，存储单元中的分配情况如图 3-9 所示。

5. EQU 伪指令

EQU 伪指令格式：

　　　符号　EQU　　项

该伪指令的功能是将指令中项的值赋予 EQU 前面的符号。项可以是常数、地址标号或表达式。以后可以通过使用该符号代替相应的项。

【例 3-14】

```
TAB1   EQU   2100H
TAB2   EQU   2200H
```

2100H	11H
2101H	22H
2102H	—
2103H	—
2104H	—
2105H	—
2106H	32H

图3-9　DS数据分配情况图

汇编后 TAB1、TAB2 分别等于 2100H、2200H。程序后面使用 2100H、2200H 的地方就可以用符号 TAB1、TAB2 替换。

用 EQU 伪指令对某标号赋值后，该符号的值在整个程序中不能再改变。

6. DATA 伪指令

DATA 伪指令格式：

　　　符号　DATA　　直接字节地址

该伪指令用于给片内 RAM 字节单元地址赋予 DATA 前面的符号，符号以字母开头，同一单元地址可以赋予多个符号。赋值后可用该符号代替 DATA 后面的片内 RAM 字节单元地址。

【例 3-15】

```
RESULT  DATA  30H
   ⋮
MOV     RESULT,A
```

汇编后，RESULT 就表示片内 RAM 的 30H 单元地址，程序后面用片内 RAM 的 30H 单元的地方就可以用 RESULT 代替。

7. XDATA 伪指令

XDATA 伪指令格式：

　　　符号　XDATA　　直接字节地址

该伪指令与 DATA 伪指令基本相同，只是它针对的是片外 RAM 字节单元。

【例 3-16】

```
PORT1  XDATA  2000H
   ⋮
MOV  DPTR,PORT1
MOVX @DPTR,A
```

汇编后，符号 PORT1 表示片外 RAM 的 2000H 单元地址，程序后面可通过符号 PORT1 表示片外 RAM 的 2000H 单元地址。

8. BIT 伪指令

BIT 伪指令格式：

　　　　　符号　BIT　位地址

该伪指令用于赋予位地址符号，经赋值后可用该符号代替 BIT 后面的位地址。

【例 3-17】

```
KEY   BIT   P1.0
LED   BIT   P1.1
```

定义后，在程序中位地址 P1.0、P1.1 就可以通过 KEY 和 LED 来使用。

9. END 伪指令

END 伪指令格式：

```
END
```

　　该指令放于程序的最后位置，用于指明汇编语言源程序的结束位置。当汇编程序汇编到
END 伪指令时，汇编结束。END 后面的指令，汇编程序都不予处理。一个源程序只能有一个
END 命令，否则就有一部分指令不能被汇编。

3.5　51 单片机常用汇编程序设计

3.5.1　数据传送程序

　　【例 3-18】　把片内 RAM 的 30H～3FH 的 16 个字节的内容传送到片外 RAM 的 1000H 单
元位置处。

　　片内数据存储器与片外数据存储器数据传送通过累加器 A 过渡，片内 RAM 和片外 RAM
分别用指针指向，每传送一次指针向后移一个单元，重复 16 次即可实现。处理过程如下：用
R2 作循环变量，初值为 16。用 DJNZ　R2, LOOP 指令控制循环。在循环体外，用 R0 指向
片内 RAM 的 30H 单元，用 DPTR 指向片外 RAM 的 1000H 单元；
循环体内把 R0 指向的片内 RAM 单元内容传送到 DPTR 指向的片
外 RAM 单元，改变 R0、DPTR 指针指向下一个单元，程序流程
图如图 3-10 所示。

　　程序如下：

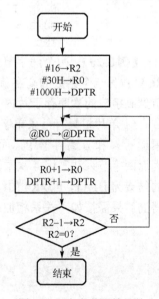

```
          ORG   0000H
          LJMP  MAIN

          ORG   1000H
MAIN:     MOV   R2,#16
          MOV   R0,#30H
          MOV   DPTR,#1000H
LOOP:     MOV   A,@R0        ;@R0 →@DPTR
          MOVX  @DPTR,A
          INC   R0
          INC   DPTR
          DJNZ  R2,LOOP
          SJMP  $
          END
```

图 3-10　多字节无符号数
　　　　　加法程序流程图

3.5.2　运算程序

【例 3-19】 设从片内 RAM 30H 单元和 40H 单元有两个 8 字节数，低位在前，高位在后，把它们相加，将结果放于 30H 单元开始的位置处（设结果不溢出）。

两个多字节数加时，先加低字节后加高字节，最低字节用一般的加法 ADD，其余字节都用带进位的加法 ADDC。一般的加法也可以通过带进位的加法 ADDC 来实现，只需在运算前先把进位标志清零。处理方法相同，可用循环实现。

处理过程如下：在循环体外，用 R0 指向内 RAM 的 30H 单元，用 R1 指向内 RAM 的 40H 单元，用 R2 为循环变量，初值为 16，进位标志清零；在循环体中用 ADDC 指令把 R0 指针指向的单元与 R1 指针指向的单元相加，加得的结果放回 R0 指向的单元，改变 R0、R1 指针指向下一个单元，循环 16 次即可实现。程序流程图如图 3-11 所示。

程序如下：

```
        ORG   0000H
        LJMP  MAIN

MAIN:   ORG   0100H
        MOV   R0,#30H
        MOV   R1,#40H
        MOV   R2,#16
        CLR   C
LOOP:   MOV   A,@R0
        ADDC  A,@R1
        MOV   @R0,A
        INC   R0
        INC   R1
        DJNZ  R2,LOOP
        SJMP  $
        END
```

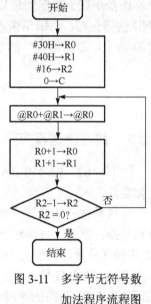

图 3-11　多字节无符号数
加法程序流程图

【例 3-20】 两个两字节无符号数相乘，其中：一个乘数的高字节放在 R7 中，低字节放在 R6 中；另一个乘数的高字节放在 R5 中，低字节放在 R4 中。乘得的积有 4 个字节，按由低字节到高字节的次序存于片内 RAM 中以 ADDR 为首地址的区域中。

51 单片机只有一条单字节无符号数乘法指令 MUL，而且要求参加运算的两个字节需放在累加器 A 和 B 寄存器中，而乘得的结果的高字节放在 B 寄存器中，低字节放在累加器 A 中。因而两字节乘法需用 4 次乘法指令来实现，即 R6×R4、R7×R4、R6×R5 和 R7×R5，设 R6×R4 的结果为 B1A1，R7×R4 的结果为 B2A2，R6×R5 的结果为 B3A3，R7×R5 的结果为 B4A4，乘得的结果需按如下关系相加：

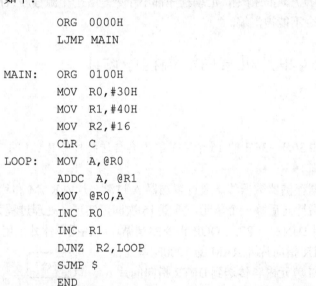

		R7	R6
×		R5	R4
		B1	A1
	B2	A2	
	B3	A3	
+	B4	A4	
	C4	C3	C2	C1

即乘积的最低字节 C1 只由 A1 这部分得到，乘积的第二字节 C2 由 B1、A2 和 A3 相加得到，乘积的第三字节 C3 由 B2、B3、A4 及 C2 部分的进位相加得到，乘积的第四字节 C4 由 B4 和低字节的进位相加得到。由于在计算机内部不能同时实现多个数相加，因而我们用累加的方法来计算 C2、C3 和 C4 部分，用 R3 寄存器累加 C2 部分，用 R2 寄存器累加 C3 部分，用 R1 寄存器累加 C4 部分，另外用 R0 作指针依次将 C1、C2、C3、C4 存放到存储器。

程序如下：

```
            ORG  0000H
            LJMP MAIN

            ORG 0100H
MAIN:       MOV  R0,#ADDR
MUL1:       MOV  A,R6
            MOV  B,R4
            MUL  AB          ;R6×R4,结果的低字节直接存入积的第一字节单元
            MOV  @R0,A       ;结果的高字节存入 R3 中暂存起来
            MOV  R3,B
MUL2:       MOV  A,R7
            MOV  B,R4
            MUL  AB          ;R7×R4,结果的低字节与 R3 相加后,再存入 R3 中
            ADD  A,R3
            MOV  R3,A
            MOV  A,B         ;结果的高字节加上进位位后存入 R2 中暂存起来
            ADDC A,#00
            MOV  R2,A
MUL3:       MOV  A,R6
            MOV  B,R5
            MUL  AB          ;R6×R5,结果的低字节与 R3 相加存入积的第二字节单元
            ADD  A,R3
            INC  R0
            MOV  @R0,A
            MOV  A,R2
            ADDC A,B         ;结果的高字节加 R2 再加进位位后,再存入 R2 中
            MOV  R2,A
            MOV  A,#00
            ADDC A,#00       ;相加的进位位存入 R1 中
            MOV  R1,A
MUL4:       MOV  A,R7
            MOV  B,R5
            MUL  AB          ;R7×R5,结果的低字节与 R2 相加存入积的第三字节单元
            ADD  A,R2
            INC  R0
            MOV  @R0,A
            MOV  A,B
            ADDC A,R1        ;结果的高字节加 R1 再加进位位后存入积的第四字节单元
            INC  R0
            MOV  @R0,A
```

```
        SJMP  $
        END
```

3.5.3　代码转换程序

【例 3-21】　1 位十六进制数转换成 ASC1I 码。设十六进制数存放于 R2 中，转换的结果也存放于 R2 中。

1 位十六进制数有 16 个符号：0～9、A～F。其中：0～9 的 ASCII 码为 30H～39H；A～F 的 ASCII 码为 41H～46H。只要判断十六进制数是在 0～9 之间还是在 A～F 之间，如在 0～9 之间，加 30H，如在 A～F 之间，加 37H，就可得到 ASCII 码。

程序段如下：

```
        ORG   0200H
        MOV   A,R2
        CLR   C
        SUBB  A,#0AH     ;减去 0AH,判断在 0～9 之间,还是在 A～F 之间
        MOV   A,R2
        JC ADD30         ;如在 0～9 之间,直接加 30H
        ADD   A,#07H     ;如在 A～F 之间,先加 07H,再加 30H
ADD30:  ADD   A,#30H
        MOV   R2,A
        RET
```

【例 3-22】　1 位十六进制数转换成 8 段式数码管共阴极显示码。设十六进制数存放在 R2 中，查得的显示码也存放于 R2 中。

1 位十六进制数 0～9、A～F 的 8 段式数码管的共阴极显示码为 3FH、06H、5BH、4FH、66H、6DH、7DH、07H、7FH、67H、77H、7CH、39H、5EH、79H、71H。由于十六进制数与显示码之间没有规律，所以不能通过运算得到，只能通过查表方式得到。首先用数据定义伪指令 DB 建一张由十六进制数 0～9、A～F 的 8 段式数码管的共阴极显示码组成的表，查表时先找到表首，然后用这 1 位十六进制数作位移量就可以找到相应的显示码。

在 51 单片机中，查表指令有两条："MOVC　A，@A+DPTR"和"MOVC　A，@A+PC"。用它们构造的查表程序分别如下：

(1) 用 MOVC　A，@A+DPTR 构造的查表程序段：

```
        ORG   0200H
CONVERT:MOV   DPTR,#TAB      ;DPTR 指向表首地址
        MOV   A,R2           ;转换的数放于 A
        MOVC  A, @A+DPTR     ;查表指令转换
        MOV   R2,A
        RET
TAB:    DB  3FH,06H,5BH,4FH,66H,6DH,7DH,07H
        DB  7FH,67H,77H,7CH,39H,5EH,79H,71H    ;显示码表
```

用"MOVC　A，@A+DPTR"查表时，基址寄存器 DPTR 直接存放表首地址，累加器 A 中存放要转换的数字。执行查表指令后累加器 A 中就可得到相应的显示码。

(2) 用"MOVC　A，@A+PC"构造的查表程序段：

```
              ORG  0200H
CONVERT:MOV   A,R2                      ;转换的数放于 A
              ADD  A,#03H               ;加查表指令相对于表首的位移量
              MOVC A, @A+PC             ;查表指令转换
              MOV  R2,A
              RET
TAB:          DB   3FH,06H,5BH,4FH,66H,6DH,7DH,07H
              DB   7FH,67H,77H,7CH,39H,5EH,79H,71H   ;显示码表
```

用"MOVC　A，@A+PC"时，由于程序计数器 PC 不能直接赋值，在程序处理过程中它始终指向下一条指令。查表时如何得到表首地址呢？处理时，可以用"MOVC　A，@A+PC"指令执行时的 PC 值加一个差值来得到，这个差值为 MOVC　A，@A+PC 指令执行时的 PC 值相对于表首的位移量。在本例中，这个差值为 03H。在 51 单片机中，PC 又不能直接和位移量相加，如何办呢？处理时可以将这个差值加到累加器 A 中。程序把当前要转换的数字放于累加器 A 后，再把差值 03H 加到累加器 A，然后执行查表指令，累加器 A 中就可得到相应的显示码。

3.5.4　分支程序

在 51 单片机中，分支程序可分为一般分支程序和多分支程序。通过指令系统中的控制转移指令实现。

1. 一般分支程序

一般分支程序通常用条件转移指令实现。

【例 3-23】 从片外 RAM 的 1000H 单元开始放了 200 个英文符号，要求统计它们当中字符"A"的个数，放于 R7 中。

用 R2 做循环变量，最开始置初值为 200，用 DJNZ 指令对 R2 减 1 进行转移循环控制。在循环体外，给 R7 清零，给片外 RAM 指针 DPTR 置初值 1000H；在循环体中用 DPTR 指针依次取出片内 RAM 中的数据，用 CJNE 指令判断，如为"A"（41H），则 R7 中的内容加 1。循环完后 R7 中的数字就是字符"A"的个数。

程序段如下：

```
              ORG  0000H
              LJMP MAIN

              ORG  0100H
MAIN:    MOV  R2,#200
              MOV  DPTR,#1000H
              MOV  R7,#0
LOOP:    MOVX A,@DPTR
              CJNE A,#41H,NEXT
              INC  R7
NEXT:    INC  DPTR
              DJNZ R2,LOOP
              SJMP $
              END
```

2. 多分支程序

51 单片机中，多分支程序通常用 JMP　@A+DPTR 散转指令实现。

散转指令 JMP　@A+DPTR 实现多分支程序过程如下：

(1)先用无条件转移指令("AJMP"或"LJMP")按顺序构造一个转移指令表，通过转移指令表中的指令可转移到各个分支。

(2)将转移指令表的首地址装入 DPTR 中，用分支信息形成变址装入累加器 A。

(3)执行多分支转移指令 JMP　@A+DPTR 实现转移。

【例 3-24】　现有 10 路分支，分支号分别为 0~9，要求根据 R2 中的分支号转向各个分支的程序。即当

```
              (R2)=0，转向 OPR0
              (R2)=1，转向 OPR1
                ⋮
              (R2)=9，转向 OPR9
```

程序段如下：

```
          ORG  1000H
          MOV  A,R2
          RL   A               ;分支信息乘以 2 形成变址值放入累加器 A
          MOV  DPTR,#TAB       ;DPTR 指向转移指令表的首地址
          JMP  @A+DPTR         ;转向形成的散转地址
          RET
    TAB:  AJMP OPR0            ;转移指令表
          AJMP OPR1
           ⋮
          AJMP OPR9
           ⋮
    OPR0: …
    OPR1: …
           ⋮
    OPR9: …
```

在上面的程序中，转移指令表中的转移指令是由 AJMP 指令构成的，每条 AJMP 指令长度为 2 个字节，变址值的取得是通过分支信息乘以指令长度 2。如果用 LJMP 指令构造转移指令表，每条 LJMP 指令长度为 3 个字节，变址值应由分支信息乘以 3 得到。

程序段如下：

```
          ORG  1000H
          MOV  A,R2
          MOV  B,#3
          MUL  AB              ;分支信息乘以 3 形成变址值放入累加器 A
          MOV  DPTR,#TAB       ;DPTR 指向转移指令表的首地址
          JMP  @A+DPTR         ;转向形成的散转地址
          RET
    TAB:  LJMP OPR0            ;转移指令表
          LJMP OPR1
```

```
                ⋮
        LJMP   OPR9
                ⋮
OPR0:   …
OPR1:   …
                ⋮
OPR9:   …
```

3.5.5　延时程序

延时程序是 51 单片机程序设计中经常用到的程序，一般采用循环结构实现。

【例 3-25】　下面是延时 500μs 的程序，设系统时钟频率为 12MHz。

```
DEL500us:   MOV  R7, #124        ;1 个机器周期
            NOP                  ;1 个机器周期
LOOP:       NOP                  ;1 个机器周期
            NOP                  ;1 个机器周期
            DJNZ R7, LOOP        ;2 个机器周期
            RET                  ;2 个机器周期
```

系统时钟频率为 12MHz，机器周期为 1μs。延时时间计算如下：

$$延时时间 = [1 + 1 + 124 \times (1+1+2) + 2] \times 1\mu s = 500\mu s$$

习　　题

1．在对片外 RAM 单元的寻址中，用 Ri 间接寻址与用 DPTR 间接寻址有什么区别？

2．写出完成下列操作的指令。

(1) R0 的内容送到 R1 中。

(2) 片内 RAM 的 30H 单元内容送到片外 RAM 的 50H 单元中。

(3) 片外 RAM 的 2000H 单元内容送到片外 RAM 的 20H 单元中。

(4) ROM 的 1000H 单元内容送到片内 RAM 的 50H 单元中。

3．区分下列指令有什么不同？

(1) MOV　A, 20H 和 MOV　A, #20H

(2) MOV　A, @R0 和 MOVX　A, @R0

(3) MOV　A, R0 和 MOV　A, @R0

(4) MOVX　A, @R0 和 MOVX　A, @DPTR

4．已知 (A)= 02H，(R1)= 7FH，(DPTR)= 2FFCH，片内 RAM(7FH)= 70H，片外 RAM(2FFEH)= 11H，ROM(2FFEH)= 64H，试分别写出以下各条指令执行后目标单元的内容。

(1) MOV　A, @R1

(2) MOVX　@DPTR, A

(3) MOVC　A, @A+DPTR

(4) XCHD　A, @R1

5．已知 (A)= 47H，(R1)= 30H，(B)= 04H，CY=1，片内 RAM(78H)= 0DDH，(80H)= 6CH，

试分别写出下列指令执行后目标单元的结果和相应标志位的值。

(1) SUBB　A，#59H

(2) MUL　AB

(3) ANL　78H，#0AAH

(4) XRL　80H，A

6. 写出完成下列要求的指令。

(1) 累加器 A 的高 4 位置"1"，其余位不变。

(2) 累加器 A 的低 4 位清零，其余位不变。

(3) 累加器 A 的低 4 位取反，其余位不变。

7. 用位处理指令实现 P1.4 = P1.0 ∨ (P1.1 ∧ P1.2) ∨ /P1.3 的逻辑功能。

8. 下列程序段汇编后，从 1000H 单元开始的单元内容是什么？

```
      ORG  1000H
TAB: DB   42H
     DS   2
     DW   1234H,56H
```

9. 编程实现将片外 RAM 的 2100H～211FH 单元的内容，全部移到片内 RAM 的 30H 单元的开始位置，并将源位置清零。

10. 编程将片外 RAM 的 1000H 单元开始的 50 个字节的数据相加，结果存放于 R3R2 中。

11. 编程实现 R4R3×R2，结果存放于 R7R6R5 中。

12. 用查表的方法实现将 1 位十六进制数转换成 ASCII 码。

13. 编程统计从片外 RAM 的 1000H 单元开始的 200 个单元中"0"的个数，将结果存放于 R2 中。

第 4 章

51 单片机 C 程序设计

前面介绍了 51 汇编语言程序设计，汇编语言具有执行效率高、速度快、与硬件结合紧密等特点。尤其在进行 I/O 管理时，使用汇编语言非常快捷、直观。但用汇编语言编程比用高级语言难度大，可读性差，不便于移植，开发时间长。而 C 语言作为一种高级程序设计语言，在进行程序设计时相对容易，支持多种数据类型，可移植性强，而且也能够对硬件直接访问，能够按地址方式访问存储器或 I/O 端口。现在很多 51 单片机系统都用 C 语言来编写程序。

4.1　C 语言与 51 单片机

4.1.1　C 语言的特点

与其他高级语言相比，C 语言具有以下特点：

(1) 语言简洁、紧凑，使用方便、灵活。

C 语言一共只有 32 个关键字，9 种控制语句，程序书写形式自由，与其他高级语言相比，程序精练、简短。

(2) 运算符丰富。

C 语言包括多种运算符，总共有 34 种，而且把括号、赋值、强制类型转换等都作为运算符处理，表达式灵活、多样，可以实现各种各样的运算。

(3) 数据结构丰富，具有现代语言的各种数据结构。

C 语言的数据类型有整型、实型、字符型、数组类型、指针类型等，能用来实现各种复杂的数据结构。

(4) 可进行结构化程序设计。

C 语言具有各种结构化的控制语句，如 if…else 语句、while 语句、do…while 语句、switch 语句、for 语句等。另外 C 语言程序以函数为单位，一个 C 语言程序就是由许多个函数组成的，一个函数相当于一个程序模块，因此使用 C 语言可以很容易地进行结构化程序设计。

(5) 可以直接对计算机硬件进行操作。

C 语言允许直接访问物理地址，能进行位操作，能实现汇编语言的大部分功能，可以对硬件直接进行操作。

(6) 生成的目标代码质量高，程序执行效率高。

众所周知，用汇编语言生成的目标代码的效率是最高的，但据统计表明，对于同一个问题，用 C 语言编写的程序生成目标代码的效率仅比汇编语言编写的程序低 10%～20%。而用

C 语言编写程序比用汇编语言编写程序要方便、容易得多，而且可读性强，开发时间也短得多。

（7）可移植性好。

不同的计算机汇编指令不一样，用汇编语言编写的程序用于其他的机型使用时，必须改写成对应机型的指令代码。而用 C 语言编写的程序基本上不用修改就能用于各种机型和各种操作系统。

4.1.2　C 语言程序的结构

C 语言程序采用函数结构，每个 C 语言程序由一个或多个函数组成。在这些函数中至少应包含一个主函数 main()，也可以包含一个 main() 函数和若干个其他的功能函数。不管 main() 函数放于何处，程序总是从 main() 函数开始执行，执行到 main() 函数结束则程序结束。在 main() 函数中可以调用其他函数，其他函数也可以相互调用，但 main() 函数只能调用其他的功能函数，而不能被其他的函数所调用。功能函数可以是 C 语言编译器提供的库函数，也可以是由用户定义的自定义函数。C 程序的开始部分一般是预处理命令、函数说明和变量定义等。

C 语言程序的结构一般如下：

```
预处理命令    include<>
函数说明      long  fun1();
              float  fun2();
int  x,y;
float  z;
功能函数 1    fun1()
{                    ┐
    函数体…          ├─ 功能函数
}                    ┘
主函数        main()
{                    ┐
    主函数体…        ├─ 主函数
}                    ┘
功能函数 2    fun2()
{                    ┐
    函数体…          ├─ 功能函数
}                    ┘
```

其中，函数往往由"函数定义"和"函数体"两部分组成。函数定义部分包括函数类型、函数名、形式参数说明等，函数名后面必须跟一个圆括号"()"，形式参数在圆括号内定义。函数体由一对花括号"{}"括起来。如果一个函数内有多个花括号，则最外层的一对花括号所包含的内容为函数体。函数体包含若干条语句，一般由两部分组成：声明语句和执行语句。声明语句用于对函数中用到的变量进行定义，也可能对函数体中调用的函数进行声明。执行语句由若干条语句组成，用来完成一定的功能。当然也有的函数体仅有一对花括号，其内部既没有声明语句，也没有执行语句，这种函数称为空函数。

C 语言程序在书写时格式十分自由，一条语句可以写成一行，也可以写成几行，还可以一行内写多条语句；但每条语句后面必须以分号"；"作为结束符。C 语言程序区分大小写字母，在程序中，同一个字母的大小写在系统中作不同处理。在程序中可以用"/*………*/"或"//"对 C 程序中的任何部分进行注释，以增加程序的可读性。

C 语言本身没有输入/输出语句。输入和输出是通过输入/输出函数 scanf() 和 printf() 来实现的。输入/输出函数是通过标准库函数形式提供给用户的。

4.1.3　C51 与标准 C 语言

51 单片机 C 语言程序称为 C51 程序，C51 程序在语法规定、程序结构及程序设计方法都与标准的 C 语言程序设计完全相同，只在部分地方针对于 51 单片机做了改进和扩展。C51 程序主要在以下几个方面与标准 C 语言不同。

(1) C51 中的数据类型与标准 C 语言的数据类型有一定的区别。C51 一方面对标准 C 语言的数据类型进行了扩展，在标准 C 语言的数据类型基础上增加了对 51 单片机位数据访问的位类型 (bit 和 sbit) 和内部特殊功能寄存器访问的特殊功能寄存器类型 (sfr 和 sfr16)。另一方面，C51 对部分数据类型的存储格式进行改造以适应 51 单片机。

(2) C51 在变量定义与使用上与标准 C 语言不同。一方面，C51 在标准 C 语言基础上增加了位变量与特殊功能寄存器变量；另一方面，由于 51 单片机的存储器结构与通用微型计算机的存储器结构不同，C51 中变量增加了存储器类型选项，以指定变量在存储器中的存放位置。

(3) 为了方便对 51 单片机硬件资源进行访问，C51 在绝对地址访问上对标准 C 语言进行了扩展。除可通过指针来进行绝对地址访问，还增加了一个绝对地址访问函数库 absacc.h，在函数库中定义了一些宏定义，可通过这些宏定义进行绝对地址访问。另外，C51 专门提供了一个关键字 "_at_"，可把变量定位到某个固定的地址空间，实现绝对地址访问。

(4) C51 中函数的定义、使用与标准 C 语言也不完全相同。C51 的库函数和标准 C 语言定义的库函数不同，标准 C 语言定义的库函数是针对通用微型计算机的，而 C51 中的库函数是按 51 单片机来定义的。C51 中用户可定义编写中断函数，而在标准 C 语言中，用户一般不自己定义中断函数。

(5) C51 的主函数 main() 的内部格式与标准 C 语言也有一定的区别。标准 C 语言是针对微型计算机的，微型计算机首先有操作系统，其他软件都由操作系统管理，标准 C 语言编写的程序在操作系统环境下运行，最后一般要返回操作系统。而 C51 程序在 51 单片机中运行，51 单片机很多时候是单任务处理，也就是说，整个 51 系统只有一个程序，不存在返回。因此，C51 程序都是循环程序，而且是死循环，让它一直运行。如果前面没有循环，最后一般也加一条死循环语句，如 "while(1)；"。

4.2　C51 的数据类型

数据的格式通常称为数据类型。标准 C 语言的数据类型可分为基本数据类型和组合数据类型，组合数据类型由基本数据类型构造而成。标准 C 语言的基本数据类型有字符型 (char)、短整型 (short)、整型 (int)、长整型 (long)、浮点型 (float) 和双精度型 (double)，字符型 (char)、短整型 (short)、整型 (int) 和长整型 (long) 有带符号 (signed) 和无符号 (unsigned) 之分。组合数据类型有数组类型、结构体类型、共同体类型和枚举类型，另外还有指针类型和空类型。C51 的数据类型与标准 C 语言的数据类型基本相同，但其中 char 型与 short 型相同，float 型与 double 型相同，整型 int 和长整型 long 在存储器中的存储格式与标准 C 语言不同。另外，C51 还专门针对 51 单片机扩展了特殊功能寄存器型和位类型，有关 C51 的数据类型如表 4-1 所示。

表 4-1　Keil C51 编译器能够识别的基本数据类型

基本数据类型	名　称	长　度	取　值　范　围
unsigned char	无符号字符型	1 字节	0～255
signed char	有符号字符型	1 字节	−128～+127
unsigned int	无符号整型	2 字节	0～65535
signed int	有符号整型	2 字节	−32768～+32767
unsigned long	无符号长整型	4 字节	0～4294967295
signed long	有符号长整型	4 字节	−2147483648～+2147483647
float	浮点型	4 字节	±1.175494E−38～±3.402823E+38
bit	位型	1 位	0 或 1
sbit	特殊位型	1 位	0 或 1
sfr	8 位特殊功能寄存器型	1 字节	0～255
sfr16	16 位特殊功能寄存器型	2 字节	0～65535

4.2.1　char 字符型

char 型有 signed char 和 unsigned char 之分,默认为 signed char。它们的长度均为 1 个字节,用于存放 1 个单字节的数据。signed char 用于定义带符号字节数据,其字节的最高位为符号位,"0"表示正数,"1"表示负数,补码表示,所能表示的数值范围是−128～+127;unsigned char 用于定义无符号字节数据或字符,可以存放一个字节的无符号数,其所能表示的数值范围为 0～255。unsigned char 既可以用来存放无符号数,也可以存放西文字符,一个西文字符占 1 个字节,在计算机内部以 ASCII 码形式存放。

4.2.2　int 整型

Int 型有 signed int 和 unsigned int 之分,默认为 signed int。它们的长度均为 2 个字节,用于存放 1 个双字节数据。signed int 用于定义双字节带符号数,补码表示,所能表示的数值范围为−32768～+32767。unsigned int 用于定义双字节无符号数,数的范围为 0～65535。int 整型数据在 C51 中存放格式与标准 C 语言不同,标准 C 语言是高字节存放在高地址单元,低字节存放在低地址单元,而 C51 中是高字节存放在低地址单元,低字节存放在高地址单元,如图 4-1 所示。

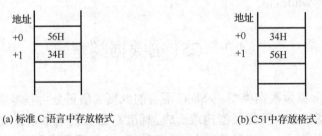

(a) 标准 C 语言中存放格式　　　　　　　　　(b) C51 中存放格式

图 4-1　int 数据 0x3456 存放格式

4.2.3　long 长整型

long 型有 signed long 和 unsigned long 之分,默认为 signed long。它们的长度均为 4 个字节,用于存放一个 4 字节数据。signed long 用于定义 4 字节带符号数,补码表示,所能表示的数值范围为–2147483648～+2147483647。unsigned long 用于定义 4 字节无符号数，所能表示的数值范围为 0～4294967295。C51 中 long 长整型数据的存放格式与 int 整型类似，也是高字节存放在低地址单元，低字节存放在高字节单元，如图 4-2 所示。

(a) 标准C语言中存放格式　　　　　　(b) C51中存放格式

图 4-2　long 数据 0x12345678 存放格式

4.2.4　float 浮点型

float 型数据的长度为 4 个字节，Franklin C51 浮点数格式符合 IEEE-754 标准，包含指数和尾数两部分，最高位为符号位，"1"表示负数，"0"表示正数，其次的 8 位为阶码，最后的 23 位为尾数的有效数位，由于尾数的整数部分隐含为"1"，所以尾数的精度为 24 位。在内存中的格式如表 4-2 所示。

表 4-2　单精度浮点数的格式

字节地址	3	2	1	0
浮点数的内容	SEEEEEEE	EMMMMMMM	MMMMMMMM	MMMMMMMM

其中，S 为符号位；E 为阶码位，共 8 位，用移码表示。阶码 E 的正常取值范围为 1～254，而对应的指数实际取值范围为–126～+127；M 为尾数的小数部分，共 23 位，尾数的整数部分始终为"1"。故一个浮点数的取值范围为 $(-1)^s \times 2^{E-127} \times (1.M)$。

例如，浮点数+124.75=+1111100.11B=+1.11110011×2^{+110}，符号位为"0"，8 位阶码 E 为+110+1111111=10000101B，23 位数值位为 11110011000000000000000B，32 位浮点表示形式为 01000010 11111001 10000000 00000000B=42F98000H，在存储器中的存放形式如图 4-3 所示。

4.2.5　指针型

指针型数据本身就是一个变量，在这个变量中存放着指向另一个数据的地址。这个指针变量要占用一定的内存单元。对不同的处理器其长度不一样，在 C51 中它的长度一般为 1～3 个字节。

图 4-3　浮点数的存放格式

4.2.6　特殊功能寄存器型

这是 C51 扩充的数据类型，用于访问 MCS-51 单片机中的特殊功能寄存器数据。它分为 sfr 和 sfr16 两种类型，其中 sfr 为字节型特殊功能寄存器类型，占一个内存单元，利用它可以访问 MCS-51 内部的所有特殊功能寄存器；sfr16 为双字节型特殊功能寄存器类型，占两个内存单元，利用它可以访问 MCS-51 内部的所有两个字节的特殊功能寄存器。在 C51 中对特殊功能寄存器的访问必须先用 sfr 或 sfr16 进行声明。

4.2.7　位类型

这也是 C51 中扩充的数据类型，用于访问 MCS-51 单片机中的可寻址的位单元。在 C51 中，支持两种位类型：bit 型和 sbit 型。它们在内存中都只占一个二进制位，其值可以是"1"或"0"。其中用 bit 定义的位变量在用 C51 编译器编译时，地址是可以变化的。而用 sbit 定义的位变量必须与 MCS-51 单片机的一个可以寻址位单元或可位寻址的字节单元中的某一位联系在一起，在 C51 编译器编译时，其对应的位地址不变。

下面就有符号和无符号的使用做些说明。在 C51 中，如果不进行负数运算，应尽可能地使用无符号数，因为它能直接被 51 单片机接受，有符号数虽然与无符号数占用的字节数相同，但需要进行额外的操作来测试符号位。

4.3　C51 的变量与存储类型

变量是程序运行过程中其值可以改变的量。一个变量由两部分组成：变量名和变量值。每个变量都有一个变量名，在存储器中占用一定的存储单元，变量的数据类型不同，占用的存储单元数也不一样。在存储单元中存放的内容就是变量值。根据变量的操作对象和使用特点，C51 中变量可分为：普通变量、特殊功能寄存器变量、位变量和指针变量。

4.3.1　C51 的普通变量及定义

C51 普通变量的定义与标准 C 语言格式总体相同，但由于 51 单片机的存储器组织与通用的微型计算机不一样，51 单片机的存储器分片内数据存储器、片外数据存储器和程序存储器，另外还有位寻址区，不同的存储器访问的方法不同，同一段存储区域又可以用多种方式访问。因而在定义变量时必须指明变量的存储器区域与访问方式，以便编译系统为它分配相应的存储单元。这通过在变量定义时加数据类型修饰符来指明。C51 中普通变量定义格式如下：

[存储种类]　数据类型说明符　[存储器类型]　变量名1[=初值]，变量名2[=初值]…;

1. 数据类型说明符

数据类型说明符用来指明变量的数据类型，指明变量在存储器中占用的字节数。可以是基本数据类型说明符，也可以是组合数据类型说明符，还可以是用 typedef 或#define 定义的类型别名。

在 C51 中，为了增加程序的可读性，允许用户为系统固有的数据类型说明符用 typedef 或#define 起别名，格式如下：

```
typedef  C51 固有的数据类型说明符  别名;
```

或

```
#define  别名  C51 固有的数据类型说明符;
```

定义别名后，就可以用别名代替数据类型说明符对变量进行定义。别名可以是大写，也可以是小写，为了区别一般用大写字母表示。

【例 4-1】 typedef 或#define 的使用。

```
typedef  unsigned int  WORD;
```

```
#define   BYTE  unsigned char;
BYTE  x1=0x12;
WORD  x2=0x1234;
```

2．变量名

变量名是 C51 区分不同变量，为不同变量取的名称。在 C51 中规定变量名可以由字母、数字和下画线三种字符组成，且第一个字符必须为字母或下画线。变量名有两种：普通变量名和指针变量名。它们的区别是指针变量名前面要带"*"号。

3．存储种类

存储种类是指变量在程序执行过程中的作用范围。C51 变量的存储种类与标准 C 语言一样，有 4 种，分别是自动(auto)、外部(extern)、静态(static)和寄存器(register)。

（1）auto

使用 auto 定义的变量称为自动变量，其作用范围在定义它的函数体或复合语句内部。当定义它的函数体或复合语句执行时，C51 才为该变量分配内存空间，结束时占用的内存空间释放。自动变量一般分配在内存的堆栈空间中。定义变量时，如果省略存储种类，则该变量默认为自动(auto)变量。

（2）extern

使用 extern 定义的变量称为外部变量。在一个函数体内，要使用一个已在该函数体外或其他程序中定义过的外部变量时，该变量在该函数体内要用 extern 说明。外部变量被定义后分配固定的内存空间，在程序整个执行时间内都有效，直到程序结束才释放。

（3）static

使用 static 定义的变量称为静态变量，可以分为内部静态变量和外部静态变量。在函数体内部定义的静态变量为内部静态变量，它在对应的函数体内有效，一直存在，但在函数体外不可见。这样不仅使变量在定义它的函数体外被保护，还可以实现当离开函数体时值不被改变。外部静态变量是在函数体外部定义的静态变量，它在程序中一直存在，但在定义的范围之外是不可见的。如在多文件或多模块处理中，外部静态变量只在文件内部或模块内部有效。

（4）register

使用 register 定义的变量称为寄存器变量。它定义的变量存放在 CPU 内部的寄存器中，处理速度快，但数目少。C51 编译器编译时能自动识别程序中使用频率最高的变量，并自动将其作为寄存器变量，用户无须专门声明。

4．存储器类型

存储器类型用于指明变量所处的单片机的存储器区域与访问方式。C51 编译器的存储器类型有 data、bdata、idata、pdata、xdata 和 code，如表 4-3 所示。

它们的具体描述如下：

（1）data 区，data 区为片内数据存储器低端 128 字节，通过直接寻址方式访问，它定义的变量访问速度最快，所以应把经常使用的变量放在 data 区，但 data 区的空间小，而且除了包含程序变量外，还包含堆栈和寄存器组。所以能存放的变量少。

（2）bdata 区，bdata 区实际是 data 区中的可进行位寻址的区域，在片内数据存储器 20H 到 2FH 单元区域中，变量可进行位寻址，可定义成位变量使用。

表 4-3　C51 的存储器类型描述

存储器类型	描　　述
data	直接寻址的片内 RAM 低 128B，访问速度快
bdata	片内 RAM 的可进行位寻址区(20H～2FH)，允许字节和位混合访问
idata	间接寻址访问的片内 RAM，允许访问全部片内 RAM
pdata	用 Ri 间接访问的片外 RAM 低 256B
xdata	用 DPTR 间接访问的片外 RAM，允许访问全部 64KB 片外 RAM
code	程序存储器 ROM 64KB 空间

(3)idata 区，如果是 51 单片机的 51 子系列，则 idata 与 data 存储区域相同，只是访问方式不同，data 为直接寻址，idata 为寄存器间接寻址。如果是 52 子系列，则 idata 比 data 多了高端 128 字节。idata 区一般也用来存储使用比较频繁的变量，只是由于是寄存器间接寻址，速度比直接寻址慢。

(4)pdata 和 xdata 区，二者同属于片外数据存储器，只是 pdata 定义的变量只能存放在片外数据存储器的低 256 字节，通过 8 位寄存器 R0 和 R1 间接寻址，而 xdata 定义的变量可以存放在片外数据存储器 64KB 空间的任意位置，通过 16 位的数据指针 DPTR 间接寻址。

(5)code 区，用 code 定义的变量存放在 51 单片机的程序存储器中，由于程序存储具有只读属性，只能通过下载方式把程序写入到程序存储器中，变量也会与程序一起写入。写入后就不能通过程序再修改，否则会产生错误。因而要求 code 属性的变量在定义时一定要初始化。一般用 code 属性定义表格型数据，而且在程序中永远不改变。

定义变量有时也省略"存储器类型"，省略时 C51 编译器将按存储模式默认变量的存储器类型，C51 中变量支持三种存储模式：SMALL 模式、COMPACT 模式和 LARGE 模式。不同的存储模式对变量默认的存储器类型不一样。

(1)SMALL 模式。SMALL 模式称为小编译模式，在 SMALL 模式下，编译时函数参数和变量默认在片内 RAM 中，存储器类型为 data。

(2)COMPACT 模式。COMPACT 模式称为紧凑编译模式，在 COMPACT 模式下，编译时函数参数和变量被默认在片外 RAM 的低 256B 空间，存储器类型为 pdata。

(3)LARGE 模式。LARGE 模式称为大编译模式，在 LARGE 模式下，编译时函数参数和变量被默认在片外 RAM 的 64KB 空间，存储器类型为 xdata。

在程序中变量的存储模式的指定是通过#pragma 预处理命令来实现的。如果没有指定，则系统都隐含为 SMALL 模式。另外，C51 中函数也有三种存储模式，它的相关部分将在后面介绍。

【例 4-2】　C51 变量定义情况。

```
char  data var1;      /*在片内 RAM 低 128B 定义用直接寻址方式访问的字符型变量 var1*/
int   idata var2;     /*在片内 RAM 256B 定义用间接寻址方式访问的整型变量 var2*/
int   code var3;      /*在 ROM 空间定义整型变量 var3*/
unsigned char bdata var4;
 /*在片内 RAM 位寻址区 20H～2FH 单元定义可字节处理和位处理的无符号字符型变量 var4*/
#pragma small         /*变量的存储模式为 SMALL*/
char  k1;             /*k1 变量的存储器类型默认为 data*/
int   xdata m1;       /*m1 变量的存储器类型为 xdata*/
#pragma compact       /*变量的存储模式为 compact*/
```

```
char  k2;              /*k2 变量的存储器类型默认为 pdata*/
int  xdata  m2;        /*m2 变量的存储器类型为 xdata*/
```

4.3.2　特殊功能寄存器变量

特殊功能寄存器变量是 C51 中特有的一种变量。MCS-51 系列单片机片内有许多特殊功能寄存器，每个特殊功能寄存器功能不一样，通过这些特殊功能寄存器可以控制 MCS-51 系列单片机的定时器、计数器、串口、I/O 及其他功能部件，每一个特殊功能寄存器在片内 RAM 中都对应一个字节单元或两个字节单元。

在 C51 中，允许用户对这些特殊功能寄存器进行访问，访问时需通过 sfr 或 sfr16 类型说明符进行定义，定义时需指明它们所对应的片内 RAM 单元的地址。格式如下：

　　　　sfr 或 sfr16　特殊功能寄存器变量名 = 地址；

sfr 用于对 MCS-51 单片机中单字节的特殊功能寄存器进行定义，sfr16 用于对双字节特殊功能寄存器进行定义。为了与一般变量相区别，特殊功能寄存器变量名一般用大写字母表示，地址一般用直接地址形式表示。为了使用方便，特殊功能寄存器变量取名时一般与相应的特殊功能寄存器名相同。如下面例子所示。

【例 4-3】　特殊功能寄存器的定义。

```
sfr   ACC=0xE0;
sfr   PSW=0xd0;
sfr   TMOD=0x89;
sfr   P0=0x80;
sfr   DPL=0x82;
sfr   DPH=0x83;
sfr16  DPTR=0x82;
sfr16  T0=0X8A;
```

4.3.3　位变量

位变量也是 C51 中的一种特有变量。51 系列单片机的片内数据存储器和特殊功能寄存器中有一些位可以按位方式处理，C51 中，这些位可通过位变量来使用，使用时需用位类型符进行定义。位类型符有两个：bit 和 sbit。位变量分两种：一般位变量和特殊功能位变量。

1．一般位变量

一般位变量用 bit 位类型符定义，定义的位变量位于片内数据存储器的位寻址区，分配的位地址不固定，系统每次给它分配的地址都可能不同。格式如下：

　　　　bit　位变量名；

在格式中可以加上各种修饰，但注意存储器类型只能是 bdata、data、idata，只能是片内 RAM 的可进行位寻址的区域，严格来说只能是 bdata。而且定义时不能指定地址，只能由编译器自动分配。

【例 4-4】　bit 型变量的定义。

```
bit  data  x1;
bit  bdata  x2;
```

2. 特殊功能位变量

特殊功能位变量用 sbit 位类型符定义，定义时必须指明其位地址，可以是位直接地址，也可以是可位寻址的变量带位号，还可以是可位寻址的特殊功能寄存器变量带位号。定义的位变量可以在片内数据存储器位寻址区，也可为特殊功能寄存器中的可位寻址位。格式如下：

　　　　sbit 位变量名=位地址；

若位地址为位直接地址，其取值范围为 0x00～0xff；若位地址是可位寻址变量带位号或特殊功能寄存器名带位号，则在它前面需对可位寻址变量(在 bdata 区域)或可位寻址特殊功能寄存器变量(字节地址能被 8 整除)进行定义。字节地址与位号之间、特殊功能寄存器与位号之间一般用 "^" 作间隔。另外，sbit 通常用来对 MCS-51 单片机的特殊功能寄存器中的特殊功能位进行定义，定义时位变量名一般取成大写，而且名称与相应的特殊功能位名称相同。

【例 4-5】 sbit 型变量的定义。

```
sbit  OV=0xd2;
sbit  CY=0xd7;
unsigned char bdata flag;
sbit  flag0=flag^0;
sfr  P0=0x80;
sbit  P0_0=P0^0;
sbit  P0_1=P0^1;
sbit  P0_2=P0^2;
sbit  P0_3=P0^3;
sbit  P0_4=P0^4;
sbit  P0_5=P0^5;
sbit  P0_6=P0^6;
sbit  P0_7=P0^7;
```

在 C51 中，为了用户使用方便，C51 编译器把 MCS-51 单片机的特殊功能寄存器和特殊功能位进行了定义，定义的变量名称与特殊功能寄存器名称和特殊功能位名称相同，放在一个 "reg51.h" 或 "reg52.h" 的头文件中。当用户要使用时，只需要用一条预处理命令 "#include <reg51.h>" 把这个头文件包含到程序中，然后就可直接使用特殊功能寄存器和特殊功能位了。所以，一般 C51 程序的第一条语句都是 "#include <reg51.h>"。

4.3.4 指针变量

指针是 C 语言中的一个重要概念，它也是 C51 语言的特色之一。使用指针可以方便有效地表达复杂的数据结构；可以动态地分配存储器，直接处理内存地址。

指针就是地址，数据或变量的指针就是存放该数据或变量的地址。C51 中指针、指针变量的定义与用法和标准的 C 语言基本相同，只是增加了存储器类型的属性。也就是说，除了要表明指针本身所处的存储空间外，还需要表明该指针所指向的对象的存储空间。

C51 的指针可分为 "存储器型指针" 和 "一般指针" 两种。存储器型指针的定义含有指针本身及所指数据的存储器类型，编译时存储器类型已确定，使用这种指针可以高效访问对象，并且只需 1～2 个字节。当定义一个指针变量未指定它所指向的数据的存储类型时，该指针变量被认为是一般指针，对于一般指针编译器预留 3 个字节，1 个字节作为存储器类型，2 个字节作为偏移量。

1．存储器型指针

存储器型指针在定义时指明了所指向的数据的存储器类型，如下面例子所示：

```
char xdata *p1;
```

定义了一个指向存储在 xdata 存储器区域的字符型变量的指针变量。指针自身的存储器区域由编译模式决定。如果存储器类型为 code*和 xdata*，则长度为 2 个字节；如果存储器类型为 idata *、data *和 pdata *，则长度为 1 字节。

定义时也可指明指针变量自身的存储器空间，如下面例子所示：

```
char xdata *data p2;
```

除了指明指针变量自身位于 data 区域外，其他与上述例子相同，它与编译模式无关。

2．一般指针

当在指针定义时没有指明所指向的数据的存储器类型时，该指针就为一般指针，一般指针在存储器中占 3 个字节，其中第一个字节为指针所指向数据的存储器类型代码，后面 2 个字节存放地址。一般指针中的存储器类型代码和指针变量存放情况如表 4-4 和表 4-5 所示。

表 4-4　一般指针的存储器类型代码表

存储器类型	idata	xdata	pdata	data	code
代码	1	2	3	4	5

表 4-5　一般指针变量的存放格式

字节地址	+0	+1	+2
内容	存储器类型代码	地址高字节	地址低字节

如果存储器类型为 code *和 xdata *，所指向的数据有 16 位地址，则第二个字节和第三个字节分别存放数据的高 8 位地址和低 8 位地址；如果存储器类型为 idata *、data *和 pdata *，所指向的数据只有 8 位地址，则第三个字节存放 0，第三个字节存放数据的 8 位地址。

例如，存储器类型为 xdata，地址值为 0x1234 的指针变量在内存中的存放形式如表 4-6 所示。

表 4-6　地址值为 0x1234 的指针变量在内存中的存放形式

字节地址	+0	+1	+2
内容	0x02	0x12	0x34

4.4　绝对地址的访问

在 C51 中，可以通过变量的形式访问 MCS-51 单片机的存储器，也可以通过绝对地址来访问存储器。绝对地址访问形式有三种：宏定义、指针和关键字 "_at_"。

4.4.1　使用 C51 运行库中预定义宏

C51 编译器提供了一组宏定义来对 51 系列单片机的 code、data、pdata 和 xdata 空间进行绝对寻址，规定只能以无符号数方式访问，定义了 8 个宏定义，其函数原型如下：

```
#define  CBYTE((unsigned char volatile*)0x50000L)
#define  DBYTE((unsigned char volatile*)0x40000L)
#define  PBYTE((unsigned char volatile*)0x30000L)
#define  XBYTE((unsigned char volatile*)0x20000L)

#define  CWORD((unsigned int volatile*)0x50000L)
#define  DWORD((unsigned int volatile*)0x40000L)
#define  PWORD((unsigned int volatile*)0x30000L)
#define  XWORD((unsigned int volatile*)0x20000L)
```

这些函数原型放在 absacc.h 文件中，使用时需用预处理命令把该头文件包含到文件中，形式为：#include　<absacc.h>。

其中，CBYTE 以字节形式对 code 区寻址，DBYTE 以字节形式对 data 区寻址，PBYTE 以字节形式对 pdata 区寻址，XBYTE 以字节形式对 xdata 区寻址，CWORD 以字形式对 code 区寻址，DWORD 以字形式对 data 区寻址，PWORD 以字形式对 pdata 区寻址，XWORD 以字形式对 xdata 区寻址。访问形式如下：

　　　　宏名[地址]

宏名为 CBYTE、DBYTE、PBYTE、XBYTE、CWORD、DWORD、PWORD 或 XWORD，地址为存储单元的绝对地址，一般用十六进制形式表示。

【例 4-6】　绝对地址对存储单元的访问。

```
#include  <absacc.h>           /*将绝对地址头文件包含在文件中*/
#include  <reg52.h>            /*将寄存器头文件包含在文件中*/
#define  uchar  unsigned char  /*定义符号 uchar 为数据类型符 unsigned char*/
#define  uint  unsigned int    /*定义符号 uint 为数据类型符 unsigned int*/
void  main(void)
{
uchar var1;
uint  var2;
var1=XBYTE[0x7f00];            /*XBYTE[0x7f00]访问片外 RAM 的 7f00H 字节单元
*/
var2=XWORD[0x7f02];            /*XWORD[0x7f02]访问片外 RAM 的 7f02H 字单元*/
  ⋮
while(1);
}
```

在上面的程序中，XBYTE[0x7f00]就是以绝对地址方式访问的片外 RAM 7F00H 字节单元；XWORD[0x7f02]就是以绝对地址方式访问的片外 RAM 7F02H 字单元。

4.4.2　通过指针访问

采用指针的方法，可以在 C51 程序中对任意指定的存储器单元进行访问。

【例 4-7】　通过指针实现绝对地址的访问。

```
#define  uchar  unsigned char  /*定义符号 uchar 为数据类型符 unsigned char*/
#define  uint  unsigned int    /*定义符号 uint 为数据类型符 unsigned int*/
void  func(void)
```

```
{
uchar  data  var1;
uchar  pdata  *k1;                    /*定义一个指向 pdata 区的指针 k1*/
uint  xdata  *k2;                     /*定义一个指向 xdata 区的指针 k2*/
uchar  data  *k3;                     /*定义一个指向 data 区的指针 k3*/
k1=0x40;                              /*k1 指针赋值,指向 pdata 区的 40H 单元*/
k2=0x7f00;                            /*k2 指针赋值,指向 xdata 区的 7F00H 单元*/
*k1=0x4f;                             /*将数据 0x4f 送到片外 RAM 40H 单元*/
*k2=0x2233;                           /*将数据 0x2233 送到片外 RAM 7F00H 单元*/
k3=&var1;                             /*变量 var1 的地址送指针变量 k3*/
*k3=0x30;                             /*通过指针 k3 给变量 var1 赋值 0x30*/
}
```

4.4.3　使用 C51 扩展关键字_at_

使用_at_关键字对指定的存储器空间的绝对地址进行访问，一般格式如下：

　　[存储器类型]　数据类型说明符　变量名　_at_　地址常数;

其中，存储器类型为 data、bdata、idata、pdata 等 C51 能识别的数据类型，如省略则按存储模式规定的默认存储器类型确定变量的存储器区域；数据类型为 C51 支持的数据类型；地址常数用于指定变量的绝对地址，必须位于有效的存储器空间之内；使用_at_定义的变量必须为全局变量。

【例 4-8】　通过_at_实现绝对地址的访问。

```
#define  uchar  unsigned char      /*定义符号 uchar 为数据类型符 unsigned char*/
#define  uint  unsigned int        /*定义符号 uint 为数据类型符 unsigned int*/
data  uchar  x1 _at_  0x30;        /*在 data 区中定义字节变量 x1,它的地址为 30H*/
xdata  uint  x2 _at_  0x7f00;      /*在 xdata 区中定义字节变量 x2,它的地址为 7F00H*/
void  main(void)
{
x1=0xff;
x2=0x1234;
⋮
    while(1);
}
```

4.5　C51 中的函数

函数是 C 语言的基本模块，实际上一个 C 语言程序就是由若干函数所构成的。C 语言程序总是由主函数 main()开始，并在主函数中结束。在进行程序设计时，如果所设计的程序较大，一般将其分成若干个子程序模块，每个子程序模块完成一种特定的功能。在 C 语言中，子程序是用函数来实现的。在标准 C 语言中，对于一些经常使用的函数，编译器已经为用户设计好，做成专门的函数库——标准库函数，以供用户反复调用，用户只需在调用前用预处理命令 include 将相应的函数库包含到当前程序中。用户还可自己定义函数——用户自定义函数，定义后在需要时拿来使用。

C51 程序与标准 C 语言类似，程序也由若干函数组成，程序也由主函数 main（）开始，并在主函数中结束，除了主函数外，也有标准库函数和用户自定义函数。标准库函数是 C51 编译器提供的，不需要用户进行定义，可以直接调用。用户也可自己定义函数，它们的使用方法与标准 C 语言基本相同。但 C51 针对的是 51 系列单片机，C51 的函数在有些方面还是与标准 C 语言不同，参数传递和返回值与标准 C 语言中是不一样的，而且 C 51 又对标准 C 语言作了相应的扩展。这些扩展有：选择存储模式、指定一个函数作为一个中断函数、选择所用的寄存器组及指定重入等。下面针对这些不同作相应介绍。

4.5.1　C51 函数的参数传递

C51 中函数具有特定的参数传递规则。C51 中参数传递的方式有两种，一种是通过寄存器 R0～R7 传递参数，不同类型的实参会存入相应的寄存器；第二种是通过固定存储区传递。C51 规定调用函数时最多可通过工作寄存器传递 3 个参数，余下的通过固定存储区传递。

不同的参数用到的寄存器不一样，不同的数据类型用到的寄存器也不同。通过寄存器传递的参数如表 4-7 所示。

表 4-7　传递参数用到的寄存器

参数类型	char	int	long/float	通用指针
第 1 个	R7	R6、R7	R4～R7	R1、R2、R3
第 2 个	R5	R4、R5	R4～R7	R1、R2、R3
第 3 个	R3	R2、R3	无	R1、R2、R3

其中，int 型和 long 型数据传递时高位数据在低位寄存器中，低位数据在高位寄存器中；float 型数据满足 32 位的 IEEE 格式，指数和符号位在 R7 中；通用指针存储类型在 R3，高位在 R2。一般函数的参数传递举例如表 4-8 所示。

表 4-8　函数参数传递举例

声　明	说　明
func1（int a）	唯一一个参数 a 在寄存器 R6 和 R7 中传递
func2（int b，int c，int *d）	第一个参数 b 在寄存器 R6 和 R7 中传递，第二个参数 c 在寄存器 R4 和 R5 中传递，第三个参数 d 在寄存器 R1、R2 和 R3 中传递
func3（long e，long f）	第一个参数 e 在寄存器 R4、R5、R6 和 R7 中传递，第二个参数 f 不能用寄存器传递，因为 long 类型可用的寄存器已被第一个参数所用，这个参数用固定存储区传递
func4（float g，char h）	第一个参数 g 在寄存器 R4、R5、R6 和 R7 中传递，第二个参数 h 不能用寄存器传递，只能用固定存储区传递

C51 中函数也通过固定存储区传递参数，由存储模式决定用作参数传递的固定存储区是在内部数据区还是外部数据区，SMALL 模式的参数段用内部数据区，COMPACT 和 LARGE 模式用外部数据区。

4.5.2　C51 函数的返回值

函数返回值通常用寄存器传递，函数的返回值和所用的寄存器如表 4-9 所示。

表 4-9　函数返回值用到的寄存器

返回值类型	寄存器	说明
Bit	C	由位运算器 C 返回
(unsigned) char	R7	在 R7 返回单个字节
(unsigned) int	R6、R7	高位在 R6，低位在 R7
(unsigned) long	R4~R7	高位在 R4，低位在 R7
float	R4~R7	32 位 IEEE 格式
通用指针	R1、R2、R3	存储类型在 R3，高位在 R2，低位在 R1

4.5.3　C51 函数的存储模式

C51 函数的存储模式有三种：SMALL 模式、COMPACT 模式和 LARGE 模式，通过函数定义时后面再用相应的参数(small，compact 或 large)来指明，不同的存储模式的函数其形式参数与变量默认的存储器类型不同。

(1)SMALL 模式。SMALL 模式称为小编译模式，在 SMALL 模式下，编译时函数参数和变量被默认在片内 RAM 中，存储器类型为 data。

(2)COMPACT 模式。COMPACT 模式称为紧凑编译模式，在 COMPACT 模式下，编译时函数参数和变量被默认在片外 RAM 的低 256B 空间，存储器类型为 pdata。

(3)LARGE 模式。LARGE 模式称为大编译模式，在 LARGE 模式下，编译时函数参数和变量被默认在片外 RAM 的 64B 空间，存储器类型为 xdata。

如果没有指定，则系统默认为 SMALL 模式。

【例 4-9】　C51 函数的存储模式例子。

```
int  func1(int  x1,int  y1)  large    /*函数的存储模式为 LARGE*/
{
int  z1;
z1=x1+y1;
  return(z1);                         /*x1,y1,z1 变量的存储器类型默认为 xdata*/
}
int  func2(int  x2,int  y2)           /*函数的存储模式隐含为 SMALL*/
{
int  z2;
z2=x2-y2;
  return(z2);                         /* x2,y2,z2 变量的存储器类型默认为 data*/
}
```

4.5.4　C51 的中断函数

中断函数是 C51 的一个重要特点，C51 允许用户创建中断函数。在 C51 程序设计中经常用中断函数来实现系统实时性，提高程序处理效率。

在 C51 程序设计中，若定义函数时后面用了 interrupt m 修饰符，则把该函数定义成中断函数。系统对中断函数编译时会自动加上程序头段和尾段，并按 MCS-51 系统中断的处理方式把它安排在程序存储器中的相应位置。在该修饰符中，m 的取值为 0~31，对应的中断情况如下：

0——外部中断 0；

1——定时/计数器 T0;

2——外部中断 1;

3——定时/计数器 T1;

4——串行口中断;

5——定时/计数器 T2;

其他值预留。

编写 MCS-51 中断函数需要注意如下几点。

(1)中断函数不能进行参数传递,如果中断函数中包含任何参数声明都将导致编译出错。

(2)中断函数没有返回值,如果企图定义一个返回值将得不到正确的结果,建议在定义中断函数时将其定义为 void 类型,以明确说明没有返回值。

(3)在任何情况下都不能直接调用中断函数,否则会产生编译错误。因为中断函数的返回是由 8051 单片机的 RETI 指令完成的,RETI 指令影响 8051 单片机的硬件中断系统。如果在没有实际中断的情况下直接调用中断函数,RETI 指令的操作结果将会产生一个致命的错误。

(4)如果在中断函数中调用了其他函数,则被调用函数所使用的寄存器必须与中断函数相同,否则会产生不正确的结果。

(5)C51 编译器对中断函数编译时会自动在程序开始和结束处加上相应的内容,具体如下:在程序开始处对 ACC、B、DPH、DPL 和 PSW 入栈,结束时出栈。中断函数未加 using n 修饰符的,开始时还要将 R0~R1 入栈,结束时出栈。如果中断函数加 using n 修饰符,则在程序开始将 PSW 入栈后还要修改 PSW 中的工作寄存器组选择位。

(6)C51 编译器从绝对地址 8m+3 处产生一个中断向量,其中 m 为中断号,也即 interrupt 后面的数字。该向量包含一个到中断函数入口地址的绝对跳转。

(7)中断函数最好写在文件的尾部,并且禁止使用 extern 存储类型说明,防止其他程序调用。

【例 4-10】　编写一个用于统计外中断 0 的中断次数的中断服务程序。

```
extern  int  x;
void  int0()  interrupt  0  using  1
{
  x++;
}
```

4.5.5　C51 函数的寄存器组

C51 程序执行时编译系统将其翻译成机器语言(或者汇编语言),程序中就会出现 51 单片机系统中的工作寄存器 R0~R7。在前面单片机基本原理的介绍中,我们已经知道,MCS-51 单片机工作寄存器有 4 组:0 组、1 组、2 组和 3 组,每组有 8 个寄存器,分别用 R0~R7 表示。那么当前程序用的是哪一组呢? 在 C51 中允许函数定义时带 using n 修饰符,用于指定本函数内部使用的工作寄存器组,其中 n 的取值为 0~3,表示寄存器组号。例如:

```
void  func3(void) using  1              /*指定函数内部用的是 1 组工作寄存器*/
{
......
}
```

对于 using　n 修饰符的使用，应注意以下几点。

(1)加入 using　n 后，C51 在编译时自动在函数的开始处和结束处加入以下指令：

```
{
PUSH  PSW                              ;标志寄存器入栈
MOV   PSW,#与寄存器组号 n 相关的常量      ;常量值为(psw&OXET)&n*8
  ⋮
POP   PSW                              ;标志寄存器出栈
}
```

(2)using　n 修饰符不能用于有返回值的函数，因为 C51 函数的返回值是放在寄存器中的，如果寄存器组改变了，返回值就会出错。

4.5.6　C51 的重入函数

在标准 C 语言中，调用函数时会将函数的参数和函数中使用的局部变量压入堆栈保存。由于 51 单片机内部堆栈空间有限(在片内数据存储器中)，因而 C51 没有像标准 C 语言中那样使用堆栈，而是使用压缩栈的方法，为每一个函数设定一个空间用于存放参数和局部变量。

一般函数中的每个变量都存放在这个空间的固定位置，当函数递归调用时会导致变量覆盖，所以就会出错。但在某些实时应用中，因为函数调用时可能会被中断函数中断，而在中断函数中可能再调用这个函数，这就出现对函数的递归调用。为解决这个问题，C51 允许将一个函数声明为重入函数，声明为重入函数后就可递归调用。重入函数又称为再入函数，是一种可以在函数体内间接调用其自身的函数。重入函数的参数和局部变量是通过 C51 生成的模拟栈来传递和保存的，递归调用或多重调用时参数和变量不会被覆盖，因为每次函数调用时的参数和局部变量都会单独保存。模拟栈所在的存储器空间根据重入函数存储模式的不同，可以是 DATA、PDATA 或 XDATA 存储器空间。

C51 函数定义时，通过后面带 reentrant 修饰符把函数声明为重入函数，如下面例子所示：

```
char  int func4(char a, char b)  reentrant  /*声明函数 func4 是可重入函数*/
{
char  c;
c=a+b;
return (c);
}
```

关于重入函数，需要注意以下几点。

(1)用 reentrant 修饰的重入函数被调用时，实参表内不允许使用 bit 类型的参数，函数体内也不允许存在任何关于位变量的操作，更不能返回 bit 类型的值。

(2)编译时，系统为重入函数在内部或外部存储器中建立一个模拟堆栈区，称为重入栈，重入函数的局部变量及参数被放在重入栈中，使重入函数可以实现递归调用。

(3)在参数的传递上，实际参数可以传递给间接调用的重入函数。无重入属性的间接调用函数不能包含调用参数，但是可以使用定义的全局变量来进行参数传递。

习　　题

1. C51 有哪些特有的数据类型？

2．在 C51 中，bit 位与 sbit 位有什么区别？

3．在 C51 中如何实现对 51 单片机特殊功能寄存器进行访问？

4．C51 的存储器类型有几种？如何把变量定位在指定的存储器中。

5．按给定的存储类型和数据类型，写出下列变量的说明形式。

　　(1)在 data 区定义字符变量 y1。

　　(2)在 idata 区定义整型变量 y2。

　　(3)在 xdata 区定义无符号字符型数组 y3[4]。

　　(4)在 xdata 区定义一个指向 char 类型的指针 px。

　　(5)定义可寻址位变量 flag。

　　(6)定义特殊功能寄存器变量 P3。

　　(7)定义特殊功能寄存器变量 SCON。

　　(8)定义 16 位的数据指针特殊功能寄存器 DPTR。

6．在 C51 中，对片外数据存储器 7f03H 单元访问有几种方式，举例说明？

7．在 C51 中，中断函数与一般函数有什么不同？

8．C51 中，using　n 修饰符中 n 取值为多少，有什么作用？

第 5 章

51 单片机中断系统

说到中断系统，首先要了解 CPU 与外部设备之间的数据传送方式，CPU 与外部设备之间的数据传送方式通常有三种：无条件数据传送方式、查询数据传送方式和中断数据处理方式。

无条件数据传送方式：这种方式最简单，CPU 认为外部设备随时都已准备就绪，当 CPU 需要与外部设备进行数据传送时，CPU 通过访问外设的指令对外部设备进行操作，无须考虑外设的状态。这种方式主要用于对一些简单外设进行操作。

查询数据传送方式：又称为条件传送方式，当 CPU 与外设进行数据传送时，CPU 先通过查询指令检查外设的状态，当外设准备就绪时，CPU 才与外设进行数据传送。这种方式需要 CPU 每隔一段时间就对外设检查一次，经常会等待，占用大量的处理时间，因而效率较低。

中断数据处理方式：中断传送方式是指当外设需要与 CPU 进行信息交换时，由外设向 CPU 发出请求信号，CPU 接收到请求信号后暂停正在执行的程序，转去与外设进行数据传送。数据传送结束后，CPU 再继续执行被暂停的程序。这种方式 CPU 不用查询等待，工作效率高，而且 CPU 与外设可以并行工作，因而现在外部设备与 CPU 的数据传送大都采用这种方式。实际上，现在中断处理技术不仅用于数据传送，在设备管理、实时控制、故障处理等方面都有广泛的应用。

中断处理过程比较复杂，涉及硬件电路与软件处理多个方面，下面我们首先介绍中断处理技术的相关概念。

5.1　中断的基本概念

中断处理过程涉及以下几个方面的基本概念。

5.1.1　中断的概念

在计算机执行程序的过程中，由于计算机内部事件或外部事件，软件事件或硬件事件，使 CPU 从当前正在执行的程序中暂停下来，而转去执行预先安排好的、处理该事件所对应的服务程序(中断服务程序)，执行完服务程序后，再返回被暂停的位置继续执行原来的程序，这个过程称为中断。暂停时所在的位置称为断点，该点的地址称为断点地址，如图 5-1 所示。为实现中断而设置的硬件电路和相应的软件处理过程称为中断系统。

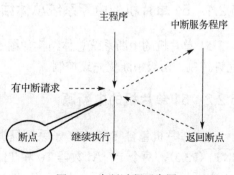

图 5-1　中断过程示意图

5.1.2　中断源及中断请求

产生中断请求信号的事件或原因称为中断源。根据中断源产生的原因，中断可分为软件中断和硬件中断。当中断源请求 CPU 中断时，就通过软件或硬件的形式向 CPU 提出中断请求。对于一个中断源，中断请求信号产生一次，CPU 中断一次，不能出现中断请求产生一次，CPU 响应多次的情况。这就要求中断请求信号及时撤除。

5.1.3　中断优先权控制

产生中断的原因很多，当系统有多个中断源时，有时会出现几个中断源同时请求中断的情况，但 CPU 在某个时刻只能对一个中断源进行响应，那应该响应哪一个呢？这就涉及中断优先权控制问题。在实际系统中，往往根据中断源的重要程度给不同的中断源设定优先等级。当多个中断源提出中断请求时，优先级高的先响应，优先级低的后响应。

5.1.4　中断允许与中断屏蔽

当中断源提出中断请求，CPU 检测到后是否立即进行中断处理呢？结果不一定。CPU 要响应中断，还受到中断系统多个方面的控制，其中最主要的是中断允许和中断屏蔽的控制。如果某个中断源被系统设置为屏蔽状态，则无论中断请求是否提出，都不会响应；当中断源被设置为允许状态，且提出中断请求时，CPU 才会响应。另外，当有高优先级中断正在响应时，也会屏蔽同级中断和低优先级中断。

5.1.5　中断响应与中断返回

当 CPU 检测到中断源提出的中断请求，且中断又处于允许状态，CPU 就会响应中断，进入中断响应过程。首先对当前的断点地址进行入栈保护，然后把中断服务程序的入口地址送给程序指针 PC，转移到中断服务程序，在中断服务程序中进行相应的中断处理。最后，用中断返回指令 RETI 返回断点位置，结束中断。在中断服务程序中往往还涉及现场保护和现场恢复及其他处理。

5.2　51 单片机的中断系统

5.2.1　51 单片机的中断系统总体结构

51 单片机的中断系统总体结构如图 5-2 所示，包含 5 个(或 6 个)硬件中断源，两级中断允许控制，两级中断优先级控制。

5.2.2　51 单片机的中断源

51 单片机包含 5 个(52 子系列提供 6 个)硬件中断源：两个外部中断源 $\overline{INT0}$ (P3.2) 和 $\overline{INT1}$ (P3.3)，两个定时/计数器 T0 和 T1 的溢出中断 TF0 和 TF1，1 个串行口发送 T1 和接收 R1 中断。

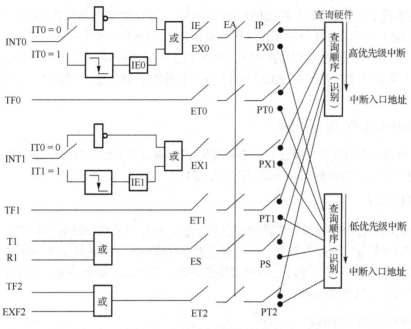

图 5-2　中断系统的逻辑结构图

1．外部中断 $\overline{INT0}$ 和 $\overline{INT1}$

外部中断源 $\overline{INT0}$ 和 $\overline{INT1}$ 的中断请求信号从外部引脚 P3.2 和 P3.3 输入，主要用于自动控制、实时处理、单片机掉电和设备故障的处理。

外部中断请求 $\overline{INT0}$ 和 $\overline{INT1}$ 有两种触发方式：电平触发及跳变(边沿)触发。这两种触发方式可以通过对特殊功能寄存器 TCON 编程来选择。特殊功能寄存器 TCON 在定时/计数器中使用过，其中高 4 位用于定时/计数器控制，前面已介绍。低 4 位用于外部中断控制，形式如图 5-3 所示。

TCON	D7	D6	D5	D4	D3	D2	D1	D0
(88H)	TF1	TR1	TF0	TR0	IE1	IT1	IE0	IT0

图 5-3　定时/计数器控制寄存器 TCON

IT0(IT1)：外部中断 0(或 1)触发方式控制位。IT0(或 IT1)被设置为 0，则选择外部中断为电平触发方式；IT0(或 IT1)被设置为 1，则选择外部中断为边沿触发方式。

IE0(IE1)：外部中断 0(或 1)的中断请求标志位。在电平触发方式时，CPU 在每个机器周期的 S5P2 采样 P3.2(或 P3.3)，若 P3.2(或 P3.3)引脚为高电平，则 IE0(IE1)清零，若 P3.2(或 P3.3)引脚为低电平，则 IE0(IE1)置"1"，向 CPU 请求中断；在边沿触发方式时，若第一个机器周期采样到 P3.2(或 P3.3)引脚为高电平，第二个机器周期采样到 P3.2(或 P3.3)引脚为低电平时，则 IE0(或 IE1)置"1"，向 CPU 请求中断。

在边沿触发方式时，CPU 在每个机器周期都采样 P3.2(或 P3.3)。为了保证检测到负跳变，输入到 P3.2(或 P3.3)引脚上的高电平与低电平至少应保持 1 个机器周期。CPU 响应后能够由硬件自动将 IE0(或 IE1)清零。

对于电平触发方式，只要 P3.2(或 P3.3)引脚为低电平，IE0(或 IE1)就置"1"，请求中断，

CPU 响应后不能够由硬件自动将 IE0(或 IE1)清零。如果在中断服务程序返回时，P3.2(或 P3.3)引脚仍为低电平，则又会中断，这样就会出现一次请求，多次中断的情况。为避免这种情况，只有在中断服务程序返回前撤销 P3.2(或 P3.3)引脚的中断请求信号，使 P3.2(或 P3.3)引脚回到高电平。通常，通过在 P3.2(或 P3.3)引脚外加辅助电路，同时在中断服务程序中加上相应指令来实现。

2．定时/计数器 T0 和 T1 中断

当定时/计数器 T0(或 T1)溢出时，由硬件置 TF0(或 TF1)为"1"，向 CPU 发送中断请求，当 CPU 响应中断后，由硬件自动清除 TF0(或 TF1)。

3．串行口中断

51 单片机的串行口中断源对应两个中断标志位：串行口发送中断标志位 TI，串行口接收中断标志位 RI。无论哪个标志位置"1"，都请求串行口中断。到底是发送中断 TI 还是接收中断 RI，只能在中断服务程序中通过指令查询来判断。串行口中断响应后，不能由硬件自动清零，必须由软件对 TI 或 RI 清零。

5.2.3　两级中断允许控制

第一级中断的总体允许控制，当总体不允许时，所有的中断都将关闭。当总体控制允许时第二级允许控制才有意义。两级中断允许控制是由中断允许寄存器 IE 的各个位来控制的。中断允许寄存器 IE 的字节地址为 A8H，可以进行位寻址，格式如图 5-4 所示。

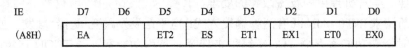

IE	D7	D6	D5	D4	D3	D2	D1	D0
(A8H)	EA		ET2	ES	ET1	EX1	ET0	EX0

图 5-4　中断允许寄存器 IE

各个位的说明具体如下：

EA：中断总体允许控制位。

ET2：定时/计数器 T2 的溢出中断允许控制位，只用于 52 子系列，51 子系列无此位。

ES：串行口中断允许控制位。

ET1：定时/计数器 T1 的溢出中断允许控制位。

EX1：外部中断 $\overline{INT1}$ 的中断允许控制位。

ET0：定时/计数器 T0 的溢出中断允许控制位。

EX0：外部中断 $\overline{INT0}$ 的中断允许控制位。

如果置"1"，则允许相应的中断；如果清零，则禁止相应的中断。系统复位时，中断允许寄存器 IE 的内容为 00H，如果要开放某个中断源，则必须使 IE 中的总体允许控制位和对应的中断允许控制位置"1"。

5.2.4　两级优先级控制

51 单片机的每个中断源都可设置为两级：高优先级和低优先级，通过中断优先级寄存器 IP 来设置。中断优先级寄存器 IP 的字节地址为 B8H，可以进行位寻址，格式如图 5-5 所示。

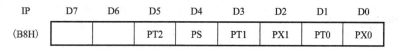

IP	D7	D6	D5	D4	D3	D2	D1	D0
(B8H)			PT2	PS	PT1	PX1	PT0	PX0

图 5-5　中断优先级寄存器 IP

各项说明具体如下：

PT2：定时/计数器 T2 的中断优先级控制位，只用于 52 子系列。

PS：串行口的中断优先级控制位。

PT1：定时/计数器 T1 的中断优先级控制位。

PX1：外部中断 $\overline{\text{INT1}}$ 的中断优先级控制位。

PT0：定时/计数器 T0 的中断优先级控制位。

PX0：外部中断 $\overline{\text{INT0}}$ 的中断优先级控制位。

如果某位被置"1"，则对应的中断源被设为高优先级；如果某位被清零，则对应的中断源被设为低优先级。对于同级中断源，系统有默认的优先权顺序，默认的优先权顺序如表 5-1 所示。

表 5-1　同级中断源的优先级顺序

中　断　源	优先级顺序
外部中断 0	最高
定时/计数器 T0 中断	
外部中断 1	
定时/计数器 T1 中断	
串行口中断	
定时/计数器 T2 中断	最低

通过中断优先级寄存器 IP 改变中断源的优先级顺序可以实现两个方面的功能：改变系统中断源的优先级顺序和实现二级中断嵌套。

通过设置中断优先级寄存器 IP 能够改变系统默认的优先级顺序。例如，要把外部中断 $\overline{\text{INT1}}$ 的中断优先级设为最高，其他的按系统默认的顺序，则把 PX1 位设为 1，其余位设为 0，5 个中断源的优先级顺序就为：$\overline{\text{INT1}} \to \overline{\text{INT0}} \to \text{T0} \to \text{T1} \to \text{ES}$。

通过中断优先级寄存器组成的两级优先级，可以实现二级中断嵌套。

对于中断优先级和中断嵌套，51 单片机有以下 3 条规定：

(1) 正在进行的中断过程不能被新的同级或低优先级的中断请求所中断，直到该中断服务程序结束，返回了主程序且执行了主程序中的一条指令后，CPU 才响应新的中断请求。

(2) 正在进行的低优先级中断服务程序能被高优先级中断请求所中断，实现两级中断嵌套。

(3) CPU 同时接收到几个中断请求时，首先响应优先级最高的中断请求。

实际上，51 单片机对于两级优先级控制的处理是通过中断系统中的两个用户不可寻址的优先级状态触发器来实现的。这两个优先级状态触发器用来记录本级中断源是否正在中断。如果正在中断，则硬件自动将其优先级状态触发器置"1"。若高优先级状态触发器置"1"，则屏蔽所有后来的中断请求；若低优先级状态触发器置"1"，则屏蔽所有后来的低优先级中断，允许高优先级中断形成二级嵌套。当中断响应结束返回时，对应的优先级状态触发器由硬件自动清零。

5.2.5　中断响应

1．中断响应的条件

51 单片机响应中断的条件为：中断源有请求且中断允许。51 单片机工作时，在每个机器周期的 S5P2 期间，对所有中断源按用户设置的优先级和内部规定的优先级进行顺序检测，并在 S6 期间找到所有有效的中断请求。如有中断请求，且满足下列条件，则在下一个机器周期的 S1 期间响应中断，否则丢弃中断采样的结果。

(1) 无同级或高级中断正在处理。

(2) 现行指令执行到最后一个机器周期且已结束。

(3) 若现行指令为 RETI 或访问 IE、IP 的指令时，执行完该指令且紧随其后的另一条指令也已执行完毕。

2．中断响应过程

51 单片机响应中断后，由硬件自动执行如下的功能操作。

(1) 根据中断请求源的优先级高低，对相应的优先级状态触发器置"1"。

(2) 保护断点，即把程序计数器 PC 的内容压入堆栈保存。

(3) 清除内部硬件可清除的中断请求标志位(IE0、IE1、TF0、TF1)。

(4) 把被响应的中断服务程序入口地址送入程序计数器 PC 中，从而转入相应的中断服务程序执行。各中断服务程序的入口地址如表 5-2 所示。

表 5-2　中断服务程序的入口地址表

中　断　源	入口地址
外部中断 0	0003H
定时/计数器 0	000BH
外部中断 1	0013H
定时/计数器 1	001BH
串行口	0023H
定时/计数器 2(仅 52 子系列有)	002BH

3．中断响应时间

所谓中断响应时间是指从 CPU 检测到中断请求信号到转入中断服务程序入口所需要的机器周期。了解中断响应时间对设计实时测控应用系统具有重要的指导意义。

51 单片机响应中断的最短时间为 3 个机器周期。若 CPU 检测到中断请求信号时间正好是一条指令的最后一个机器周期，则不需等待就可以立即响应。所以响应中断就是内部硬件执行一条长调用指令，需要两个机器周期，加上检测需要 1 个机器周期，共 3 个机器周期。

5.3　51 单片机中断系统的编程与应用

5.3.1　51 单片机中断系统的编程

51 单片机复位后，中断管理和控制的特殊功能寄存器都为 0，所有中断源都是关闭的。

要实现中断，必须对中断进行初始化编程，开放中断。初始化编程一般过程如下：

（1）中断总体允许控制位置"1"，开放总中断。

（2）相应中断源的允许控制位置"1"，开放对应中断。

（3）设置中断优先级。

（4）如果是外部中断，设置相应的触发方式。

初始化程序放在主程序中，一般放在主程序开始位置处。另外，中断处理时要涉及堆栈处理，因为 51 单片机复位后堆栈指针的值为 07H，堆栈空间从 08H 单元开始，而 08H～1FH 为工作寄存器区，20H～2FH 为位寻址区，系统可能要用到它们，所以通常要重新设置堆栈指针，可把堆栈指针的值设置为 30H 以上。

中断处理还要编写中断服务程序，中断服务程序是为解决中断事件编写的特有程序。中断服务程序开始一般要关中断、保护现场，中断服务程序结束前开中断、恢复现场，中间是相应的中断处理功能程序。如果中断处理过程中允许中断嵌套，也可以在中断处理功能程序前开中断，中断服务程序最后位置为中断返回命令。另外，C51 编程时，现场保护和恢复是系统自动添加的；而汇编语言编程时，都是用户自己编写，这时一定要注意，入栈和出栈要成对出现，中断返回时堆栈指针一定要指向中断响应时断点地址保存的位置，否则，中断处理会发生异常，产生意想不到的结果。

5.3.2 51 单片机中断系统的应用

51 系列单片机有 5 个(或 6 个)中断源，而且全部为硬件中断。不同的中断源，解决的问题不一样，对于定时/计数器中断和串行中断的情况后面再介绍。这里只介绍外部中断的一般应用情况。

【例 5-1】 利用外部中断统计外部事件的次数。

已知外部事件发生一次产生一次单拍负脉冲,单拍负脉冲通过 51 单片机的外中断 $\overline{INT0}$ 输入，外部事件发生一次中断一次，执行一次中断服务程序，中断服务程序对统计的计算器加一次，则计算器中的值就是外部事件的次数。通过 P1 口输出就可看到外部事件的次数。电路如图 5-6 所示。

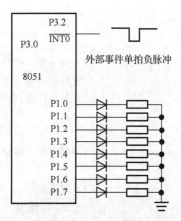

图 5-6 利用外部中断统计外部事件的次数

主程序中开放外中断 $\overline{INT0}$，设置为边沿触发方式。

汇编程序如下：

```
          ORG  0000H          ;复位地址
          LJMP  MAIN          ;转主程序

          ORG  0003H          ;外部中断 0 入口
          LJMP  INT0          ;转中断服务功能程序

          ORG  0100H          ;主程序
   MAIN:  SETB  EA            ;开总中断
          SETB  EX0           ;开外部中断 0 中断
          SETB  IT0           ;设外部中断 0 为边沿触发方式，下降沿触发
          MOV   R3,#0         ;计数器清零
   HERE:  SJMP  HERE          ;无其他任务,等待

          ORG  0200H          ;中断服务功能程序
   INT0:  CLR  EA             ;关中断
          PUSH  PSW           ;保护现场
          PUSH  ACC
          INC  R3             ;计数器加 1
          MOV  P1,R3          ;送 P1 口输出
          POP  ACC            ;恢复现场
          POP  PSW
          SETB  EA            ;开中断
          RETI                ;中断返回

          END
```

C 语言程序：

```c
#include<reg51.h>                //包含特殊功能寄存器库
#define uchar unsigned char
uchar a = 0x00;                  //定义计数器,初值为 0

void main(void)
{

    IE = 0x81;                   //开总中断，开外部中断 0 中断
    IT0 = 1;                     //设外部中断 0 为边沿触发方式，下降沿触发
    while(1);                    //无其他任务,等待
}

void int0(void) interrupt 0      //外部中断 0 中断函数
{
    a += 1;                      //计数器加 1
    P1 = a;                      //送 P1 口输出
}
```

【例 5-2】 外中断在工业控制系统中实现多路监控。某工业监控系统，具有温度 1 超限、温度 2 超限、压力超限、PH 值超限等多路监控功能，每一路监控完成相应的处理。如 PH 值

超限，当 PH 值小于 7 时向 CPU 申请中断，CPU 响应中断后使 P3.0 引脚输出高电平，经驱动，使加碱管道电磁阀接通 1 秒钟，以调整 PH 值。

　　每一路监控通过一个中断处理，这里就涉及多个中断源的问题。由于 51 单片机只有两个外部中断 $\overline{INT0}$ 和 $\overline{INT1}$，对于多个中断源往往通过中断加查询的方法来实现。中断源的连接情况一般如图 5-7 所示，一方面多个中断源通过"线与"接于 $\overline{INT1}$ (P3.3) 引脚上，只要有一个中断源出现由高电平到低电平的跳变时，$\overline{INT0}$ 都会出现负跳变，向 CPU 提出中断；另一方面每一个中断源再与一根并口线相连，响应中断后，在中断服务程序中通过对 P1 口线的逐一检测来确定是哪一个中断源提出了中断请求，进一步转到对应的处理程序。

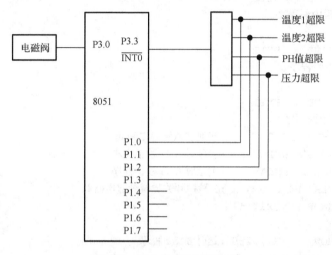

图 5-7 多个外中断源的连接

　　主程序中开放外中断 $\overline{INT1}$，设置为边沿触发方式。中断中只设计了 PH 值超限情况的处理程序。

　　汇编语言程序：

```
              ORG 0000H
              LJMP     MAIN

              ORG      0013H     ;外部中断1中断服务程序入口
              LJMP     INT1

              ORG      0100H     ;主程序
       MAIN:  SETB     EA        ;外部中断1初始化
              SETB     EX1       ;开总中断,开外部中断1,选择边沿触发方式,下降沿触发
              SETB     IT1
      START:  MOV P1,#0FFH       ;等待中断
              SJMP     START

       ORG    0200H              ;外部中断1中断程序
       INT1:  CLR EA             ;关中断
              PUSH     ACC       ;保护现场
              PUSH     PSW
              JNB  P1.0,EXT0     ;查询中断源,转对应的中断服务子程序
```

```
        JNB   P1.1,EXT1
        JNB   P1.2,EXT2
        JNB   P1.3,EXT3
EXIT:   POP PSW            ;恢复现场
        POP ACC
SETB    EA                 ;开中断
        RETI
;温度1超限中断程序
EXT0:
        SJMP    EXIT
;温度2超限中断程序
EXT1:
        SJMP    EXIT
;压力超限中断程序
EXT2:
        SJMP    EXIT
;PH值超限中断程序
EXT3:   SETB  P3.0      ;接通加碱管道电磁阀
        ACALL  DELAY    ;调延时0.5秒子程序
        ACALL  DELAY    ;调延时0.5秒子程序
        CLR  P3.0        ;1秒钟到关加碱管道电磁阀
        SJMP    EXIT

DELAY:  MOV    R7,#250 ;延时0.5s程序
D1:     MOV R6,#250
D2:     NOP
        NOP
        NOP
        NOP
        NOP
        NOP
        DJNZ   R6,D2
        DJNZ   R7,D1
        RET
        END
```

C 语言程序：

```
#include  <reg51.h>
#include  <intrins.h>
#define  uchar  unsigned char
sbit  P10=P1^0;          //特殊功能位定义
sbit  P11=P1^1;
sbit  P12=P1^2;
sbit  P13=P1^3;
sbit  P3_0=P3^0;
//延时0.5s函数
void  delay()
{
```

```
uchar i,j;
for(i=0; i<250; i++)
    for(j=0; j<250; j++)
      {_nop_(); _nop_(); _nop_(); _nop_(); _nop_(); _nop_(); }
}
//外部中断 1 中断服务函数
void int1() interrupt 2
{
//查询中断源,进行相应的中断处理
if (P10==0) {; }                //执行温度 1 超限的处理程序
if (P11==0) {; }                //执行温度 2 超限的处理程序
if (P12==0)                     //执行 PH 值超限的处理程序
   {
       P30=1;                   //接通加碱管道电磁阀
       delay(); delay();        //delay()延时 1 秒的函数
       P30=0;                   //1 秒钟到关加碱管道电磁阀
       }
   if (P13==0) {; }             //执行压力超限的处理程序
}
void main(void)
{
EA=1;                           //开外部中断 1,选择边沿触发方式,下降沿触发
EX1=1;
IT1=1;
while(1)                        //等待中断
   {
   P1=0xff;
   }
}
```

习　题

1. 什么是中断?

2. 51 单片机有几个中断源? 中断请求如何提出?

3. 什么是中断允许和中断屏蔽,51 单片机是如何处理的?

4. 51 单片机的中断源中,哪些中断请求信号在中断响应时可以自动清除? 哪些不能自动清除?

5. 什么是中断优先级? 51 单片机的中断优先级有几级?

6. 什么是中断嵌套? 51 单片机如何形成中断嵌套?

7. 简述 51 单片机的中断响应过程?

8. 设计一个十字路口交通灯控制系统,正常情况东西方向通行 30 秒,然后南北方向通行 30 秒。如果东西方向发生特殊情况,则东西方向一直通行;如果南北方向发生特殊情况,则南北方向一直通行;两个方向的特殊情况通过两个外中断管理。

第6章

51 单片机定时/计数器

定时/计数技术在计算机系统中具有极其重要的作用。计算机系统需要为 CPU 和外部设备提供定时控制或对外部事件进行计数。例如，分时系统的程序切换，向外部设备输出周期性定时控制信号，对外部事件进行个数统计等。另外，在检测、控制和智能仪器等设备中也经常会涉及定时。因此，计算机系统必须有定时和计数功能。

定时/计数的本质是计数，对周期性信号计数就可以实现定时。通常，实现定时的方法有三种：软件定时、硬件定时和可编程定时。软件定时是利用 CPU 执行指令需要若干指令周期的原理，运用软件编程，然后循环执行一段程序而产生延时，再配合简单输出接口可以向外送出定时控制信号。这种方法的优点是不需要增加硬件或硬件很简单，只需要编制相应的延时程序以备调用。缺点是执行延时程序占用了 CPU 时间，所以定时的时间不宜太长，且在某些情况下不宜使用。硬件定时是通过硬件电路(多谐振荡器件或单稳器件)实现定时，故定时参数的调整不灵活，使用不方便，但其成本较低。可编程定时结合了软件定时使用灵活和硬件定时相对独立的特点，以大规模集成电路为基础，通过编程即可改变定时时间或工作方式，又不占用 CPU 的执行时间。在计算机系统中通常用到的是可编程定时，51 单片机内部就集成了可编程的定时/计数器，它是 51 单片机中使用非常频繁的重要功能模块。

6.1 定时/计数器的结构及原理

6.1.1 主要特性

51 单片机主要特点如下：

(1)51 单片机 51 子系列有两个 16 位的可编程定时/计数器：定时/计数器 T0 和定时/计数器 T1；52 子系列有 3 个，比 51 子系列多一个定时/计数器 T2。

(2)每个定时/计数器既可以对系统时钟计数实现定时，也可以对外部信号计数实现定时功能，这些功能都是通过编程设定来实现的。

(3)每个定时/计数器都有多种工作方式，其中 T0 有 4 种工作方式，T1 有 3 种工作方式，T2 有 3 种工作方式。通过编程可设定其工作于某种方式。

(4)每个定时/计数器定时计数时间到时产生溢出，使相应的溢出位置位，溢出可通过查询或中断方式来处理。

6.1.2 结构及工作原理

定时/计数器 T0、T1 的结构如图 6-1 所示，它由计数器、方式寄存器 TMOD、控制寄存器 TCON 等组成。

其中, 定时/计数器 T0 的计数器由 TH0(高 8 位)和 TL0(低 8 位)组成, 定时/计数器 T1 的计数器由 TH1(高 8 位)和 TL1(低 8 位)组成。每个计数器为 16 位, 具体使用由工作方式而定。

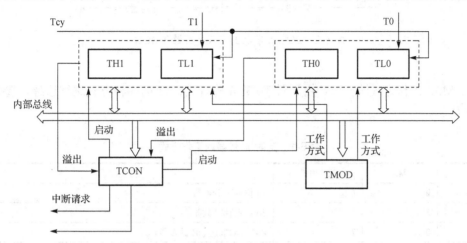

图 6-1 定时/计数器 T0、T1 的结构框图

计数器是二进制数加 1 计数器, 每到来一个计数脉冲, 计数器中的内容加 1。当计数器中内容由全 1 再加 1 时溢出, 使控制寄存器 TCON 中相应的溢出位 TF0 或 TF1 置 "1", 标志定时/计数时间到。因而, 如果只计 N 个单位, 则首先应向计数器置初值为 X, 且有:

$$初值 X = 最大计数值(满值)M–计数值 N$$

不同的计数方式下, 最大计数值(满值)不一样。一般来说, 当定时/计数器工作于 R 位二进制计数方式时, 它的最大计数值(满值)为 2 的 R 次幂。溢出位置位后, 如中断允许, 则向 CPU 提出定时/计数中断, 进入中断处理; 如中断不允许, 则只有通过查询方式对溢出位进行处理。

计数脉冲信号的来源有两种: 机器周期 Tcy 和外部计数脉冲 T0(T1), 通过方式寄存器中的相应位进行选择。当对机器周期信号计数时用于定时, 每到来一个机器周期计数器中的内容加 1。如 Tcy=1μs, 计数 100, 定时 100μs。当计数信号是单片机芯片外部引脚 T0(P3.4) 或 T1(P3.5)上的输入脉冲时, 工作于计数方式。此时, 如果 CPU 在上一个机器周期的 S5P2 时刻采样到芯片引脚 T0(P3.4)或 T1(P3.5)上的信号为高电平, 下一个机器周期的 S5P2 时刻采样到低电平, 则计数器在下一个机器周期的 S3P2 时刻加 1 计数一次, 需要两个机器周期才能识别一个计数脉冲。由于 51 单片机一个机器周期等于 12 个振荡周期, 所以外部计数脉冲的频率应小于振荡频率的 1/24。

两个定时/计数器共用方式寄存器 TMOD 设定工作方式, 共用控制寄存器 TCON 进行启动、停止控制。

6.2 定时/计数器的方式和控制寄存器

6.2.1 方式寄存器 TMOD

方式寄存器 TMOD 用于设定定时/计数器 T0 和 T1 的工作方式。它的字节地址为 89H, 格式如图 6-2 所示。

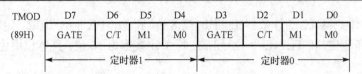

图 6-2　定时/计数器的方式寄存器 TMOD

其中：

M1、M0：工作方式选择位，用于对 T0 的 4 种方式、T1 的 3 种方式进行选择，选择情况如表 6-1 所示。

表 6-1　定时/计数器的工作方式

M1	M0	工作方式	方式说明
0	0	0	13 位定时/计数器
0	1	1	16 位定时/计数器
1	0	2	8 位自动重置定时/计数器
1	1	3	两个 8 位定时/计数器(只有 T0 有)

C/T：定时或计数方式选择位。当 C/T＝1 时为计数方式，当 C/T＝0 时为定时方式。

GATE：门控位。用于控制定时/计数器的启动是否受外部中断请求信号的影响。GATE＝0，定时/计数器 T0(T1) 的启动只受控制寄存器 TCON 中的启动位 TR0(TR1) 控制；GATE＝1，定时/计数器 T0(T1) 的启动还受芯片外部中断请求信号引脚 $\overline{INT0}$ (P3.2) 的控制，只有当外部中断请求信号引脚 $\overline{INT0}$ (P3.2) 或 $\overline{INT1}$ (P3.3) 为高电平且启动位 TR0(TR1) 置 "1" 时才开始计数。一般情况下 GATE＝0。

6.2.2　控制寄存器 TCON

控制寄存器 TCON 用于控制定时/计数器的启动与溢出，它的字节地址为 88H，可以进行位寻址。各位的格式如图 6-3 所示。

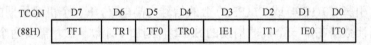

图 6-3　定时/计数器的控制寄存器 TCON

其中：

TF1：定时/计数器 T1 的溢出标志位。当定时/计数器 T1 计满时，由硬件使它置位，如中断允许则触发定时/计数器 T1 中断。进入中断处理后由内部硬件电路自动清除。

TR1：定时/计数器 T1 的启动位。可由软件置位或清零，当 TR1＝1 时启动，TR1＝0 时停止。

TF0：定时/计数器 T0 的溢出标志位，其功能和操作与定时/计数器 T1 相同。

TR0：定时/计数器 T0 的启动位，其功能和操作与定时/计数器 T1 相同。

TCON 的低 4 位是用于外中断控制的，有关内容已在 5.2 节介绍。

6.3　定时/计数器的工作方式

6.3.1　方式 0——13 位定时/计数器方式

方式 0 的结构如图 6-4 所示。

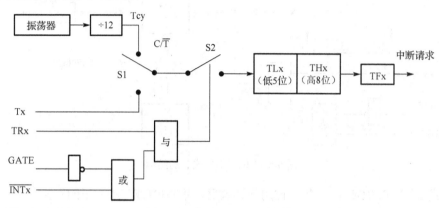

图 6-4　T0、T1 方式 0 的结构

在方式 0 下，16 位的加法计数器只用了 13 位，TH0（或 TH1）的 8 位和 TL0（或 TL1）的低 5 位，而 TL0（或 TL1）的高 3 位未用。在计数通道接通情况下，每到来一个计数脉冲，计数器加 1 计数一次，当 13 位计满时溢出，使 TF0（或 TF1）置位，向 CPU 申请定时/计数器 0（或 1）中断。由于是 13 位定时/计数方式，因而最大计数值（满值）为 2 的 13 次幂，等于 8192。如计数值为 N，则置入的初值 X 为：X=8192−N。计数范围 1～8192，当初值为 0 时计得最大值 8192，当初值为全 1 时计得最小值 1。

如定时/计数器 T0 的计数值为 1000，则初值为 7192，转换成 13 位二进制数为 11100000 11000B，则 TH0＝11100000B，TL0＝00011000B。

在方式 0 计数的过程中，当计数器计满溢出时，计数器的内容回到全 0，计数并没有停止，因而这时是从 0 开始按最大值计数，如果要重新实现 N 个单位的计数，则这时应重新置入初值。

6.3.2　方式 1——16 位定时/计数器方式

方式 1 的结构与方式 0 的结构相同，只是把 13 位变成 16 位。TH0（或 TH1）为高 8 位，TL0（或 TL1）为低 8 位。当 16 位计满时溢出，使 TF0（或 TF1）置位。当 TL0（或 TL1）计满时向 TH0（或 TH1）进位，当 TH0（或 TH1）也计满时则溢出，使 TF0（或 TF1）置位，向 CPU 申请定时/计数器 0（或 1）中断。由于是 16 位的定时/计数方式，因而最大计数值（满值）为 2 的 16 次幂，等于 65536。如计数值为 N，则置入的初值 X 为：X=65536−N。计数范围 1～65536，当初值为 0 时计得最大值 65536，当初值为全 1 时计得最小值 1。

如定时/计数器 T0 的计数值为 1000，则初值为 65536−1000＝64536。转换成二进制数为 1111110000011000B，则 TH0＝11111100B，TL0＝00011000B。

对于方式 1 计满后的情况与方式 0 相同。

6.3.3　方式 2——8 位自动重置定时/计数器方式

方式 2 的结构如图 6-5 所示。

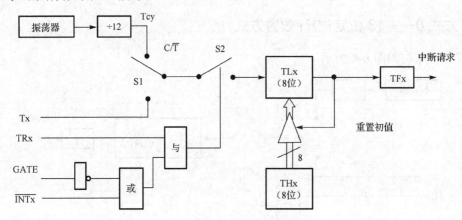

图 6-5　T0、T1 方式 2 的结构

在方式 2 下，TL0（或 TL1）的 8 位用作计数器，而 TH0（或 TH1）用于保存初值。当 TL0（或 TL1）计满时则溢出，溢出信号一方面使 TF0（或 TF1）置位，向 CPU 申请定时/计数器 0（或 1）中断；另一方面触发三态门，使三态门导通，TH0（或 TH1）的值自动装入 TL0（或 TL1）。由于只用 TL0（或 TL1）的 8 位作计数器，因而最大计数值（满值）为 2 的 8 次幂，等于 256。如计数值为 N，则置入的初值 X 为：X=256–N。计数范围 1～256。

如定时/计数器 T0 的计数值为 100，则初值为 256–100=156，转换成二进制数为 10011100B，则 TH0=TL0=10011100B。

由于方式 2 计满后，溢出信号会触发三态门自动地把 TH0（或 TH1）的值装入 TL0（或 TL1）中，因而如果要重新实现 N 个单位的计数，不用重新置入初值。

6.3.4　方式 3——两个 8 位定时/计数器方式

只有定时/计数器 T0 才具有方式 3。方式 3 的结构如图 6-6 所示。

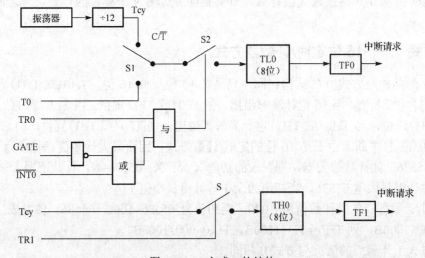

图 6-6　T0 方式 3 的结构

在方式 3 下,定时/计数器 T0 分成两个部分:TL0 和 TH0,每个 8 位。其中,TL0 可作为定时/计数器使用,占用 T0 的全部控制位:GATE、C/T、TR0 和 TF0;而 TH0 只能做定时器使用,对机器周期计数,这时它占用定时/计数器 T1 的 TR1 位、TF1 位和 T1 的中断资源。因此这时定时/计数器 T1 不能使用启动控制位、溢出标志位和定时/计数器 1 中断。实际上,在这种情况下定时/计数器 T1 通常作为串行口的波特率发生器,选择方式 2 进行定时,设置好初值,启动后就不对定时/计数器 T1 做任何操作,也不再用启动控制位和溢出标志位。

方式 3 的初值计算、计数范围与方式 2 相同,计满的处理过程与方式 0 和方式 1 相同,这里不再重复。

6.4　定时/计数器的初始化编程及应用

6.4.1　定时/计数器的初始化编程

MCS-51 的定时/计数器是可编程的,可以设定为对机器周期进行计数实现定时功能,也可以设定为对外部脉冲进行计数实现计数功能。它有 4 种工作方式,使用时可根据情况选择其中的一种。51 单片机定时/计数器初始化过程如下:

(1)根据要求选择方式,确定方式控制字,写入方式控制寄存器 TMOD。

(2)根据要求计算定时/计数器的计数值,再由计数值求得初值,写入初值寄存器。

(3)根据需要开放定时/计数器中断(后面需编写中断服务程序)。

(4)设置定时/计数器控制寄存器 TCON 的值,启动定时/计数器开始工作。

(5)等待定时/计数时间到,则执行中断服务程序;如用查询处理则编写查询程序,判断溢出标志,溢出标志等于 1,则进行相应处理。

6.4.2　定时/计数器的应用

通常利用定时/计数器来产生周期性的波形,其基本思想是:利用定时/计数器产生周期性的定时,定时时间到则对输出端进行相应的处理。不同的方式定时的最大值不同,如果定时的时间很短,则选择方式 2。方式 2 形成周期性的定时不需重置初值;如果定时时间比较长,则选择方式 0 或方式 1;如果定时时间很长,则一个定时/计数器不够用,这时可用两个定时/计数器或一个定时/计数器加软件计数的方法。

【例 6-1】设系统时钟频率为 12MHz,用定时/计数器 T0 编程实现从 P1.0 输出周期为 500μs 的方波。

从 P1.0 输出周期为 500μs 的方波,只需 P1.0 每 250μs 取反一次即可。系统时钟频率为 12MHz,机器周期为 1μs,计数 250 次则为 250μs。

因此:

(1)定时/计数器 T0 选择方式 2 进行定时,方式控制字 00000010B(02H)。

(2)计数值 N 为 250,初值 X=256–250=6,则 TH0=TL0=06H。

汇编程序:(定时/计数器 T0 溢出采用中断处理方式)

```
        ORG  0000H
        LJMP  MAIN
        ORG   000BH              ;中断处理程序
```

```
        CPL  P1.0
        RETI
        ORG  0100H              ;主程序
MAIN:   MOV  TMOD,#02H          ;初始化
        MOV  TH0,#06H
        MOV  TL0,#06H
        SETB EA
        SETB ET0
        SETB TR0
        SJMP $
        END
```

C 语言程序：

```
#include <reg51.h>          //包含特殊功能寄存器库
sbit P1_0=P1^0;
void main()
{
    TMOD=0x02;              //初始化
    TH0=0x06;TL0=0x06;
    EA=1;ET0=1;
    TR0=1;
    while(1);
}
void time0_int(void) interrupt 1       //中断服务程序
{
    P1_0=!P1_0;
}
```

【例 6-2】 设系统时钟频率为 12MHz，用定时/计数器 T1 定时产生秒信号 ，进而产生分、时信号形成时钟。

先用定时/计数器 T1 产生秒信号，秒信号加到 60 得到分，分信号加到 60 得到小时，小时计 24 次就是一天，形成时钟。秒信号定时时间较长，一个定时/计数器不能直接实现，可用定时/计数器 T1 产生周期为 10ms 的定时，然后用计数器对 10ms 计数 100 次来得到。

因此：

(1)系统时钟频率为 12MHz，定时/计数器 T1 定时 10ms，计数值 N 为 10000，只能选方式 1，方式控制字为 00010000B（10H）。

(2)计数值 N 为 10000，初值 X = 65536−10000 = 55536 = 1101100011110000B，则 TH1 = 11011000B = D8H，TL1 = 11110000B = F0H。

汇编程序：（溢出位采用中断处理方式。40H、41H、42H 单元分别为秒、分、小时计数器。）

```
        ORG  0000H
        LJMP MAIN

        ORG  0001BH             ;定时/计数器 T1 中断入口
        LJMP INTT0

        ORG  0100H
```

```
MAIN:   MOV   R2,#00H          ;10ms 计数器
        MOV   40H,#00H         ;秒计数器
        MOV   41H,#00H         ;分计数器
        MOV   42H,#00H         ;小时计数器
        MOV   TMOD,#10H        ;初始化
        MOV   TH1,#0D8H
        MOV   TL1,#0F0H
        SETB  EA
        SETB  ET1
        SETB  TR1
        SJMP  $

INTT0:  CLR   EA               ;中断服务程序
        PUSH  PSW
        PUSH  ACC
        MOV   TH1,#0D8H        ;重置初值
        MOV   TL1,#0F0H
        INC   R2               ;10ms 计数器加 1
        CJNE  R2,#64H,NEXT     ;形成时钟
        INC   40H
        MOV   R2,#00H
        MOV   A,40H
        CJNE  A,#3CH, NEXT
        MOV   40H,#00
        INC   41H
        MOV   A,41H
        CJNE  A,#3CH, NEXT
        MOV   41H,#00
        INC   42H
        MOV   A,42H
        CJNE  A,#18H, NEXT
        MOV   42H,#00
NEXT:   POP   ACC
        POP   PSW
        SETB  EA
        RETI
        END
```

C 语言程序：

```c
#include <reg51.h>          //包含特殊功能寄存器库
#define uchar unsigned char
uchar i;
uchar sec,min,hour;         //定义秒、分、小时
void main()
{
    TMOD=0x10;              //初始化
    TH1=0xD8;TL1=0xf0;
    EA=1;ET1=1;
```

```
        i=0;
        sec=0;min=0;hour=0;          //秒、分、小时初始化
        TR1=1;
        while(1);
}
void  time1_int(void)  interrupt 3    //中断服务程序
{
        EA=0;                        //关中断
        TH1=0xD8;TL1=0xf0;           //重置初值
        i++;
        if (i==100)                  //形成时钟
        {
        i=0x00; sec++;
            if (sec ==60)
            {
            sec =0; min ++;
            if (min==60)
              {
              min=0; hour++;
              if (hour==24)
                {
                hour=0;
                }
              }
            }
        }
        EA=1;                        //开中断
}
```

【例6-3】　通过51单片机P1.1引脚输出周期可调，占空比可调的PWM波。

PWM脉冲波通常用对直流电动机进行控制，通过改变PWM脉冲的占空比可以调整电动机的转动速度。PWM脉冲可选择专门的PWM发生模块，也可通过单片机产生。这里通过51单片机定时/计数器T0产生PWM脉冲。

设系统时钟频率为12MHz，机器周期为1μs，PWM脉冲频率为100Hz～10kHz可调，则周期计数值在100～10000之间，可选方式1，可根据周期和占空比计算出高低电平宽度相应的计数值。

$$高电平计数值 = 周期计数值 × 占空比$$
$$低电平计数值 = 周期计数值 - 高电平计数值$$

根据高、低电平计数值可得到相应初值，把高、低电平初值轮流置入定时/计数器T0中定时计数，并控制在输出端P1.1轮流输出高、低电平，那么在输出端P1.1就可产生相应的PWM脉冲波。

设定时/计数器T0工作于方式1(16定时计数方式)，方式控制字为00000001B(10H)。

汇编程序：(定时/计数器T0溢出采用中断处理方式。)

```
PERIOD  EQU  2000            ;周期计数值100～10000
HI_NUM  EQU  500             ;高电平计数值
LOW_NUM EQU  PERIOD-HI_NUM   ;低电平计数值
```

```
            ORG  0000H
            LJMP  MAIN
            ORG  000BH              ;中断处理程序
            LJMP  TIME0
            RETI
            ORG  0100H              ;主程序
    MAIN:   SETB  P1.0
            MOV  TMOD,#01H          ;初始化
            MOV  TH0,#(65536-HI_NUM)/256
            MOV  TL0,#(65536-HI_NUM) MOD 256
            SETB  EA
            SETB  ET0
            SETB  TR0
            SJMP  $

    TIME0:  JBC  P1.0,LOW_OUT
    HI_OUT: SETB  P1.0
            MOV  TH0,#(65536-HI_NUM)/256
            MOV  TL0,#(65536-HI_NUM) MOD 256
            RETI
    LOW_OUT:MOV  TH0,#(65536-LOW_NUM)/256
            MOV  TL0,#(65536-LOW_NUM) MOD 256
            RETI
            END
```

C 语言程序:

```c
#include <reg51.h>          //包含特殊功能寄存器库
#define  uchar  unsigned char
#define  uint  unsigned int
sbit  P1_0=P1^0;
uint  PERIOD=2000;          //周期计数值100～10000
uint  HI_NUM=200;           //高电平计数值
uint  LOW_NUM;              //存放低电平计数值
uchar  HIGAO,HIDI;          //存放高电平初值高8位和低8位
uchar  LOWGAO,LOWDI;        //存放低电平初值高8位和低8位
void  main()
{
P1_0=0;
LOW_NUM=PERIOD-HI_NUM;
HIGAO=(65536-HI_NUM)/256;
HIDI=(65536-HI_NUM)%256;
LOWGAO=(65536-LOW_NUM)/256;
LOWDI=(65536-LOW_NUM)%256;

TMOD=0x01;                  //初始化
TH0=HIGAO;
TL0=HIDI;
EA=1;ET0=1;
```

```
TR0=1;
while(1);
}
void time0_int(void) interrupt 1        //中断服务程序
{
    if (P1_0==1)
        {P1_0=0; TH0=LOWGAO;TL0=LOWDI;}
    Else
        { P1_0=1; TH0=HIGAO;TL0=HIDI;}
}
```

习　题

1. 软件延时和硬件定时有什么区别？
2. 80C51 单片机内部有几个定时/计数器？它们由哪些功能寄存器组成？
3. 51 单片机什么时候实现定时，什么时候实现计数？
4. 定时/计数器 T0 有几种工作方式？各自的特点是什么？
5. 定时/计数器的 4 种工作方式各自的计数范围是多少？如果要计 100 个单位，不同的方式初值应为多少？
6. 设振荡频率为 6MHz，如果用定时/计数器 T0 产生周期为 1ms 的方波，可以选择哪几种方式，其初值分别设为多少？
7. 对于例 6-1，将定时/计数器溢出信号改成查询方式处理。
8. 8051 系统中，已知振荡频率为 12MHz，用定时/计数器 T0，实现从 P1.0 口产生周期为 2ms 的方波。要求分别用汇编语言和 C 语言进行编程。
9. 8051 系统中，已知振荡频率为 12MHz，用定时/计数器 T1，实现从 P1.1 口产生高电平宽度为 2ms，低电平宽度为 10ms 的 PWM 脉冲波。要求分别用汇编语言和 C 语言进行编程。

第 7 章

51 单片机串行接口

在计算机处理信息的过程中，通常会遇见计算机与外设之间进行信息交换，计算机与计算机之间进行信息交换。所有这些信息交换均可称为"通信"。

并行通信一次同时传送多位数据，例如，一次同时传送 8 位或 16 位数据。并行通信的特点是通信速度快，但传输信号线多，传输距离较远时线路复杂，成本高，因此通常用于近距离传输。

串行通信一次只能传送一位，多位数据只能一位接一位按顺序传送。串行通信的特点是传输线少，通信线路简单，通信速度慢，成本低，适合长距离通信。现在我们一般所说的通信都指串行通信。

7.1 通信的基本概念

7.1.1 并行通信和串行通信

根据一次传送的二进制数的位数，通信可分为并行通信和串行通信两种。如图 7-1 所示。

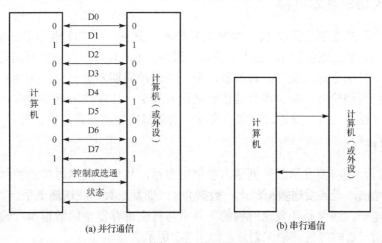

(a) 并行通信　　　　　　　　　(b) 串行通信

图 7-1 计算机与外界通信的基本方式

并行通信是一次同时传送多位数据的通信方式，如图 7-1(a)所示。例如，一次传送 8 位或 16 位数据。并行通信的特点是一次传送多位数据，速度快，但每位数据都需要一根数据线，加上相关控制信号线，所以用到传输信号线多，线路复杂，不便于远距离传送。

串行通信是将传输数据一位一位顺序传送，如图 7-1(b)所示。传输数据的各位可以分时使用同一传输通道，可以减少信号连线，最少用一对线，即一条通信线加上一条地线，即可进行通信，它的特点是通信速度相对较慢、传输线少、通信线路简单、成本低，适合传送位数较多的数据和长距离通信。

并行通信一次同时传送的数据位数多，但由于用到传输信号线多，线路相互之间干扰大，距离越远越明显，因而每根数据信号线上的速率不能太高。串行通信虽然一次只传送一位，但由于用到的传输信号线少，线路相互之间干扰小，因而数据信号线上的速率可以提高得很高；所以现在串行通信速度也很快，有时甚至比并行通信速度还快，我们一般所说的通信都指串行通信。

根据信息传送的方向，串行通信可以分为单工、半双工和全双工 3 种，如图 7-2 所示。

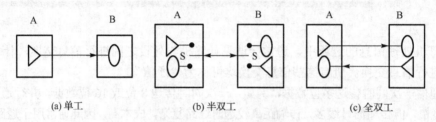

(a) 单工　　　　　　　　(b) 半双工　　　　　　　　(c) 全双工

图 7-2　串行通信的种类

单工方式如图 7-2(a) 所示，设备 A 只有发送器，设备 B 只有接收器，两者通过一根数据线相连，信息只能从 A 传送给 B，单向传送；半双工方式如图 7-2(b) 所示，设备 A 和设备 B 均既有发送器又有接收器，但是两者也只由一根数据线相连，信息能从 A 传送给 B，也能从 B 传送给 A，但在任一时刻只能实现一个方向传送；全双工方式如图 7-2(c) 所示，设备 A 和设备 B 均既有发送器又有接收器，而且两者通过两根数据相连，A 的发送器与 B 的接收器相连，B 的发送器与 A 的接收器相连，在同一个时刻能够实现数据双向传送。

7.1.2　串行通信的基本过程

串行通信中，二进制数据以 1、0 数字信号的形式出现，在 TTL 标准表示的二进制数中，传输线上高电平表示二进制数 1，低电平表示二进制数 0，且每一位持续时间是固定的，通过时钟进行控制。发送方通过发送时钟控制，每一个时钟周期发送一位，接收方通过接收时钟控制，每个时钟周期检测一位。串行通信时发送方发送一位接收方就要接收一位，因而发送时钟和接收时钟要求一致。发送时钟和接收时钟的频率决定通信速度的快慢。

1. 发送过程

发送数据时，先将要发送的数据送入移位寄存器，然后在发送时钟的控制下，将该并行数据逐位移位输出，送到发送数据线上，数据为 1，则发送数据线送高电平，数据为 0，则发送数据线送低电平。通常是在发送时钟的下降沿将移位寄存器中的数据串行输出，每个数据位的时间间隔由发送时钟的周期来划分，如图 7-3 所示。

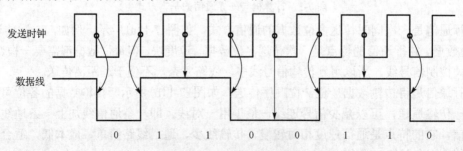

　　　　　　　　0　　1　　1　　0　　0　　1　　0　　1　　0

图 7-3　串行数据发送过程

2．接收过程

接收串行数据时，一般用接收时钟的上升沿对接收数据采样，进行数据位检测，如果检测到高电平，接收为 1，检测到低电平，接收为 0。接收的数据依次移入接收器的移位寄存器中，最后组成并行数据输出，如图 7-4 所示。

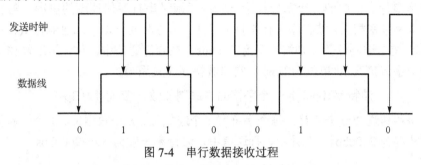

图 7-4　串行数据接收过程

7.1.3　串行通信的通信方式

串行通信按信息的格式又可分为异步和同步两种通信方式。

1．串行异步通信方式

串行异步通信方式的特点是数据在线路上传送时是以一个字符(字节)为单位，未传送时线路处于空闲状态，空闲线路约定为高电平"1"。传送一个字符又称为一帧信息。传送时每一个字符前加一个低电平的起始位，然后是数据位，数据位可以是 5～8 位，低位在前，高位在后，数据位后可以带一个奇偶校验位，最后是停止位，停止位用高电平表示，它可以是1 位、1 位半或 2 位，格式如图 7-5 所示。

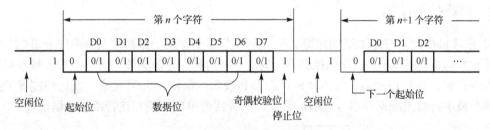

图 7-5　异步通信数据格式

异步传送时，字符间可以有间隔，间隔的位数不固定。由于一次只传送一个字符，因而一次传送的位数比较少，对发送时钟和接收时钟的同步性要求相对不高，线路简单，但传送速度较慢。

2．串行同步通信方式

串行同步通信方式的特点是数据在线路上传送时以字符块为单位，一次传送多个字符，传送时须在前面加上一个或两个同步字符，后面加上校验字符，格式如图 7-6 所示。

同步字符 1	同步字符 2	数据块	校验字符 1	校验字符 2

图 7-6　同步通信数据格式

同步方式时一次连续传送多个字符，传送的位数多，对发送时钟和接收时钟同步性要求很高，往往用同一个时钟源控制，控制线路复杂，传送速度快。

7.1.4　波特率

波特率是串行通信中的一个重要概念，它用于衡量串行通信速度的快慢，与发送时钟和接收时钟的频率紧密相关。波特率是指串行通信中，单位时间传送的二进制位数，单位为 bps。每秒传送 200 位二进制位数，则波特率为 200bps。在异步通信中，传输速度往往又可以用每秒传送多少个字节来表示(单位为 Bps)。它与波特率的关系为：

$$波特率(bps) = 一个字符的二进制位数 × 字符/秒(Bps)$$

例如，每秒传送 200 个字符，每个字符有 1 个起始位、8 个数据位、1 个校验位和 1 个停止位，则波特率为 2200bps。在异步串行通信中，波特率一般为 50～9600bps。

7.2　51 单片机串行口的功能与结构

7.2.1　串行口的功能

51 单片机具有一个全双工的串行异步通信接口，可以同时发送和接收数据。有 4 种工作方式：方式 0、方式 1、方式 2 和方式 3。其中，方式 0 为同步移位寄存器方式，一般用于外接移位寄存器芯片扩展 I/O 接口。方式 1 为 8 位的异步通信方式，通常用于双机通信。方式 2 和方式 3 为 9 位的异步通信方式，通常用于多机通信，方式 2 和方式 3 波特率不同。数据发送和接收可通过查询或中断方式处理，使用十分灵活，能方便地与其他计算机或串行传送的外部设备(如串行打印机、CRT 终端)实现双机、多机通信。

7.2.2　串行口的结构

51 单片机串行口的基本结构如图 7-7 所示。总体上由发送器和接收器两部分组成。发送器由发送数据寄存器 SBUF、发送控制器、输出控制门和发送数据线(TXD)组成；接收器由接收数据寄存器、接收控制器、输入移位寄存器和接收数据线(RXD)组成。发送控制器和接收控制器合成串行口控制寄存器 SCON，另外，两者共用串口中断和波特率发生器部件。

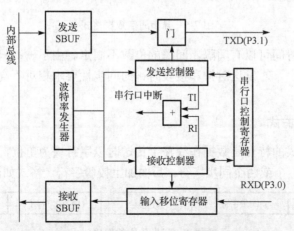

图 7-7　51 单片机串行口的基本结构框图

数据发送时，CPU 通过内部总线把发送的数据传送到数据寄存器 SBUF，启动发送过程。在发送时钟的控制下，先发送一个低电平的起始位，紧接着把发送数据寄存器中的内容按低位在前，高位在后的顺序一位一位地发送出去，最后发送一个高电平的停止位。对于方式 2 和方式 3，当发送完数据位后，要把串行口控制寄存器 SCON 中的 TB8 位发送出去后才发送停止位。一个字符发送完毕，串行口控制寄存器中的发送中断标志位 TI 置位，告诉 CPU 可以向发送数据寄存器 SBUF 发送下一个数据。另外为保证每一次数据能正常的发送，发送之前应使发送中断标志位 TI 清零。

接收数据时，串行数据的接收受到串行口控制寄存器 SCON 中的允许接收位 REN 的控制。当 REN 置置 1，接收控制器就开始工作，用接收时钟对接收数据线进行采样，当采样从 "1" 到 "0" 的负跳变时，接收控制器开始接收数据，每一个接收时钟接收一位。为了减少干扰的影响，接收控制器在接收数据时，将每一个接收时钟 16 分频，用当中的 7、8、9 三个周期对接收数据线采样三次，当两次采样为低电平，就认为接收的是 "0"；两次采样为高电平，就认为接收的是 "1"。如果接收到一直为 "1"，则认为数据线没有数据来；如果接收到 "0"，则开始接收其他各位数据。接收的前 8 位数据依次输入移位寄存器，接收的第 9 位数据置入串行口控制寄存器的 RB8 位中。如果接收有效，则输入移位寄存器中的数据置入接收数据寄存器中，同时控制寄存器中的接收中断位 RI 置 "1"，通知 CPU 来取数据。CPU 读取数据后应将 RI 清零才能保证下一次接收数据有效。

从用户使用的角度看，51 单片机串行口主要由串行口数据寄存器（SBUF），串行口控制寄存器 SCON、电源控制寄存器 PCON 及定时/计数器和中断系统中的特殊功能寄存器组成。

串行口数据寄存器 SBUF，字节地址为 99H，实际对应两个寄存器：发送数据寄存器和接收数据寄存器。当 CPU 向 SBUF 写数据时对应的是发送数据寄存器，当 CPU 向 SBUF 读数据时对应的是接收数据寄存器。

7.2.3　串行口控制寄存器 SCON

串行口控制寄存器 SCON 字节地址为 98H，可以进行位寻址，位地址为 98H～9FH。SCON 用于定义串行口的工作方式、进行接收、发送控制和监控串行口的工作过程。它的格式如图 7-8 所示。

SCON	D7	D6	D5	D4	D3	D2	D1	D0
98H	SM0	SM1	SM2	REN	TB8	RB8	T1	R1

图 7-8　串行口控制寄存器 SCON

其中：

SM0、SM1：串行口工作方式选择位。用于选择 4 种工作方式，选择情况见表 7-1。表中 f_{osc} 为单片机的时钟频率。

表 7-1　串行口工作方式的选择

SM0	SM1	方　　式	功　　能	波　特　率
0	0	方式 0	移位寄存器方式	$f_{osc}/12$
0	1	方式 1	8 位异步通信方式	可变
1	0	方式 2	9 位异步通信方式	$f_{osc}/32$ 或 $f_{osc}/64$
1	1	方式 3	9 位异步通信方式	可变

SM2：多机通信控制位。在方式 2 和方式 3 接收数据时，当 SM2 = 1，如果接收到的第 9 位数据（RB8）为"0"，则输入移位寄存器中接收的数据不能移入到接收数据寄存器 SBUF，接收中断标志位 RI 不置"1"，接收无效；如果接收到的第 9 位数据（RB8）为"1"，则输入移位寄存器中接收的数据将移入到接收数据寄存器 SBUF，接收中断标志位 RI 置"1"，接收才有效当 SM2 = 0 时，无论接收到的数据的第 9 位（RB8）是"1"还是"0"，输入移位寄存器中接收的数据都将移入到接收数据寄存器 SBUF，同时接收中断标志位 RI 置"1"，接收都有效。

方式 1 时，若 SM2 = 1，则只有接收到有效的停止位，接收才有效。

方式 0 时，SM2 位必须为 0。

REN：接收允许控制位。当 REN = 1，则允许接收；当 REN = 0，则禁止接收。

TB8：发送数据的第 9 位。在方式 2 和方式 3 中，TB8 为发送数据的第 9 位。它可以用来做奇偶校验位。在多机通信中，它往往用来表示主机发送的是地址还是数据：TB8 = 0，发送内容为数据，TB8 = 1，发送内容为地址。该位可以由软件置"1"或清零。

RB8：接收数据的第 9 位。在方式 2 和方式 3 中，RB8 用于存放接收数据的第 9 位。在方式 1 时，若 SM2 = 0，则 RB8 为接收到的停止位。在方式 0 时，不使用 RB8。

TI：发送中断标志位。在一组数据发送完后被硬件置位。在方式 0 时，当发送数据第 8 位结束后，由内部硬件将 TI 置位；在方式 1、方式 2 和方式 3 时，在停止位开始发送时由硬件置位。TI 置位，标志着上一个数据发送完毕，告诉 CPU 可以通过串行口发送下一个数据了。在 CPU 响应中断后，TI 不能自动清零，必须用软件清零。此外，TI 可供查询使用。

RI：接收中断标志位。当数据接收有效后由硬件置位。在方式 0 时，当接收数据的第 8 位结束后，由内部硬件使 RI 置位；在方式 1、方式 2 和方式 3 时，当接收有效，由硬件使 RI 置位。RI 置位，标志着一个数据已经接收到，通知 CPU 可以从接收数据寄存器中来取接收的数据了。对于 RI 标志，在 CPU 响应中断后，也不能自动清零，必须用软件清零。此外，RI 也可供查询使用。

另外，对于串行口发送中断 TI 和接收中断 RI，无论哪个响应，都触发串行口中断。到底是发送中断还是接收中断，只有在中断服务程序中通过软件来识别。

在系统复位时，SCON 的所有位都被清零。

7.2.4 电源控制寄存器 PCON

电源控制寄存器 PCON 的字节地址为 87H，不能进行位寻址，只能按字节方式访问。它主要用于电源控制。另外，PCON 中的最高位 SMOD 位，称为波特率加倍位。它用于对串行口的波特率进行控制，它的格式如图 7-9 所示。

PCON	D7	D6	D5	D4	D3	D2	D1	D0
87H	SMOD	X	X	X	GF1	GF0	PD	IDL

图 7-9 电源控制寄存器 PCON

其中：

SMOD：波特率加倍位。当 SMOD 位为 1，则串行口方式 1、方式 2、方式 3 的波特率加倍。

GF1、GF0：通用标志位。由软件置位或复位。

PD：掉电方式位。当 PD = 1 时，进入掉电方式。

IDL：待机方式位。当 IDL = 1 时，进入待机方式。

待机方式的退出有两种方法：一种方法是激活任何一个被允许的中断，当中断发生时，由硬件对 PCON.0 位清零，结束待机方式；另一种方法是采用硬件复位。

掉电方式退出的唯一方法是硬件复位。但应注意，在这之前应使 V_{CC} 恢复到正常工作电压值。

7.3　串行口的工作方式

7.3.1　方式 0——同步移位寄存器方式

串行口方式 0 通常用来外接移位寄存器，扩展 I/O 接口。方式 0 波特率固定：$f_{osc}/12$，串行数据通过 RXD 输入和输出，同步时钟通过 TXD 输出。发送和接收数据时低位在前，高位在后，长度为 8 位。

1. 发送过程

在 TI = 0 时，当 CPU 执行一条向 SBUF 写数据的指令时，如 MOV SBUF，A，就启动发送过程。经过一个机器周期，写入发送数据寄存器中的数据按低位在前，高位在后的顺序从 RXD 依次发送出去，同步时钟从 TXD 送出。8 位数据(一帧)发送完毕后，由硬件使发送中断标志 TI 置位，向 CPU 申请中断。如要再次发送数据，必须用软件将 TI 清零，并再次执行写 SBUF 指令。

2. 接收过程

在 RI = 0 的条件下，将 REN(SCON.4)置"1"就启动一次接收过程。同步移位脉冲通过 TXD 输出，串行数据通过 RXD 接收，一个时钟接收一位。在移位脉冲的控制下，RXD 上的串行数据依次移入移位寄存器。当 8 位数据(一帧)全部移入移位寄存器后，接收控制器发出"装载 SBUF"的信号，将 8 位数据并行送入接收数据缓冲器 SBUF，同时，由硬件使接收中断标志 RI 置位，向 CPU 申请中断。CPU 响应中断后，从接收数据寄存器中取出数据，然后用软件使 RI 复位，使移位寄存器接收下一帧信息。

7.3.2　方式 1——8 位异步通信方式

在方式 1 下，一帧信息为 10 位：1 位起始位(0)，8 位数据位(低位在前)和 1 位停止位(1)。TXD 为发送数据端，RXD 为接收数据端。波特率可变，由定时/计数器 T1 的溢出率和电源控制寄存器 PCON 中的 SMOD 位决定。即：

$$波特率 = 2^{SMOD} \times (T1 \text{ 的溢出率})/32$$

因此在方式 1 下，需对电源控制寄存器 PCON 和定时/计数器 T1 进行初始化。

1. 发送过程

在 TI = 0 时，当 CPU 执行一条向 SBUF 写数据的指令时，如 MOV SBUF，A，就启动了发送过程。数据由 TXD 引脚送出，发送时钟由定时/计数器 T1 送来的溢出信号经过 16 分频或 32 分频后得到。在发送时钟的作用下，先通过 TXD 端送出一个低电平的起始位，然后是 8 位数据(低位在前)，其后是一个高电平的停止位。当一帧数据发送完毕后，由硬件使发送中断标志 TI 置位，向 CPU 申请中断，完成一次发送过程。

2．接收过程

当允许接收控制位 REN 被置"1"后，接收器就开始工作，接收器以所选波特率的 16 倍速率对 RXD 引脚上的电平进行采样。当采样到从"1"到"0"的负跳变时，启动接收控制器开始接收数据。在接收移位脉冲的控制下依次把所接收的数据移入移位寄存器。当 8 位数据及停止位全部移入后，根据以下状态，进行响应操作：

（1）如果 RI = 0 且 SM2 = 0，接收控制器发出"装载 SBUF"的信号，将输入移位寄存器中的 8 位数据装入接收数据寄存器 SBUF 中，将停止位装入 RB8 中，并置 RI = 1，向 CPU 申请中断。如果 RI = 0，而 SM2 = 1，那么当停止位为"1"时才发生上述操作。

（2）如果 RI = 1，则所接收的数据在任何情况下都不装入 SBUF，即数据丢失。

7.3.3　方式 2 和方式 3——9 位异步通信方式

在方式 2 和方式 3 下都为 9 位异步通信接口。接收和发送一帧信息长度为 11 位，即 1 个低电平的起始位，9 位数据位，1 个高电平的停止位。发送的第 9 位数据放于 TB8 中，接收的第 9 位数据放于 RB8 中。TXD 为发送数据端，RXD 为接收数据端。方式 2 和方式 3 的区别在于波特率不一样，其中方式 2 的波特率只有两种：$f_{osc}/32$ 或 $f_{osc}/64$；方式 3 的波特率与方式 1 的波特率相同，由定时/计数器 T1 的溢出率和电源控制寄存器 PCON 中的 SMOD 位决定，即

$$波特率 = 2^{SMOD} \times (T1 \text{ 的溢出率}) / 32$$

在方式 3 下，也需要对定时/计数器 T1 进行初始化。

1．发送过程

方式 2 和方式 3 发送的数据为 9 位，其中发送的第 9 位在 TB8 中。在启动发送之前，必须把要发送的第 9 位数据装入 SCON 寄存器中的 TB8 中。准备好 TB8 后，就可以通过向 SBUF 中写入发送的字符数据来启动发送过程，发送时前 8 位数据从发送数据寄存器中取得，发送的第 9 位数据从 TB8 中取得。一帧信息发送完毕，将 TI 置为"1"。

2．接收过程

方式 2 和方式 3 的接收过程与方式 1 类似。当 REN 位置"1"时也启动接收过程，所不同的是接收的第 9 位数据是发送过来的 TB8 位，而不是停止位，接收到后存放到 SCON 中的 RB8 中。对接收是否进行判断也是用接收的第 9 位，而不是用停止位，其余情况与方式 1 相同。

7.4　串行口的应用

51 单片机的串行口在实际使用中通常用于三种情况：利用方式 0 扩展并行 I/O 接口；利用方式 1 实现点对点的双机通信；利用方式 2 或方式 3 实现多机通信，本节仅介绍前两种情况的应用。

7.4.1　利用方式 0 扩展并行 I/O 接口

51 单片机的串行口工作在方式 0 时，外接一个串入并出的移位寄存器，就可以扩展并行输出口；外接一个并入串出的移位寄存器，就可以扩展并行输入口。

【例 7-1】用 8051 单片机的串行口外接串入并出的芯片 74HC164 扩展并行输出口控制一组发光二极管，使发光二极管从右至左延时轮流显示。

74HC164 是一块 8 位串入并出的芯片，共 14 个引脚，除了电源和地信号外，A、B 为串行数据输入端；CLK 为串行时钟信号输入端；Q0～Q7 为 8 位数据并行输出端；$\overline{CLR}$ 为清零端，输入低电平时 74HC164 输出端清零；CLK = 0、$\overline{CLR}$ = 1 时，74HC164 保持原来数据。

74HC164 和 51 单片机的连接如图 7-10 所示，8051 串行口工作于方式 0 输出，74HC164 串行数据输入端 A、B 连在一起与 8051 方式 0 串行数据输出端 RXD 相连；串行时钟信号输入端 CLK 与 8051 的方式 0 同步时钟输出端 TXD 相连；74HC164 清零端 $\overline{CLR}$ 连接 V_{CC}，并通过电容接地，系统上电时产生一个负脉冲使 74HC164 复位。CLK 每接收一个时钟信号，74HC164 从串行数据输入端接收一位，接收的数据按 Q0 到 Q7 的顺序依次移入，并通过 Q0～Q7 的 8 位并行输出端输出，输出端接 8 个发光二极管，输出低电平时亮。

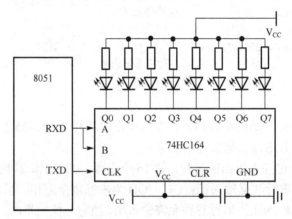

图 7-10　用 74HC164 扩展并行输出口

设串行口采用查询方式，显示的延时依靠调用延时子程序来实现，程序如下。

汇编语言程序：

```
        ORG  0000H
        LJMP MAIN

        ORG  0100H
MAIN:   MOV  SCON,#00H      ;串行口初始化方式 0
        MOV  A,#0FEH
START:  MOV  SBUF,A         ;51 单片机串行口发送
LOOP:   JNB  TI,LOOP        ;等待发送
        ACALL DELAY         ;延时
        CLR  TI
        RL   A              ;循环移位改变显示内容
        SJMP START
DELAY:  MOV  R7,#80H        ;延时子程序
LOOP2:  MOV  R6,#0FFH
LOOP1:  DJNZ R6,LOOP1
        DJNZ R7,LOOP2
        RET
        END
```

C 语言程序：

```
#include <reg51.h>              //包含特殊功能寄存器库
#include <intrins.h>            //包含内部函数
void main()
{
unsigned char i;
unsigned int j;
SCON=0x00;                      //串行口初始化方式 0
i=0xFE;
for (; ;)
    {
    SBUF=i;                     //51 单片机串行口发送
    while (!TI) { ;}            //等待发送
    TI=0;
    for (j=0;j<=20000;j++) {_nop_();}          //延时
    i=_crol_(i,1);             //改变显示内容
    }
}
```

【例 7-2】 用 8051 单片机的串行口外接并入串出的芯片 74HC165 扩展 8 位并行输入口，输入一组开关的状态，并通过二极管显示出来。

74HC165 是一块 8 位并入串出的芯片，共 16 个引脚，除了电源和地信号外，P7～P0 为 8 位并行输入端；SIN 为串行数据输入端；QH、$\overline{OH}$ 为串行数据同相、反相输出端；CLK 为串行时钟信号输入端；CLK INH 为串行时钟允许输入端，当它为低电平时，允许 CLK 时钟输入；S/$\overline{L}$ 为串出/并入方式控制输入端，S/$\overline{L}$ =1 允许串行输出，S/$\overline{L}$ =0 允许并行输入。

74HC165 的工作过程一般如下：(1)使控制端 S/$\overline{L}$ = 0，8 位并行数据输入到内部的寄存器；(2)使控制端 S/$\overline{L}$ = 1，在时钟信号 CLK 的控制下，内部寄存器的内容按从 P0～P7 的顺序从串行输出端依次输出。

74HC165 和 51 单片机的连接如图 7-11 所示，8051 串行口工作于方式 0 输入，74HC165 串行数据输出端 QH 与 8051 方式 0 串行数据输入端 RXD 相连；串行时钟信号输入端 CLK 与 8051 的方式 0 同步时钟输出端 TXD 相连；74HC165 串行时钟允许输入端 CLK INH 和串行数据输入端 SIN 接地；串出/并入方式控制输入端 S/$\overline{L}$ 接 8051 单片机的 P1.0，P1.0 输出低电平时 74HC165 并行输入，P1.0 输出高电平时 74HC165 串行输出。8 位并行输入端 P7～P0 接 8 个开关并行输入。同时假定输入的内容通过 51 单片机的 P0 口连接的 8 个发光二极管输出显示(图中没有画出)。

串行口方式 0 数据的接收，用 SCON 寄存器中的 REN 位来控制，采用查询 RI 的方式来判断数据是否输入，程序如下。

汇编语言程序：

```
        ORG  0000H
        LJMP MAIN

        ORG  0100H
MAIN:   CLR  P1.0       ;74HC165 并入
        NOP
        NOP
        NOP
```

```
            SETB  P1.0        ;74HC165 串出
            NOP
            NOP
            NOP
            MOV  SCON,#10H    ;串行口初始化方式 0，允许接收
    LOOP:   JNB  RI,LOOP      ;接收
            CLR  RI
            MOV  A,SBUF
            MOV  P0,A         ;送 P0 口显示
            SJMP MAIN
            END
```

C 语言程序：

```c
    #include <reg51.h>        //包含特殊功能寄存器库
    #include <intrins.h>      //包含内部函数库
    sbit  P1_0=P1^0;
    void  main()
    {
        unsigned char  i;
        while(1)
        {
        P1_0=0;  _nop_(); _nop_(); _nop_();    //74HC165 并入
        P1_0=1;  _nop_(); _nop_(); _nop_();  //74HC165 串出
        SCON=0x10;                //串行口初始化方式 0，允许接收
        while (!RI) {;}           //接收
        RI=0;
        i=SBUF;
        P0=i;                     //送 P0 口显示
        }
    }
```

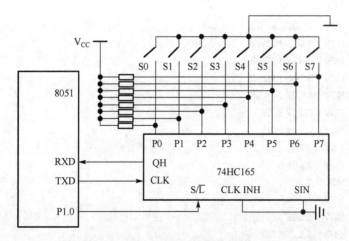

图 7-11　用 74HC165 扩展并行输入口

7.4.2　利用方式 1 实现点对点的双机通信

要实现甲、乙两台单片机点对点的双机通信，其线路只需将甲机的 TXD 与乙机的 RXD 相连，将甲机的 RXD 与乙机的 TXD 相连，地线与地线相连。软件方面选择相同的工作方式，设为相同的波特率即可实现。

【例 7-3】　用汇编语言编程通过串行实现将甲机的片内 RAM 中 30H～3FH 单元的内容传送到乙机的片内 RAM 的 40H～4FH 单元中。

线路连接如图 7-12 所示。

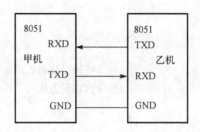

图 7-12　方式 1 双机通信线路图

甲、乙两机都选择方式 1，即 8 位异步通信方式，最高位用作奇偶校验，波特率为 1200bps，甲机发送，乙机接收，因此甲机的串行口控制字为 40H，乙机的串行口控制字为 50H。

由于选择的是方式 1，波特率由定时/计数器 T1 的溢出率和电源控制寄存器 PCON 中的 SMOD 位决定，因此需对定时/计数器 T1 初始化。

设 SMOD = 0，甲、乙两机的振荡频率为 12MHz，由于波特率为 1200bps。定时/计数器 T1 选择为方式 2，则初值如下：

$$初值 = 256 - f_{osc} \times 2^{SMOD} / (12 \times 波特率 \times 32)$$
$$= 256 - 12000000 / (12 \times 1200 \times 32) \approx 230 = E6H$$

根据要求，定时/计数器 T1 的方式控制字为 20H。

甲机的发送程序：

```
TSTART: MOV   TMOD,#20H
        MOV   TL1,#0E6H
        MOV   TH1,#0E6H
        MOV   PCON,#00H
        MOV   SCON,#40H
        MOV   R0,#30H
        MOV   R7,#10H
        SETB  TR1
LOOP:   MOV   A,@R0
        MOV   C,P
        MOV   ACC.7,C
        MOV   SBUF,A
WAIT:   JNB   TI,WAIT
        CLR   TI
        INC   R0
        DJNZ  R7,LOOP
```

```
             RET
```

乙机的接收程序：

```
RSTART: MOV  TMOD,#20H
        MOV  TL1,#0E6H
        MOV  TH1,#0E6H
        MOV  PCON,#00H
        MOV  R0,#40H
        MOV  R7,#10H
        SETB TR1
LOOP:   MOV  SCON,#50H
WAIT:   JNB  RI,WAIT
        MOV  A,SBUF
        MOV  C,P
        JC   ERROR
        ANL  A,#7FH
        MOV  @R0,A
        INC  R0
        DJNZ R7,LOOP
        RET
```

【例 7-4】用 C 语言编程实现双机通信。

线路连接，方式设置，波特率计算和例 7-3 相同。另外，在 C 语言编程中，为了保持通信的畅通与准确，在通信中双机给出了如下约定：通信开始时，甲机首先发送一个信号 AA，乙机接收到后回答一个信号 BB，表示同意接收。甲机收到信号 BB 后，就可以发送数据了。假定发送 10 个字符，数据缓冲区为 buf，数据发送完后发送一个校验和。乙机接收到数据后，存入乙机的数据缓冲区 buf 中，并用接收的数据产生校验和与接收的校验和相比较，如果相同，乙机则发送 00H，回答接收正确；如果不同，则发送 0FFH，请求甲机重发。

由于甲、乙两机都要发送和接收信息，所以甲、乙两机的串口控制寄存器的 REN 位都应设为 1，方式控制字都为 50H。

甲机的发送程序：

```
#include <reg51.h>
unsigned char idata buf[10];
unsigned char pf;
void main(void)
{
unsigned char i;
TMOD=0x20;                      //串行口初始化
TL1=0xe6;
TH1=0xe6;
PCON=0x00;
TR1=1;
SCON=0x50;
do {
    SBUF=0xaa;                  //发送联络信号
    while (TI==0);
```

```
        TI=0;
        while (RI==0);                      //等待乙机回答
        RI=0;
        } while ((SBUF^0xbb)!=0);            //乙未准备好;继续联络
    do {
        pf=0;
        for (i=0;i<10;i++){
            SBUF=buf[i];                     //发送一个数据
            pf+=buf[i];                      //求校验和
            while (TI==0);
            TI=0;
            }
        SBUF=pf;                             //发送校验和
        while (TI==0);
        TI=0;
        while (RI==0);                       //等待乙机应答
        RI=0;
        } while (SBUF!=0);                    //应答出错,则重发
    }
```

乙机接收程序：

```
    #include <reg51.h>
    unsigned char idata buf[10];
    unsigned char pf;
    void main(void)
    {
    unsigned char i;
    TMOD=0x20;                               //串行口初始化
    TL1=0xe6;
    TH1=0xe6;
    PCON=0x00;
    TR1=1;
    SCON=0x50;
    do {
        while (RI==0);
        RI=0;
        }while (SBUF^0xaa!=0);               //判断甲机是否请求
    SBUF=0xbb;                               //发送应答信号
    while (TI==0);
    TI=0;
    while (1)
        {
            pf=0;
            for (i=0;i<10;i++)
            {
            while (RI==0);
            RI=0;
            buf[i]=SBUF;                     //接收一个数据
```

```
            pf+=buf[i];                       //求校验和
            }
    while (RI==0);                            //接收甲机发送的校验和
    RI=0;
    if ((SBUF^pf)==0)                         //比较校验和
        {
        SBUF=0x00;break;                      //校验和相同发"0x00"
        }
    else
        {
        SBUF=0xff;                            //校验和不同发"0xff",重新接收
        while (TI==0);
        TI=0;
        }
        }
    }
```

习　　题

1. 何为同步通信？何为异步通信？各自的特点是什么？
2. 单工、半双工和全双工有什么区别？
3. 设某异步通信接口，每帧信息格式为 10 位，当接口每秒传送 1000 个字符时，其波特率为多少？
4. 串行口数据寄存器 SBUF 有什么特点？
5. 51 单片机串行口有几种工作方式？各自特点是什么？
6. 用 4 片 74HC164 扩展 32 位并行输出口组成流水灯，通过 51 单片机串行口控制，设计硬件电路，给出相应程序，流水灯的变化关系用户自己定义。
7. 设计一个双机通信系统，要求甲机输入的内容送乙机输出显示，乙机输入的内容送甲机输出显示。

第 8 章

51 系统扩展及接口技术

51 单片机内部集成了很多功能部件，只需要在外部连接简单的线路就可组建成单片机应用系统。特别是内部包含了程序存储器的 8051、8052 等芯片，只需要外接晶体振荡器、复位电路就可以构成可用的系统，这时芯片中集成的程序存储器、数据存储器、并行口、串行口、定时/计数器、中断等都能提供给用户使用，在一般情况下可满足用户要求。但在有些应用场合，51 单片机这些自身资源并不能完全满足用户要求，这时就需要对系统进行扩展。

8.1 51 单片机系统扩展概述

51 单片机有多种扩展方法，根据需要可选择多种芯片进行扩展。

8.1.1 51 单片机系统扩展方法

51 单片机系统扩展通常采用两种方法：并口扩展法和总线扩展法。

并口扩展就是通过 51 单片机的并行口直接连接外部设备。51 单片机有 4 个 8 位的并行 I/O 接口：P0、P1、P2 和 P3，既可以输入，也可以输出，既可 8 位处理，也可按位方式使用。输出时具有锁存能力，输入时具有缓冲功能。它们都可直接连接外部设备进行扩展，扩展后的外部设备通过用并口输入/输出方式使用。

总线扩展就是由 51 单片机的引脚产生外部总线，存储器或其他外部设备通过外部总线和 51 单片机连接。地址总线宽度为 16 位，寻址范围都为 64KB，由 P0 口经地址锁存器提供低 8 位（A7～A0），P2 口提供高 8 位（A15～A8）而形成。数据总线宽度为 8 位，由 P0 口直接提供。控制总线由复位信号 RST、片外程序存储器选择信号 EA、地址锁存信号 ALE、片外程序存储器读信号 $\overline{\text{PSEN}}$、片外数据存储器读信号线 $\overline{\text{RD}}$ 和片外数据存储器写信号线 $\overline{\text{WR}}$ 等组成。

51 单片机通过扩展的外部总线可实现对 64KB 片外程序存储器的读取，对 64KB 片外数据存储器的读和写。地址线和数据线两者共用，对片外程序存储器进行读取用 $\overline{\text{PSEN}}$ 信号；对片外数据存储器进行读、写用 $\overline{\text{RD}}$、$\overline{\text{WR}}$ 信号。通过它们既可以扩展存储器，也可扩展外部设备，通过片外程序存储器和片外数据存储器的方式进行访问。

扩展时单片机三总线与存储器芯片的三总线对应连接。

1. 数据线的连接

由于 51 单片机的数据总线是 8 位，存储器或外部设备也必须具有 8 位数据线，如果不足 8 位，必须通过相应的扩展方式补足 8 位。此时外部设备一般是并行处理方式，如果外部设备是串行处理方式，可通过用前面介绍的并口扩展法处理。连接时，存储器或外部设备的数据线与单片机的数据总线(P0.0～P0.7)按由低位到高位的顺序顺次相接。

2. 控制线的连接

对于只读存储器 ROM 和只能读的外部设备，只有读信号线，把它和 51 单片机的片外程序存储器读信号线 $\overline{\text{PSEN}}$ 相连即可，通过程序存储器读方式进行访问。

对于随机存储器 RAM 和可以进行读、写的外部设备，它们的读、写信号分别与 51 单片机的片外数据存储器读信号线 $\overline{\text{RD}}$ 和写信号线 $\overline{\text{WR}}$ 相连。通过外部数据存储器读写方式进行访问。

3. 地址线的连接

51 单片机地址总线宽度 16 位，存储器芯片和外部设备地址线一般不足 16 位。连接时，一般存储器芯片和外部设备的地址线与单片机的地址总线(A0～A15)按由低位到高位的顺序顺次相接。连接后，51 单片机的高位地址线总有剩余，剩余地址线一般作为译码线，译码输出与存储器芯片和外部设备的片选信号线 $\overline{\text{CE}}$ 相接。存储器芯片和外部设备有一根或几根片选信号线。对存储器芯片和外部设备访问时，片选信号必须有效，即选中存储器芯片或外部设备。存储器芯片和外部设备的片选信号线与 51 单片机的高位地址译码输出相连接，决定了存储器芯片和外部设备的地址。在存储器扩展中，单片机的剩余高位地址线的译码及译码输出与存储器芯片和外部设备的片选信号线的连接，是存储器扩展连接的关键问题。

译码有两种方法：部分译码法和全译码法。

(1) 部分译码

部分译码就是存储器芯片和外部设备的地址线与单片机的地址线顺次相接后，单片机剩余的高位地址线仅有一部分参加译码。参加译码的地址线对于选中某一存储器芯片和外部设备有一个确定的状态，而与不参加译码的地址线无关。也可以说，只要参加译码的地址线处于对某一存储器芯片和外部设备的选中状态，不参加译码的地址线的任意状态都可以选中该芯片。如此，部分译码使存储器芯片的地址空间有重叠，造成系统存储器空间的浪费。重叠的地址范围中每一个都能访问该芯片。部分译码的优点是译码电路简单。

(2) 全译码

全译码就是存储器芯片和外部设备的地址线与单片机系统的地址线顺次相接后，剩余的高位地址线全部参加译码。这种译码方法中存储器芯片和外部设备的地址空间是唯一确定的，但译码电路要相对复杂。

8.1.2　单片机常用扩展芯片

扩展时通常用到下面一些芯片。

1. 74LS373 地址锁存器芯片

74LS373 是常用的地址锁存器芯片，它实质上是一个带三态缓冲输出的 8D 触发器，它的引脚与结构如图 8-1 所示。D0～D7 为 8 个输入端，O0～O7 为 8 个输出端，LE 为数据锁存控制端，高电平有效，当 LE 为高电平时，8 个输入端 D0～D7 的数据锁存到 8 个 D 触发器中，$\overline{\text{OE}}$ 为输出允许端，低电平有效；当 $\overline{\text{OE}}$ 为低电平时，把锁存于 D 触发器中的数据通过输出端 O0～O7 输出。

2. 74LS244 数据缓冲器芯片

74LS244 是单向数据缓冲器，它的引脚与结构如图 8-2 所示，含有两个控制端 $\overline{1G}$ 和 $\overline{2G}$，当 $\overline{1G}$ 为低电平时，输入端 1A1～1A4 的数据通过 1Y1～1Y4 输出；当 $\overline{2G}$ 为低电平时，输入端 2A1～2A4 的数据通过 2Y1～2Y4 输出。通过内部结构可以看出 74LS244 只是一个三态门，控制端为低电平时，数据直接通过，不能锁存，但可增加负载的驱动能力。

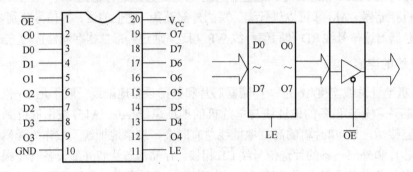

图 8-1　74LS373 引脚与内部结构图

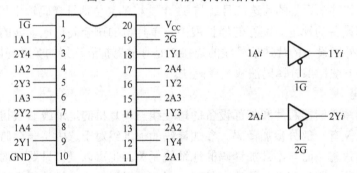

图 8-2　74LS244 引脚与内部结构图

3. 74LS138 译码器芯片

74LS138 是 3 输入 8 输出的 3-8 译码器芯片，它的引脚图如图 8-3 所示，真值表如表 8-1 所示，其中 C、B、A 为 3-8 译码器的 3 位输入端，$\overline{Y0}$～$\overline{Y7}$ 为 3-8 译码器的 8 位输出端，低电平有效。G1、$\overline{G2A}$、$\overline{G2B}$ 是 3 位控制端，当 G1 高电平、$\overline{G2A}$ 和 $\overline{G2B}$ 低电平时译码有效，8 位输出端可得到 3 位输入端的相应译码输出。

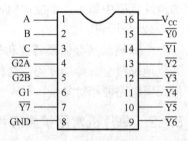

图 8-3　74LS138 引脚图

4. 2764 系列 EPROM 芯片

2764 系列是比较典型且应用较广的 EPROM 芯片，工作电压为+5V，编程电压为+25V。2764 系列 EPROM 芯片的存储容量为 8K×8 位，有 8K 个单元，每个单元 8 位，共 64K 位。这个系列还有 2716、2732、27128、27256 等，它们分别是 2K×8 至 256K×8 的 EPROM 芯片。前 2 位为系列号，后面为存储容量(以 K 为单位)。

这个系列芯片有两种封装：24 引脚和 28 引脚。图 8-4 为这个系列引脚的排列情况(2716 和 2732 为 24 引脚)。

表 8-1　74LS138 真值表（X 表示任取）

输入						输出							
G1	$\overline{G2A}$	$\overline{G2B}$	C	B	A	$\overline{Y7}$	$\overline{Y6}$	$\overline{Y5}$	$\overline{Y4}$	$\overline{Y3}$	$\overline{Y2}$	$\overline{Y1}$	$\overline{Y0}$
0	X	X	X	X	X	1	1	1	1	1	1	1	1
1	X	1	X	X	X	1	1	1	1	1	1	1	1
1	1	X	X	X	X	1	1	1	1	1	1	1	1
1	0	0	0	0	0	1	1	1	1	1	1	1	0
1	0	0	0	0	1	1	1	1	1	1	1	0	1
1	0	0	0	1	0	1	1	1	1	1	0	1	1
1	0	0	0	1	1	1	1	1	1	0	1	1	1
1	0	0	1	0	0	1	1	1	0	1	1	1	1
1	0	0	1	0	1	1	1	0	1	1	1	1	1
1	0	0	1	1	0	1	0	1	1	1	1	1	1
1	0	0	1	1	1	0	1	1	1	1	1	1	1

27256 32K×8	27128 16K×8	2764 8K×8	2732 4K×8	2716 2K×8
V_{PP}	V_{PP}	V_{PP}		
A12	A12	A12		
A7	A7	A7	A7	A7
A6	A6	A6	A6	A6
A5	A5	A5	A5	A5
A4	A4	A4	A4	A4
A3	A3	A3	A3	A3
A2	A2	A2	A2	A2
A1	A1	A1	A1	A1
A0	A0	A0	A0	A0
O0	O0	O0	O0	O0
O1	O1	O1	O1	O1
O2	O2	O2	O2	O2
GND	GND	GND	GND	GND

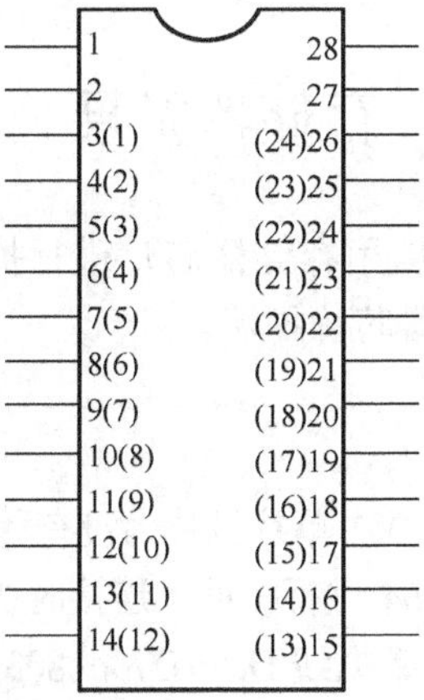

引脚：1–28，3(1)–14(12) 对 (24)26–(13)15

2716 2K×8	2732 4K×8	2764 8K×8	27128 16K×8	27256 32K×8
		V_{CC}	V_{CC}	V_{CC}
		$\overline{PGM}$	$\overline{PGM}$	$\overline{PGM}$
V_{CC}	V_{CC}	未用	未用	未用
A8	A8	A8	A13	A13
A9	A9	A9	A9	A9
V_{PP}	A11	A11	A11	A11
$\overline{OE}$	$\overline{OE}/V_{PP}$	$\overline{OE}$	$\overline{OE}$	$\overline{OE}$
A10	A10	A10	A10	A10
$\overline{CE}$	$\overline{CE}$	$\overline{CE}$	$\overline{CE}$	$\overline{CE}$
O7	O7	O7	O7	O7
O6	O6	O6	O6	O6
O5	O5	O5	O5	O5
O4	O4	O4	O4	O4
O3	O3	O3	O3	O3

图 8-4　2764 系列 EPROM 引脚图

2764 采用 28 引脚封装。由于有 8K 个存储单元，所以有 13 根地址线 A12～A0（$2^{13} = 8192 = 8K$），每个单元 8 位，所以有 8 根数据线 O7～O0。有三根控制信号线：片选信号 $\overline{CE}$、输出允许信号 $\overline{OE}$ 和编程控制信号 $\overline{PGM}$。这三根控制信号都为低电平有效。在片选信号 $\overline{CE}$ 为低电平的前提下，当输出允许信号 $\overline{OE}$ 为低电平，则由地址线 A12～A0 所选中的存储单元的数据通过数据线 O7～O0 送出。另外，工作电压 V_{CC} 接 +5V 电源，编程电压 V_{PP} 在 EPROM 编程时接 +25V 电源，其余时间接 +5V。GND 为接地端。

2764 是属于 EPROM，可以擦除重写，而且允许擦除的次数超过上万次。一片新的或擦除干净的 EPROM 芯片每一个存储单元的内容都是 FFH。要对一个使用过的 EPROM 进行编程，首先应将其放到专门的擦除器上进行擦除操作。擦除器利用紫外线光照射 EPROM 的石英窗口，一般经过 15～20min 即可擦除干净。擦除完毕后可读一下 EPROM 的每个单元，若其内容均为 FFH，就认为擦除干净了。

5. 6264 静态 RAM 芯片

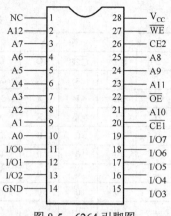

6264 是典型的静态随机读写存储 SRAM 芯片，存储容量为 8K×8 位，有 8K 个单元，每个单元 8 位，共 64K 位。28 引脚双列直插式封装。引脚情况如图 8-5 所示。

地址线 13 根 A12～A0，数据线 8 根 I/O7～I/O0。片选信号两个：片选信号 $\overline{CE1}$ 和片选信号 CE2，其中访问 6264 时 $\overline{CE1}$ 要接低电平，CE2 要接高电平。$\overline{WE}$ 为写允许信号，低电平有效。V_{CC} 为+5V 工作电压输入端。GND 为接地端。

6264 的操作由片选信号 $\overline{CE1}$、片选信号 CE2、写允许信号 $\overline{WE}$ 和读出允许信号 $\overline{OE}$ 一起控制。当片选信号 $\overline{CE1}$、

图 8-5　6264 引脚图

片选信号 CE2 和写允许信号 $\overline{WE}$ 接低电平，读出允许信号 $\overline{OE}$ 接高电平时，数据线 I/O7～I/O0 上的数据写入到由地址线 A12～A0 选中存储单元，实现写操作；当片选信号 $\overline{CE1}$、片选信号 CE2 和写允许信号 $\overline{WE}$ 接高电平，读出允许信号 $\overline{OE}$ 接低电平时，将地址线 A12～A0 选中的存储单元内容传送到数据线 I/O7～I/O0，实现读操作。

8.2　存储器扩展

当单片机的存储器空间不够时，可以用存储器芯片进行扩展。程序存储器用只读存储器芯片扩展，数据存储器用随机读写存储器芯片扩展。

8.2.1　程序存储器扩展

图 8-6 为单片机程序存储器的扩展，8031 单片机片内没有程序存储器，只能使用外部程序存储器，$\overline{EA}$ 接地。使用只读存储器芯片 2764 进行扩展。连接时 2764 的 13 条地址线 A12～A0 顺次和单片机的地址总线 A12～A0 相连接；数据线 D0～D7 和 8031 的数据总线 D0～D7 对应相连；输出允许控制线 $\overline{OE}$ 与单片机的 $\overline{PSEN}$ 信号线相连；选信号线 $\overline{CE}$ 接地。由于单片连接，未用到地址译码器，所以高 3 位地址线 A13、A14、A15 不连接，故有 $2^3 = 8$ 个重叠的 8KB 地址空间。

上述 8 个重叠的地址范围为：

(1) 0000000000000000～0001111111111111，即 0000H～1FFFH；

(2) 0010000000000000～0011111111111111，即 2000H～3FFFH；

(3) 0100000000000000～0101111111111111，即 4000H～5FFFH；

(4) 0110000000000000～0111111111111111，即 6000H～7FFFH；

(5) 1000000000000000～1001111111111111，即 8000H～9FFFH；

(6) 1010000000000000～1011111111111111，即 A000H～BFFFH；

(7) 1100000000000000～1101111111111111，即 C000H～DFFFH；

(8) 1110000000000000～1111111111111111，即 E000H～FFFFH。

图 8-7 为 4 片 2764 采用全译码法方式与 8031 单片机相连，扩展 32KB 的程序存储器。4 片 2764 的 13 条地址线 A12～A0 对应位并联，顺次与 8031 的地址总线 A12～A0 相连接。数据线 D0～D7 与 8031 的数据总线 D0～D7 并联。输出允许控制线 $\overline{OE}$ 与单片机的 $\overline{PSEN}$ 信号线相连；4 片 2764 的片选信号线 $\overline{CE}$ 分别与 8031 高 3 位地址总线 P2.7、P2.6、P2.5 连接的 74LS138

译码器的 4 个译码输出端 $\overline{Y0}$、$\overline{Y1}$、$\overline{Y2}$ 和 $\overline{Y3}$ 相连。由于采用全译码，每片 2764 的地址空间都是唯一的。

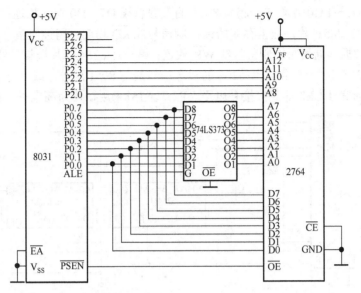

图 8-6　单片程序存储器芯片 2764 与 8031 单片机的扩展连接

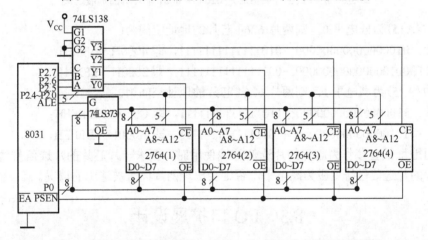

图 8-7　采用全译码法实现的 4 片 2764 与 8031 单片机的扩展连接

其地址空间分别为：

0000000000000000～0001111111111111，即 0000H～1FFFH；

0010000000000000～0011111111111111，即 2000H～3FFFH；

0100000000000000～0101111111111111，即 4000H～5FFFH；

0110000000000000～0111111111111111，即 6000H～7FFFH。

8.2.2　数据存储器的扩展

数据存储器用随机读写存储器芯片进行扩展。方法与程序存储器扩展基本相同，只是随机读写存储器芯片的控制信号是输出允许信号 $\overline{OE}$ 和写控制信号 $\overline{WE}$，扩展时与单片机的片外数据存储器的读控制信号 $\overline{RD}$ 和写控制信号 $\overline{WR}$ 相连，其他信号线的连接与程序存储器扩展完全相同。

图 8-8 是两片随机读写存储器芯片 6264 与 8051 单片机的扩展连接图。连接时,两片 6264 的 13 根地址线 A12～A0 并联在一起与 8051 的低 13 位地址总线 A12～A0 依次相连;两片 6264 的 8 根数据线 I/O7～I/O0 并联在一起与 8051 的数据总线 D7～D0 对应相连;输出允许信号线 $\overline{OE}$ 并联在一起与 8051 片外数据存储器读控制信号线 $\overline{RD}$ 相连;写控制信号线 $\overline{WE}$ 并联在一起与 8051 外数据存储器写控制信号线 $\overline{WR}$ 相连;第一片 6264 的片选信号线 $\overline{CE1}$ 与 8051 地址总线 P2.5(A13)直接相连,第二片 6264 的片选信号线与 8051 地址总线 P2.6(A14)直接相连;两片 6264 的片选信号 CE2 都直接接高电平。P2.7(A15)未用,可为高电平,也可为低电平。

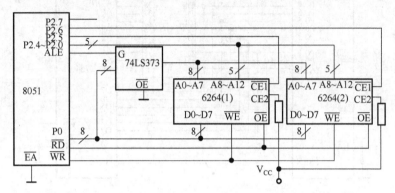

图 8-8　两片数据存储器芯片 6264 与 8051 单片机的扩展连接

若 P2.7(A15)为低电平 0,则两片 6264 芯片的地址空间为:

第一片:01000000000000000～01011111111111111,即 4000H～5FFFH;

第二片:00100000000000000～00111111111111111,即 2000H～3FFFH。

若 P2.7(A15)为高电平 1,则两片 6264 芯片的地址空间为:

第一片:11000000000000000～11011111111111111,即 C000H～DFFFH;

第二片:10100000000000000～10111111111111111,即 A000H～BFFFH。

分别用地址线直接作为芯片的片选信号线使用时,要求一片芯片的片选信号线为低电平时,另一片的片选信号线就应为高电平,否则会出现两片同时被选中的情况。

8.3　I/O 口扩展设计

51 单片机有 4 个并行 I/O 接口,每个 8 位,但这些 I/O 接口并不能全部提供给用户使用,只有对于片内有程序存储器的 8051/8751 单片机,在不扩展外部资源,不使用串行口、外中断、定时/计数器时,才能对 4 个并行 I/O 接口进行使用。如果片外要扩展,则 P0、P2 口用作数据、地址总线,P3 口中的某些位也要被用来作为第二功能信号线,这时留给用户的 I/O 线就很少了。因此,在大部分的 51 单片机应用系统中都要进行 I/O 扩展。

I/O 扩展接口的种类很多,按其功能可分为简单 I/O 接口和可编程 I/O 接口。简单 I/O 扩展通过数据缓冲器、锁存器来实现,结构简单、价格便宜,但只能实现简单功能。可编程 I/O 扩展通过可编程接口芯片来实现,电路复杂、价格相对较高,但功能强、使用灵活。在 51 单片机中,不论是简单 I/O 接口还是可编程 I/O 接口,都通过片外数据存储器方式扩展,与片外数据存储器统一编址,占用片外数据存储器的地址空间,通过片外数据存储器的访问方式进行访问。

本节将对简单 I/O 接口扩展和可编程 I/O 接口扩展分别进行介绍。

8.3.1 简单 I/O 口扩展

图 8-9 是利用 74LS373 和 74LS244 扩展的简单 I/O 接口，其中 74LS373 扩展并行输出口，74LS244 扩展并行输入口。图中 74LS373 的输出允许端 $\overline{\text{OE}}$ 直接接地，当 74LS373 输入端有数据来时直接通过输出端输出。数据锁存控制端 LE 是由 8051 单片机的写信号 $\overline{\text{WR}}$ 和 P2.0 通过或非门后相连，当执行向片外数据存储器的写指令时，指令中片外数据存储器的地址使 P2.0 为低电平，则数据锁存控制端 LE 有效，数据总线上的数据就送到 74LS373 的输出端。74LS244 的控制端 $\overline{1G}$ 和 $\overline{2G}$ 连在一起与 8051 单片机的读信号 $\overline{\text{RD}}$ 和 P2.0 通过或门后相连，当执行从片外数据存储器读的指令时，指令中片外数据存储器的地址使 P2.0 为低电平，则控制端 $\overline{1G}$ 和 $\overline{2G}$ 有效，74LS244 的输入端的数据通过输出端送到数据总线，然后传送到 8051 单片机的内部。

在图 8-9 中，扩展的输入口接了 S0～S7 共 8 个开关，扩展的输出口接了 L0～L7 共 8 个发光二极管，如果要通过 L0～L7 发光二极管显示 S0～S7 开关的状态，则相应的汇编程序为：

```
LOOP:   MOV  DPTR,#0FEFFH
        MOVX A,@DPTR
        MOVX @DPTR,A
        SJMP LOOP
```

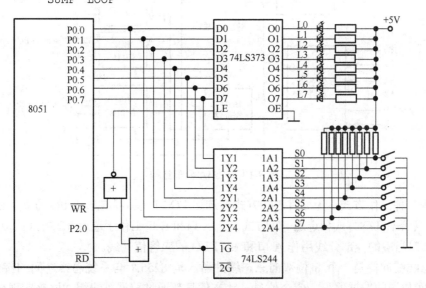

图 8-9 用 74LS373 和 74LS244 扩展的并行 I/O 接口

如果用 C 语言编程，则相应程序段为：

```
#include <absacc.h>        //定义绝对地址访问
#define uchar unsigned char
    ⋮
uchar i;
i=XBYTE[0xfeff];
XBYTE[0xfeff]= i;
    ⋮
```

程序中对扩展的 I/O 接口的访问直接通过片外数据存储器的读/写方式来进行。

8.3.2　8255 可编程并行接口芯片

8255A 是 8 位计算机中经常使用的可编程 I/O 接口扩展芯片。可扩展 3 个 8 位并行 I/O 接口 PA、PB、PC，扩展的并行接口有 3 种工作方式。

1. 8255A 的结构与功能

8255A 内部结构如图 8-10 所示。内部有 3 个可编程的并行 I/O 端口：PA 口、PB 口和 PC 口。每个口 8 位，提供 24 根 I/O 信号线。每个口都有一个数据输入寄存器和一个数据输出寄存器，输入时有缓冲功能，输出时有锁存功能。其中 C 口又可分为两个独立的 4 位端口：PC0～PC3 和 PC4～PC7。A 口和 C 口的高 4 位合在一起称为 A 组，通过图中的 A 组控制部件控制；B 口和 C 口的低 4 位合在一起称为 B 组，通过图中的 B 组控制部件控制。

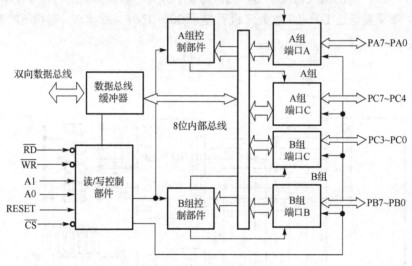

图 8-10　8255A 内部结构

A 口有 3 种工作方式：无条件 I/O 方式、选通 I/O 方式和双向选通 I/O 方式。B 口有两种工作方式：无条件 I/O 方式和选通 I/O 方式。当 A 口和 B 口工作于选通 I/O 方式或双向选通 I/O 方式时，C 口当中的一部分线用作 A 口和 B 口 I/O 的应答信号线。

数据总线缓冲器是一个 8 位双向三态缓冲器，是 8255A 与系统总线之间的接口，8255A 与 CPU 之间传送的数据信息、命令信息、状态信息都通过数据总线缓冲器来实现传送。

读/写控制部件接收 CPU 发送来的控制信号、地址信号，然后经译码选中内部的端口寄存器，并指挥从这些寄存器中读出信息或向这些寄存器中写入相应的信息。8255A 有 4 个端口寄存器：A 寄存器、B 寄存器、C 寄存器和控制口寄存器，通过控制信号和地址信号对这 4 个端口寄存器的操作如表 8-2 所示。

表 8-2　8255A 端口寄存器选择操作表

$\overline{CS}$	A1	A0	$\overline{RD}$	$\overline{WR}$	I/O 操作
0	0	0	0	1	读 A 口寄存器内容到数据总线
0	0	1	0	1	读 B 口寄存器内容到数据总线
0	1	0	0	1	读 C 口寄存器内容到数据总线
0	0	0	1	0	数据总线上内容写到 A 口寄存器

续表

$\overline{\text{CS}}$	A1	A0	$\overline{\text{RD}}$	$\overline{\text{WR}}$	I/O 操作
0	0	1	1	0	数据总线上内容写到 B 口寄存器
0	1	0	1	0	数据总线上内容写到 C 口寄存器
0	1	1	1	0	数据总线上内容写到控制口寄存器

8255A 内部的各个部分是通过 8 位内部总线连接在一起的。

2. 8255A 的引脚信号

8255A 共有 40 个引脚，采用双列直插式封装，如图 8-11 所示。各引脚信号线的功能如下：

D7～D0：三态双向数据线，与单片机的数据总线相连，用来传送数据信息。

$\overline{\text{CS}}$：片选信号线，低电平有效，用于选中 8255A 芯片。

$\overline{\text{RD}}$：读信号线，低电平有效，用于控制从 8255A 端口寄存器读出信息。

$\overline{\text{WR}}$：写信号线，低电平有效，用于控制向 8255A 端口寄存器写入信息。

A1，A0：地址线，用来选择 8255A 的内部端口。

PA7～PA0：A 口的 8 根 I/O 信号线，用于与外部设备连接。

PB7～PB0：B 口的 8 根 I/O 信号线，用于与外部设备连接。

PC7～PC0：C 口的 8 根 I/O 信号线，用于与外部设备连接。

RESET：复位信号线。

V_{CC}：+5V 电源线。

GND：地线。

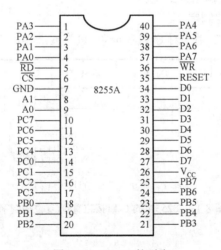

图 8-11　8255A 的引脚

3. 8255A 的控制字

8255A 有两个控制字：工作方式控制字和 C 口按位置位/复位控制字。这两个控制字都是通过向控制端口寄存器写入来实现的，通过写入内容的特征位来区分是工作方式控制字还是 C 口按位置位/复位控制字。

(1) 工作方式控制字

工作方式控制字用于设定 8255A 的 3 个端口的工作方式，它的格式如图 8-12 所示。

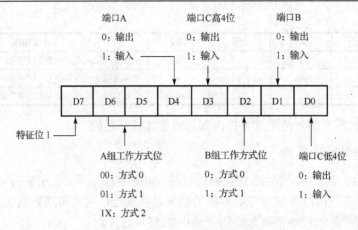

图 8-12　8255A 的工作方式控制字

其中各位含义如下：

D7：特征位。D7 = 1 表示为工作方式控制字。

D6、D5：A 组的工作方式位，选择情况如图 8-12 所示。

D4：A 口输入/输出方式位。

D3：C 口的高 4 位输入/输出方式位。

D2：B 组的工作方式位。

D1：B 口输入/输出方式位。

D0：C 口的低 4 位输入/输出方式位。

（2）C 口按位置位/复位控制字

C 口按位置位/复位控制字用于对 C 口各位置"1"或清零，它的格式如图 8-13 所示。

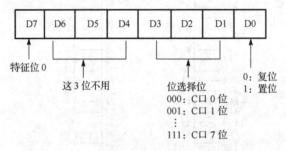

图 8-13　8255A 的 C 口按位置位/复位控制字

其中各位含义如下：

D7：特征位。D7 = 0 表示为 C 口按位置位/复位控制字。

D6、D5、D4：这 3 位不用。

D3、D2、D1：这 3 位用于选择 C 口当中的某一位，选择情况如图 8-13 所示。

D0：置位/复位设置，D0 = 0 则复位，D0 = 1 则置位。

4. 8255A 的工作方式

（1）方式 0

方式 0 是一种基本的 I/O 方式。在这种方式下，3 个端口都可以由程序设置为输入或输出，没有固定的应答信号。方式 0 的特点如下：

① 具有两个 8 位端口(A 口、B 口)和两个 4 位端口(C 口的高 4 位和 C 口的低 4 位);

② 任何一个端口都可以设定为输入或者输出;

③ 每一个端口输出时锁存,而输入时不锁存。

方式 0 在输入/输出时没有专门的应答信号,通常用于无条件传送。例如,图 8-14 就是 8255A 工作于方式 0 的例子,其中 A 口输入,B 口输出。A 口接开关 S0～S7,B 口接发光二极管 L0～L7,开关 S0～S7 是一组无条件输入设备,发光二极管 L0～L7 是一组无条件输出设备,要接收开关的状态直接读 A 口即可,要把信息通过二极管显示只需把信息直接送到 B 口即可。

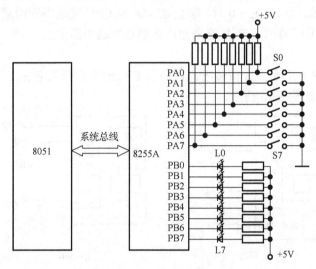

图 8-14　方式 0 无条件传送

(2)方式 1

方式 1 是一种选通 I/O 方式。在这种工作方式下,A 口和 B 口作为数据 I/O 口,C 口用作 I/O 的应答信号。A 口和 B 口既可以作为输入,也可以作为输出,输入和输出都具有锁存能力。

① 方式 1 输入

无论是 A 口作为输入还是 B 口作为输入,都用 C 口的 3 位作为应答信号,1 位作为中断允许控制位。具体结构如图 8-15 所示。

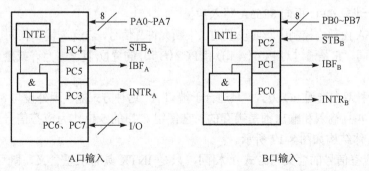

图 8-15　方式 1 输入结构

各应答信号的含义如下:

$\overline{\text{STB}}$:外设送给 8255A 的"输入选通"信号,低电平有效。当外设准备好数据时,就向 8255A 发送 $\overline{\text{STB}}$ 信号,把外设送来的数据锁存到输入数据寄存器中。

IBF：8255A 向外设发送的"输入缓冲器满"信号，高电平有效。此信号是对 $\overline{STB}$ 信号的响应信号。当 IBF = 1 时，8255A 通知外设送来的数据已锁存于 8255A 的输入锁存器中，但 CPU 还未取走，通知外设还不能发送新的数据。只有当 IBF = 0，输入缓冲器变空时，外设才能向 8255A 发送新的数据。

INTR：8255A 发送给 CPU 的"中断请求"信号，高电平有效。当 INTR = 1 时，向 CPU 发送中断请求，请求 CPU 从 8255A 中读取数据。

INTE：8255A 内部为控制中断而设置的"中断允许"信号。当 INTE = 1 时，允许 8255A 向 CPU 发送中断请求；当 INTE = 0 时，禁止 8255A 向 CPU 发送中断请求。INTE 由软件通过对 PC4(A 口)和 PC2(B 口)的置位/复位来允许或禁止发送中断请求。

② 方式 1 输出

无论是从 A 口输出还是从 B 口输出，也都用 C 口的 3 位作为应答信号，1 位作为中断允许控制位。具体结构如图 8-16 所示。

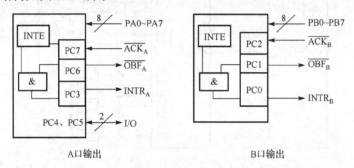

图 8-16　方式 1 输出结构

各应答信号的含义如下：

$\overline{OBF}$：8255A 发送给外设的"输出缓冲器满"信号，低电平有效。当 $\overline{OBF}$ 有效时，表示 CPU 已将一个数据写入 8255A 的输出端口，8255A 通知外设可以将其取走。

$\overline{ACK}$：外设发送给 8255A 的"应答"信号，低电平有效。当 $\overline{ACK}$ 有效时，表示外设已接收到从 8255A 端口送来的数据。

INTR：8255A 发送给 CPU 的"中断请求"信号，高电平有效。当 INTR = 1 时，向 CPU 发送中断请求，请求 CPU 再向 8255A 写入数据。

INTE：8255A 内部为控制中断而设置的"中断允许"信号，含义与输入相同，只是对应 C 口的位数与输入不同，它是通过对 PC4(A 口)和 PC2(B 口)的置位/复位来允许或禁止中断的。

(3) 方式 2

方式 2 是一种双向选通 I/O 方式。只适合于端口 A。这种方式能实现外设与 8255A 的 A 口的双向数据传送，并且输入和输出都是锁存的。它使用 C 口的 5 位作为应答信号，2 位作为中断允许控制位。具体结构如图 8-17 所示。

方式 2 各应答信号的含义与方式 1 相同，只是 INTR 具有双重含义，既可作为输入时向 CPU 的中断请求，也可作为输出时向 CPU 的中断请求。

5. 8255A 与 51 单片机的接口

(1) 硬件接口

图 8-18 所示就是 8255A 与 51 单片机的一种连接形式。

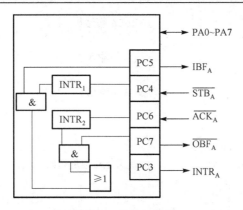

图 8-17　方式 2 结构

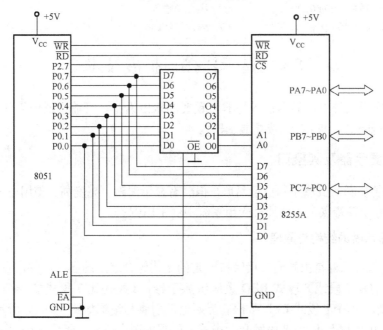

图 8-18　8255A 与单片机的连接

图 8-18 中 8255A 的数据线与 51 单片机的数据总线相连，读/写信号线对应相连，地址线 A0、A1 与 51 单片机的地址总线的 A0、A1 相连，片选信号线 $\overline{CS}$ 与 51 单片机的 P2.7 相连。8255A 的 A 口、B 口、C 口和控制口的地址分别是 7F00H、7F01H、7F02H 和 7F03H（高 8 位地址线未用的取 1，低 8 位地址线未用的取 0）。

(2) 软件编程

假设 8255A 扩展的并口连接外设的情况如图 8-14 所示，A 口接开关 S0～S7，B 口接发光二极管 L0～L7，因为开关是无条件输入设备，发光二极管是无条件输出设备，因而可设定 8255A 的 A 口为方式 0 输入，B 口为方式 0 输出，则 8255A 的工作方式控制字为 10010000B（90H），同时要求从 A 口读入开关状态并通过 B 口显示出来。相应程序如下：

汇编程序段：

```
MOV  A,#90H
MOV  DPTR,#7F03H
```

```
    MOVX  @DPTR,A              ;8255A 初始化
    MOV DPTR,#7F00H
    MOVX  A, @DPTR             ;从 A 口输入
    MOV DPTR,#7F01H
    MOVX  @DPTR,A             ;从 B 口输出
```

C 语言程序段:

```
#include <reg51.h>
#include <absacc.h>          //定义绝对地址访问
unsigned char i;
⋮
XBYTE[0x7f03]=0x90;          //8255A 初始化
i = XBYTE[0x7f00];          //从 A 口输入
XBYTE[0x7f01] = i;          //从 B 口输出
```

8.4　显示器接口扩展技术

在单片机应用系统中,显示设备是非常重要的输出设备。目前广泛使用的显示器件主要有 LED(数码管显示器)和 LCD(液晶显示器)。

8.4.1　LED 显示器及其接口

LED 数码管显示器虽然显示信息简单,但具有显示清晰、亮度高、使用电压低、寿命长、与单片机接口方便等特点,在单片机应用系统中经常用到。

1. LED 显示器的结构与原理

LED 数码管显示器是由发光二极管按一定的结构组合起来的显示器件。在单片机应用系统中通常使用的是 7 段或 8 段式 LED 数码管显示器,8 段式比 7 段式多一个小数点。这里以 8 段式来介绍,单个 8 段式 LED 数码管显示器的引脚与结构如图 8-19(a)所示,其中 a、b、c、d、e、f、g 和小数点 dp 为 8 段发光二极管,位置如图中所示,组成一个"日."形状。

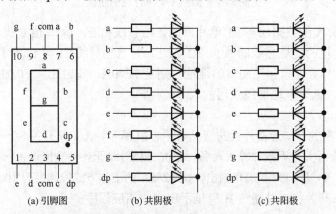

图 8-19　8 段式 LED 数码管引脚与结构

8 段发光二极管的连接有两种结构:共阴极和共阳极,如图 8-19(b)~(c)所示。其中,图 8-19(b)为共阴极结构,8 段发光二极管的阴极端连接在一起,阳极端分开控制,使用时公

共端接地，要使哪根发光二极管亮，则对应的阳极端接高电平；图 8-19 (c) 为共阳极结构，8 段发光二极管的阳极端连接在一起，阴极端分开控制，使用时公共端接电源，要使哪根发光二极管亮，则对应的阴极端接地。

　　LED 数码管显示器显示时，先要保证公共端有效，即共阴极结构公共端接低电平，共阳极结构公共端接高电平，这个过程我们称为选通数码管；然后在另外一端传送要显示数字的字形编码。LED 数码管显示数字的字形编码称为字段码(或显示码)，8 位数码管字段码为 8 位，从高位到低位的顺序依次为 dp、g、f、e、d、c、b、a。如共阴极数码管数字 "0" 的字段码为 00111111B(3FH)，共阳极数码管数字 "1" 的字段码为 11111001B(F9H)，不同数字或字符其字段码不一样，对于同一个数字或字符，共阴极结构和共阳极结构的字段码也不一样，共阴极和共阳极的字段码互为反码，常见的显示数字和字符的共阴极与共阳极的字段码如表 8-3 所示。

表 8-3　常见的显示数字和字符的共阴极与共阳极的字段码

显示字符	共阴极字段码	共阳极字段码	显示字符	共阴极字段码	共阳极字段码
0	3FH	C0H	C	39H	C6H
1	06H	F9H	D	5EH	A1H
2	5BH	A4H	E	79H	86H
3	4FH	B0H	F	71H	8EH
4	66H	99H	P	73H	8CH
5	6DH	92H	U	3EH	C1H
6	7DH	82H	T	31H	CEH
7	07H	F8H	Y	6EH	91H
8	7FH	80H	L	38H	C7H
9	6FH	90H	8.	FFH	00H
A	77H	88H	"灭"	00	FFH
B	7CH	83H	……	……	……

2. 译码方式

　　译码方式是 LED 数码管显示器使用时涉及的一个主要问题。所谓译码方式是指由显示字符转换得到对应的字段码的方式。对于 LED 数码管显示器，通常的译码方式有硬件译码方式和软件译码方式两种。

　　(1) 硬件译码方式

　　硬件译码方式是指利用专门的硬件电路来实现显示字符到字段码的转换，这样的硬件电路有很多，比如 Motorola 公司生产的 MC14495 芯片就是其中的一种。MC14495 是共阴极 1 位十六进制数——字段码转换芯片，能够输出用 4 位二进制数表示的 1 位十六进制数的 7 位字段码，不带小数点。它的内部结构如图 8-20 所示。

　　MC14495 内部由内部锁存器和译码驱动电路两部分组成，在译码驱动电路部分还包含一个字段码 ROM 阵列。内部锁存器用于锁存输入的 4 位二进制数以便提供给译码电路译码。译码驱动电路对锁存器的 4 位二进制数进行译码，产生送往 LED 数码管的 7 位字段码。引脚信号 $\overline{LE}$ 是数据锁存控制端，当 $\overline{LE}=0$ 时输入数据，当 $\overline{LE}=1$ 时数据锁存于锁存器中。A、B、C、D 为 4 位二进制数输入端，a～g 为 7 位字段码输出端，h+i 引脚为大于等于 10 的指示端，当输入数据大于等于 10 时，h+i 引脚为高电平，$\overline{VCR}$ 为输入为 15 的指示端，当输入数据为 15 时，$\overline{VCR}$ 为低电平。

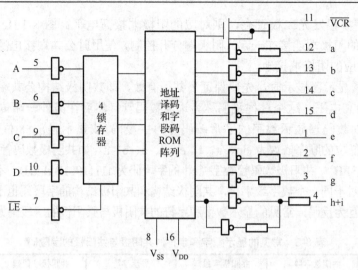

图 8-20　MC14495 的内部结构

硬件译码时，要显示一个数字，只需送出这个数字的 4 位二进制编码即可，软件开销较小，但硬件线路复杂，需要增加硬件译码芯片，因而硬件造价相对较高。

(2)软件译码方式

软件译码方式就是编写软件译码程序，通过译码程序来得到要显示的字符的字段码。译码程序通常为查表程序，软件开销较大，但硬件线路简单，因而在实际系统中经常用到。

3. LED 数码管的显示方式

显示方式是 LED 数码管显示器使用时涉及的另一个主要问题。显示方式通常有静态和动态两种。

(1)静态显示方式

LED 静态显示时，其公共端直接接地(共阴极)或接电源(共阳极)，各段选线分别与 I/O 接口线相连。要显示字符，直接在 I/O 线发送相应的字段码，如图 8-21 所示。

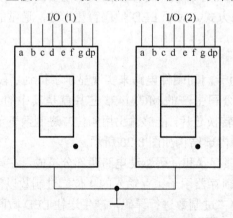

图 8-21　两个数码管静态显示

两个数码管的共阴极端直接接地，如果要在第一个数码管上显示数字 1，只要在 I/O(1) 发送 1 的共阴极字段码即可；如果要在第二个数码管上显示数字 2，只要在 I/O(2)发送 2 的字段码即可。

　　静态显示结构简单，显示方便，要显示某个字符，直接在 I/O 线上发送相应的字段码，但一个数码管需要 8 根 I/O 线，数码管个数少时，用起来方便，但如果数码管数目较多，就要占用很多的 I/O 线，所以当数码管数目较多时，往往采用动态显示方式。

　　(2)动态显示方式

　　LED 动态显示是将所有的数码管的段选线并接在一起，用一个 I/O 接口控制，公共端不是直接接地(共阴极)或电源(共阳极)，而是通过相应的 I/O 接口线控制。

　　图 8-22 所示是 4 位 LED 数码管动态显示图，4 个数码管的段选线并联在一起通过 I/O(1)控制，称为字段码口，它们的公共端不直接接地(共阴极)或电源(共阳极)，每个数码管的公共端与一根 I/O 线相连，通过 I/O(2)控制，称为位选口。设数码管为共阳极，它的工作过程为：第一步在位选口送位选码，使右边第一个数码管的公共端 D0 为 1，其余的数码管的公共端为 0，在字段码口送在右边第一个数码管上显示的字段码，右边第一个数码管显示，其余不显示；第二步在位选口送位选码，使右边第二个数码管的公共端 D1 为 1，其余的数码管的公共端为 0，在字段码口送在右边第二个数码管上显示的字段码，右边第二个数码管显示，其余不显示；依次类推，直到最后一个，这样 4 个数码管轮流显示相应的信息，一次循环完毕后，隔一段时间进行下一次循环，从计算机的角度看是一个一个地显示，但由于人的视觉暂留效应，只要循环的周期足够快，每秒钟显示的次数足够多，所有的数码管看起来都是同时显示，这就是动态显示的原理。

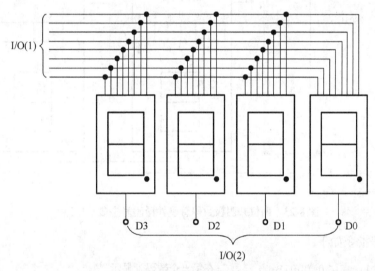

图 8-22　4 位 LED 数码管动态显示

　　数码管动态显示会遇到两方面的问题：亮度和闪烁。由于动态显示每秒钟只显示有限次数，如果显示的总时间太少，可能亮度就不够，看不清楚，处理办法可以在每位显示时加延时，让每位显示时间加长，这样就可增加显示的亮度。闪烁是由于显示时循环次数不够，不能满足人的视觉暂留特性，这可通过增加显示循环次数来达到。这两方面是相关的，实际使用中往往要通过调试以达到两者的平衡。

　　动态显示所用的 I/O 接口信号线少，线路简单，但软件开销大，需要 CPU 周期性地对它进行刷新，因此会占用 CPU 大量的时间。注意，我们在市场上买的 4 个或 8 个连接在一起的数码管，都是按动态方式连接的。

4．LED 显示器与单片机的接口

LED 显示器从译码方式上可分为硬件译码方式和软件译码方式，从显示方式上可分为静态显示方式和动态显示方式。在使用时可以把它们组合起来。在实际应用时，如果数码管个数较少，通常用硬件译码静态显示；在数码管个数较多时，通常用软件译码动态显示。

(1) 硬件译码静态显示

图 8-23 是一个两位共阴极数码管硬件译码静态显示的接口电路图。两片 MC14495 硬件译码芯片的输入端并接在一起与 P1 中的低 4 位相连，控制端 $\overline{LE}$ 分别接 P1.4 和 P1.5，MC14495 的输出端接数码管的段选线，数码管的公共端直接接地。操作时，如果使 P1.4 为低电平，通过 P1 口的低 4 位输出一个数字，则在第一个数码管显示相应的数字。如果使 P1.5 为低电平，通过 P1 口的低 4 位输出一个数字，则在第二个数码管显示相应的数字。操作非常简单。

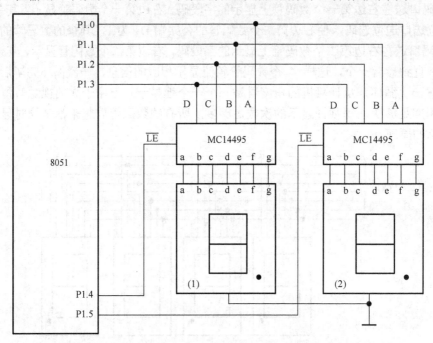

图 8-23　两位共阴极数码管硬件译码静态显示电路

相应的汇编指令如下：

```
MOV  P1, #0010 0001B          ;在第一个数码管显示"1"
MOV  P1, #0001 0010B          ;在第二个数码管显示"2"
```

(2) 软件译码动态显示

图 8-24 是一个 8 位软件译码动态显示的接口电路图，图中用 8255A 扩展并行 I/O 接口接数码管，数码管为共阴极，采用动态显示方式，8 位数码管的段选线并联，与 8255A 的 A 口相连，8 位数码管的公共端与 8255A 的 B 口相连。也即 8255A 的 B 口输出位选码选择要显示的数码管，8255A 的 A 口输出字段码使数码管显示相应的字符，8255A 的 A 口和 B 口都工作于方式 0 输出。A 口、B 口、C 口和控制口的地址分别为 7F00H、7F01H、7F02H 和 7F03H（高 8 位地址线未用的取 1，低 8 位地址线未用的取 0）。

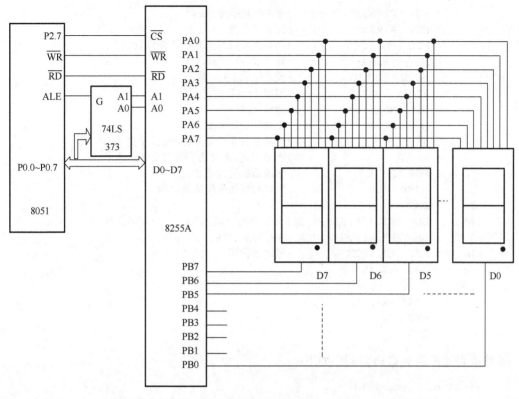

图 8-24 软件译码动态显示电路

软件译码动态显示汇编语言程序如下(设 8 个数码管的显示缓冲区为片内 RAM 的 57H～50H 单元):

```
            ORG  0000H
            LJMP MAIN
            ORG  0100H
    MAIN:   MOV A,#10000000B    ;8255 初始化，A、B 方式 0 输出
            MOV  DPTR,#7F03H     ;使 DPTR 指向 8255 控制寄存器端口
            MOVX @DPTR,A
            MOV A,#0             ;显示缓冲区 57H～50H 单元初始化为 7～0
            MOV  R2,#8
            MOV  R0,#50H
    LOOP:   MOV @R0,A
            INC R0
            INC A
            DJNZ R2,LOOP
    LOOP1:  LCALL DISPLAY        ;调用显示子程序
            SJMP LOOP1
            SJMP $
                                 ;动态显示子程序，循环显示一次
    DISPLAY:MOV R0,#57H          ;动态显示初始化,使 R0 指向缓冲区首地址
            MOV R3,#7FH          ;首位位选字送 R3
            MOV A,R3
    LD0:    MOV DPTR,#7F01H      ;使 DPTR 指向 PB 口
            MOVX @DPTR,A         ;从 PB 口送出位选字
```

```
              MOV   DPTR,#7F00H      ;使 DPTR 指向 PA 口
              MOV   A,@R0            ;读要显示数
              ADD   A,#0DH           ;调整距离段选码表首的偏移量
              MOVC  A,@A+PC          ;查表取得段选码
              MOVX  @DPTR,A          ;段选码从 PA 口输出
              ACALL DL1              ;调用 1ms 延时子程序
              DEC   R0               ;指向缓冲区下一单元
              MOV   A,R3             ;位选码送累加器 A
              JNB   ACC.0,LD1        ;判断 8 位是否显示完毕,显示完返回
              RR    A                ;未显示完,把位选字变为下一位选字
              MOV   R3,A             ;修改后的位选字送 R3
              AJMP  LD0              ;循环实现按位序依次显示
     LD1:     RET
     TAB:     DB    3FH,06H,5BH,4FH,66H,6DH,7DH,07H    ;字段码表
              DB    7FH,6FH,77H,7CH,39H,5EH,79H,71H
     DL1:     MOV   R7,#02H          ;延时子程序
     DL:      MOV   R6,#0FFH
     DL0:     DJNZ  R6,DL0
              DJNZ  R7,DL
              RET
              END
```

软件译码动态显示 C 语言程序如下:

```
    #include  <reg51.h>
    #include  <absacc.h>                    //定义绝对地址访问
    #define  uchar  unsigned  char
    #define  uint  unsigned  int
    void  delay(uint);                      //声明延时函数
    void  display(void);                    //声明显示函数
    uchar  disbuffer[8]={0,1,2,3,4,5,6,7};  //定义显示缓冲区
    void  main(void)
        {
        XBYTE[0x7f03]=0x80;                 //8255A 初始化
        while(1)
            {
            display();                      //设显示函数
            }
        }
    //************延时函数************
    void  delay(uint  i)                    //延时函数
    {
    uint  j;
    for  (j=0;j<i;j++){}
    }
    //***********显示函数***********
    void  display(void)                     //定义显示函数
    {
    uchar  codevalue[16]={0x3f,0x06,0x5b,0x4f,0x66,0x6d,0x7d,0x07,
    0x7f,0x6f,0x77,0x7c,0x39,0x5e,0x79,0x71};  //0~F 的字段码表
    uchar  chocode[8]={0xfe,0xfd,0xfb,0xf7,0xef,0xdf,0xbf,0x7f};  //位选码表
    uchar  i,p,temp;
```

```
for (i=0;i<8;i++)
    {
    temp=chocode[i];             //取当前的位选码
    XBYTE[0x7f01]=temp;          //送出位选码
    p=disbuffer[i];              //取当前显示的字符
    temp=codevalue[p];          //查得显示字符的字段码
    XBYTE[0x7f00]=temp;          //送出字段码
    delay(20);                   //延时 1ms
    }
}
```

8.4.2 LCD 显示器及其接口

LCD1602 是单片机应用系统中经常用到的液晶显示器模块，它具有工作电压低、微功耗、显示信息量大和接口方便等优点。

1. LCD1602 概述

LCD1602 是 2×16 字符型液晶显示模块，显示两行，每行 16 个字符，采用 5×7 点阵显示，工作电压 4.5～5.5V，工作电流 2.0mA（5.0V）。LCD1602 可采用标准的 14 引脚接口或 16 引脚接口，多出来的两条引脚是背光源正极 BLA（15 引脚）和背光源负极 BLK（16 引脚），其外观形状如图 8-25 所示。

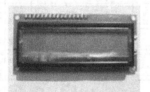 

(a) LCD1602 正面　　　　　　　　(b) LCD1602 背面

图 8-25　LCD1602 的外观

标准的 16 引脚接口如下：

第 1 引脚：V_{SS}，电源地。

第 2 引脚：V_{DD}，+5V 电源。

第 3 引脚：V_{EE}，液晶显示对比度调整输入端。接正电源时对比度最弱，接地时对比度最高。使用时通常通过一个 10kΩ 的电位器来调整对比度。

第 4 引脚：RS，数据/命令选择端，高电平时选择数据寄存器，低电平时选择指令寄存器。

第 5 引脚：R/$\overline{W}$，读/写选择端，高电平时进行读操作，低电平时进行写操作。当 RS 和 R/$\overline{W}$ 共同为低电平时，可以写入指令或者显示地址；当 RS 为低电平、R/$\overline{W}$ 为高电平时，可以读忙信号；当 RS 为高电平、R/$\overline{W}$ 为低电平时，可以写入数据。

第 6 引脚：E，使能端，当 E 为高电平时读取液晶模块的信息，当 E 端由高电平跳变成低电平时，液晶模块执行写操作。

第 7～14 引脚：D0～D7，为 8 位双向数据线。

第 15 引脚：BLA，背光源正极。

第 16 引脚：BLK，背光源负极。

2. LCD1602 的内部存储器

LCD1602 控制器采用 HD44780，内部带显示缓冲存储器 DDRAM、字符发生存储器（CGROM）和用户自定义的字符图形存储器 CGRAM。

HD44780 有 80 个字节的显示缓冲区，分两行，地址分别为 00H～27H，40H～67H，它们实际显示位置的排列顺序跟 LCD 的型号有关，LCD1602 的显示地址与实际显示位置的关系，如图 8-26 所示。

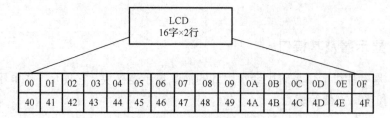

图 8-26　LCD1602 的显示地址与实际显示位置的关系图

HD44780 内藏的字符发生存储器（ROM）已经存储了 160 个不同的点阵字符图形，如图 8-27 所示。

![点阵字符图形表]

图 8-27　点阵字符图形

这些字符有阿拉伯数字、英文字母的大小写、常用的符号和日文假名等，每一个字符都有一个固定的代码。如数字"1"的代码是 00110001B（31H），又如大写的英文字母"A"的代码是 01000001B（41H），可以看出英文字母的代码与 ASCII 编码相同。要在 LCD 的某个位置显示符号，只需将显示的符号的 ASCII 码存入 DDRAM 的对应位置。如在 LCD1602 的第一行第二列显示"1"，只需将"1"的 ASCII 码 31H 存入 DDRAM 的 01 单元即可；在 LCD1602 的第二行第三列显示"A"，只需将"A"的 ASCII 码 41H 存入 DDRAM 的 42H 单元即可。

3. LCD1602 的指令

HD44780 控制器内有多个寄存器，多条指令，这些寄存器的读写通过 RS、R/$\overline{\text{W}}$ 和 E 共同决定，选择情况如表 8-4 所示。

表 8-4　HD44780 内部寄存器选择表

RS	R/$\overline{\text{W}}$	E	寄存器及操作
0	0	高脉冲	指令寄存器写入
0	1	1	忙标志和地址计数器读出
1	0	高脉冲	数据寄存器写入
1	1	1	数据寄存器读出

LCD1602 总共有 11 条指令，如表 8-5 所示。

表 8-5　LCD1602 指令表

序　号	功　能	RS	R/$\overline{\text{W}}$	D7	D6	D5	D4	D3	D2	D1	D0
1	清屏	0	0	0	0	0	0	0	0	0	1
2	光标复位	0	0	0	0	0	0	0	0	1	0
3	输入方式设置	0	0	0	0	0	0	0	1	I/D	S
4	显示开关控制	0	0	0	0	0	0	1	D	C	B
5	光标移位	0	0	0	0	0	1	S/C	R/L	*	*
6	功能设置	0	0	0	0	1	DL	N	F	*	*
7	CGRAM 地址设置	0	0	0	1	CGRAM 的地址					
8	DDRAM 地址设置	0	0	1	DDRAM 的地址						
9	读状态	0	1	BF	AC 的值						
10	写 DDRAM	1	0	写入的数据							
11	读 DDRAM	1	1	读出的数据							

说明：

指令 1：清屏命令。清除屏幕，将显示缓冲区 DDRAM 的内容全部写入空格（ASCII 20H）。光标复位，回到显示器的左上角。地址计数器 AC 清零。

指令 2：光标复位命令。光标复位，回到显示器的左上角。地址计数器 AC 清零。显示缓冲区 DDRAM 的内容不变。

指令 3：输入方式设置命令。设定当写入一个字节后，光标的移动方向及后面的内容是否移动。当 I/D＝1 时，光标从左向右移动；I/D＝0 时，光标从右向左移动。当 S＝1 时，内容移动；S＝0 时，内容不移动。

指令 4：显示开关控制命令。控制显示的开关，当 D＝1 时显示，D＝0 时不显示。控制光标开关，当 C＝1 时光标显示，C＝0 时光标不显示。控制字符是否闪烁，当 B＝1 时字符闪烁，B＝0 时字符不闪烁。

指令 5：光标移位命令。移动光标或整个显示字幕移位。当 S/C = 1 时整个显示字幕移位，当 S/C = 0 时只光标移位。当 R/L = 1 时光标右移，R/L = 0 时光标左移。

指令 6：功能设置命令。设置数据位数，当 DL = 1 时数据位为 8 位，DL = 0 时数据位为 4 位。设置显示行数，当 N = 1 时双行显示，N = 0 时单行显示。设置字形大小，当 F = 1 时为 5×10 点阵，F = 0 时为 5×7 点阵。

指令 7：设置字库 CGRAM 地址命令。设置用户自定义 CGRAM 的地址，对用户自定义 CGRAM 访问时，要先设定 CGRAM 的地址，地址范围为 0～63。

指令 8：显示缓冲区 DDRAM 地址设置命令。设置当前显示缓冲区 DDRAM 的地址，对 DDRAM 访问时，要先设定 DDRAM 的地址，地址范围为 0～127。

指令 9：读忙标志及地址计数器 AC 命令。读忙标志及地址计数器 AC 命令。当 BF = 1 时表示忙，这时不能接收命令和数据；当 BF = 0 时表示不忙。低 7 位为读出的 AC 的地址，值为 0～127。

指令 10：写 DDRAM 或 CGRAM 命令。向 DDRAM 或 CGRAM 当前位置中写入数据，写入后地址指针自动移动到下一个位置。对 DDRAM 或 CGRAM 写入数据之前必须设定 DDRAM 或 CGRAM 的地址。

指令 11：读 DDRAM 或 CGRAM 命令。从 DDRAM 或 CGRAM 当前位置中读出数据。当 DDRAM 或 CGRAM 读出数据时，必须先设定 DDRAM 或 CGRAM 的地址。

4．LCD1602 的编程与接口

LCD 显示器在使用之前必须根据具体配置情况进行初始化，初始化可在复位后完成。LCD1602 初始化过程一般如下：

(1) 清屏。清除屏幕，将显示缓冲区 DDRAM 的内容全部写入空格（ASCII 20H）。光标复位，回到显示器的左上角。地址计数器 AC 清零。

(2) 功能设置。设置数据位数，根据 LCD1602 与处理器的连接选择（LCD1602 与 51 单片机连接时一般选择 8 位），设置显示行数（LCD1602 为双行显示）。设置字形大小（LCD1602 为 5×7 点阵）。

(3) 开/关显示设置。控制光标显示、字符是否闪烁等。

(4) 输入方式设置。设定光标的移动方向及后面的内容是否移动。

初始化后就可用 LCD 进行显示，显示时应根据显示的位置先定位，即设置当前显示缓冲区 DDRAM 的地址，再向当前显示缓冲区写入要显示的内容，如果连续显示，则可连续写入显示的内容。由于 LCD 是外部设备，处理速度比 CPU 的速度慢，向 LCD 写入命令到完成功能需要一定的时间，在这个过程中，LCD 处于忙状态，不能向 LCD 写入新的内容。LCD 是否处于忙状态可通过读忙标志命令来了解。另外，由于 LCD 执行命令的时间基本固定，而且比较短，因此也可以通过延时等待命令完成后再写入下一个命令。

图 8-28 是 LCD1602 与 8051 单片机的接口图，图中 LCD1602 的数据线与 8051 的 P2 口相

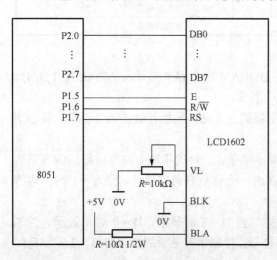

图 8-28　LCD1602 与 8051 单片机的接口图

连，RS 与 8051 的 P1.7 相连，R/$\overline{\text{W}}$ 与 8051 的 P1.6 相连，E 端与 8051 的 P1.5 相连。编程实现在 LCD 显示器的第 1 行、第 4 列开始显示"HELLO!"。

汇编语言程序：

```
            RS    BIT   P1.7
            RW    BIT   P1.6
            E     BIT   P1.5

            ORG   00H
            AJMP  START

            ORG   50H
            ;主程序
    START:  MOV   SP,#50H
            ACALL INIT
            MOV   A,#10000011B          ;写入显示缓冲区起始地址为第 1 行第 3 列
            ACALL WC51R
            MOV   A,#'H'                ;第 1 行第 3 列显示字母'H'
            ACALL WC51DDR
            MOV   A,#'E'                ;第 1 行第 4 列显示字母"E"
            ACALL WC51DDR
            MOV   A,#'L'                ;第 1 行第 5 列显示字母'L'
            ACALL WC51DDR
            MOV   A,#'L'                ;第 1 行第 6 列显示字母'L'
            ACALL WC51DDR
            MOV   A,#'O'                ;第 1 行第 7 列显示字母'O'
            ACALL WC51DDR
            MOV   A,#'!'                ;第 1 行第 8 列显示字母'!'
            ACALL WC51DDR
    LOOP:   AJMP  LOOP
            ;初始化子程序
    INIT:   MOV   A,#00000001H          ;清屏
            ACALL WC51R
            MOV   A,#00111000B          ;使用 8 位数据,显示两行,使用 5×7 的字型
            LCALL WC51R
            MOV   A,#00001100B          ;显示器开,光标关,字符不闪烁
            LCALL WC51R
            MOV   A,#00000110B          ;字符不动,光标自动右移一格
            LCALL WC51R
            RET
            ;读状态,检查忙子程序
    F_BUSY: PUSH  ACC                   ;保护现场
            MOV   P2,#0FFH
            CLR   RS
            SETB  RW
    WAIT:   CLR   E
            SETB  E
```

```
        JB   P2.7,WAIT           ;忙,等待
        POP  ACC                 ;不忙,恢复现场
        RET
        ;写入命令子程序
WC51R:  ACALL F_BUSY
        CLR  E
        CLR  RS
        CLR  RW
        SETB E
        MOV  P2,ACC
        CLR  E
        RET
        ;写入数据子程序
WC51DDR:ACALL F_BUSY
        CLR  E
        SETB RS
        CLR  RW
        SETB E
        MOV  P2,ACC
        CLR  E
        RET
        END
```

C 语言编程：

```
#include <reg51.h>
#define uchar unsigned char
sbit  RS=P1^7;
sbit  RW=P1^6;
sbit  E=P1^5;
void  init(void);
void  wc51r(uchar  i);
void  wc51ddr(uchar  i);
void  fbusy(void);
//主函数
void  main()
{
SP=0x50;
init();
wc51r(0x83);                //写入显示缓冲区起始地址为第 1 行第 3 列
wc51ddr('H');               //第 1 行第 3 列显示字母'H'
wc51ddr('E');               //第 1 行第 4 列显示字母'E'
wc51ddr('L');               //第 1 行第 5 列显示字母'L'
wc51ddr('L');               //第 1 行第 6 列显示字母'L'
wc51ddr('O');               //第 1 行第 7 列显示字母'O'
wc51ddr('!');               //第 1 行第 8 列显示字母'!'
while(1);
}
```

```
//初始化函数
void  init()
{
wc51r(0x01);                    //清屏
wc51r(0x38);                    //使用 8 位数据,显示两行,使用 5×7 的字型
wc51r(0x0c);                    //显示器开,光标关,字符不闪烁
wc51r(0x06);                    //字符不动,光标自动右移一格
}
//读状态,检查忙函数
void  fbusy()
{
P2=0Xff;RS=0;RW=1;
E=0;E=1;
while (P2&0x80){E=0;E=1;}    //忙,等待
}
//写命令函数
void  wc51r(uchar  j)
{
fbusy();
E=0;RS=0;RW=0;
E=1;
P2=j;
E=0;
}
//写数据函数
void  wc51ddr(uchar  j)
{
fbusy();
E=0;RS=1;RW=0;
E=1;
P2=j;
E=0;
}
```

8.5　键盘接口设计

在一个单片机应用系统中,键盘和显示设备是必不可少的输入/输出设备,是单片机系统与用户对话的界面。

8.5.1　键盘工作原理

1. 键盘的基本原理

键盘实际上是一组按键开关的集合,平时按键开关总是处于断开状态,当按下开关键时它才闭合,按下后可向计算机产生一脉冲波。按键开关的结构和产生的波形如图 8-29 所示。

在图 8-29(a)中,当按键开关未按下时,开关处于断开状态,向 P1.1 输入高电平;当按键

开关按下时，开关处于闭合状态，向 P1.1 输入低电平。因此可通过读入 P1.1 的高、低电平状态来判断按键开关是否按下。

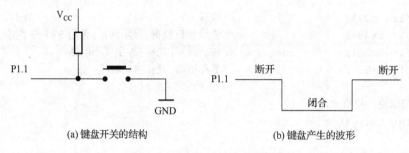

(a) 键盘开关的结构   (b) 键盘产生的波形

图 8-29　键盘开关及波形示意图

2. 抖动的消除

在单片机应用系统中，通常按键开关为机械式开关，由于机械触点的弹性作用，一个按键开关在闭合时往往不会马上稳定地接通，断开时也不会马上断开，而是在闭合和断开的瞬间伴随着一串的抖动，其波形如图 8-30 所示。按下键位时产生的抖动称为前沿抖动，松开键位时产生的抖动称为后沿抖动。如果对抖动不作处理，会出现按一次键而输入多次的情况，为确保按一次键只确认一次，必须消除按键抖动。消除按键抖动通常有硬件消抖和软件消抖两种方法。

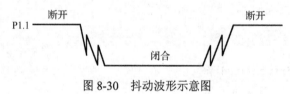

图 8-30　抖动波形示意图

硬件消抖是通过在按键输出电路上添加一定的硬件线路来消除抖动，一般采用 R-S 触发器或单稳态电路，图 8-31 是由两个与非门组成的 R-S 触发器消抖电路。平时，没有按键时，开关倒向下方，上面的与非门输入高电平，下面的与非门输入低电平，输出端输出高电平。当按下按键时，开关倒向上方，上面的与非门输入低电平，下面的与非门输入高电平，由于 R-S 触发器的反馈作用，使输出端迅速的变为低电平，而不会产生抖动波形，而当按键松开时，开关回到下方时也一样，输出端迅速的回到高电平而不会产生抖动波形。经过图中的 R-S 触发器消抖后，输出端的信号就变为标准的矩形波。

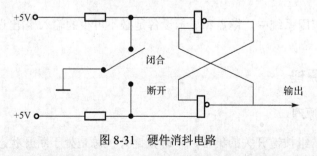

图 8-31　硬件消抖电路

软件消抖是利用延时程序消除抖动。由于抖动时间都比较短，因此可以这样处理：当检测到有键按下时，执行一段延时程序跳过抖动，再去检测，通过两次检测来识别一次按键，这样就可以消除前沿抖动的影响。对于后沿抖动，由于在接收一个键位后，一般都要经过一定时间再去检测有无按键，这样就自然跳过后沿抖动时间而消除后沿抖动了。当然在第二次检测时有可能发现又没有键按下，这是怎么回事呢？这种情况一般是线路受到外部电路干扰使输入端产生干扰脉冲，这时就认为没有键输入。

3. 键盘的分类

单片机应用系统的键盘可分为两类：独立式键盘和矩阵键盘。

独立式键盘就是各按键相互独立，每个按键各接一根 I/O 接口线，每根 I/O 接口线上的按键都不会影响其他的 I/O 接口线。独立式键盘如图 8-32 所示。独立式键盘的电路配置灵活，使用简单，通过检测 I/O 接口线的电平状态就可以很容易地判断出哪个按键被按下了。在按键数量不多时，经常采用这种形式。

矩阵键盘往往又叫行列键盘。用两组 I/O 接口线排列成行、列结构，一组设定为输入，另一组设定为输出，键位设置在行、列线的交点上，按键的一端接行线，另一端接列线。图 8-33 是由 4 根行线和 4 根列线组成的 4×4 矩阵键盘，行线为输入，列线为输出，可管理 4×4=16 个键。矩阵键盘的处理一般注意两个方面：键位的编码和键位的识别。

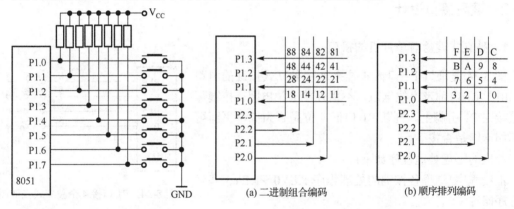

图 8-32　独立式键盘结构图　　　　　图 8-33　矩阵键盘结构图

（1）键位的编码

矩阵键盘的编码通常有两种：二进制组合编码和顺序排列编码。

① 二进制组合编码如图 8-33（a）所示，每一根行线有一个编码，每一根列线也有一个编码，图 8-33（a）中行线的编码从下到上分别为 1、2、4、8，列线的编码从右到左分别为 1、2、4、8，每个键位的编码直接用该键位的行线编码和列线编码组合一起得到。4×4 键盘从右到左，从下到上的键位编码分别是：11H 、12H、14H、18H、21H、22H、24H、28H、41H、42H、44H、48H、81H、82H、84H、88H。这种编码过程简单，但得到的编码复杂，不连续，处理起来不方便。

② 顺序排列编码如图 8-33（b）所示，每一行有一个行首码，每一列有一个列号，4 行的行首码从下到上分别为 0、4、8、12，4 列的列号从右到左分别是 0、1、2、3。每个键位的编码用行首码加列号得到，即编码 = 行首码+列号。这种编码虽然编码过程复杂，但得到的编码简单、连续，处理起来方便，现在矩阵键盘一般都采用顺序编码的方法。

（2）键位的识别

矩阵式键盘键位的识别可分为两步：第一步是检测键盘上是否有键按下；第二步是识别哪一个键按下。

① 检测键盘上是否有键按下的处理方法是：将列线送入全扫描字，读入行线的状态来判别。其具体过程如下：P2 口低 4 位输出都为低电平，然后读连接行线的 P1 口低 4 位，如果读入的内容都是高电平，说明没有键按下，则不用做下一步；如果读入的内容不全为 1，则说明有键按下，再做第二步，识别是哪一个键按下。

② 识别键盘中哪一个键按下的处理方法是：将列线逐列置成低电平，检查行输入状态，称为逐列扫描。其具体过程如下：从 P2.0 开始，依次输出"0"，置对应的列线为低电平，其他列为高电平，然后从 P1 低 4 位读入行线状态。在扫描某列时，如果读入的行线全为"1"，则说明按下的键不在此列；如果读入的行线不全为"1"，则按下的键必在此列，而且在该列与"0"电平行线相交的交点上。

为求取编码，在逐列扫描时，可用计数器记录下当前扫描列的列号，检测到第几行有键按下，就用该行的行首码加列号得到当前按键的编码。

矩阵键盘占用的 I/O 接口线数目少，如图 8-33 中 4×4 矩阵键盘总共只用了 8 根 I/O 接口线，比独立式键盘少了一半的 I/O 接口线，而且键位越多，情况越明显。因此，在按键数量较多时，往往采用矩阵式键盘。

8.5.2 键盘接口设计

1. 独立式键盘与单片机的接口

图 8-34 是通过 P1 口低 4 位接 4 个独立式按键的电路图。由于 P1 内部带上拉电阻，不用外接上拉电阻，按键可直接接在 P1 引脚上。判断 P1 口低 4 位是否为低电平即可判断相应键是否按下。

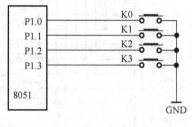

图 8-34　P1 口接 4 个独立式按键图

相应的键盘处理程序如下：

汇编程序(这里各按键的处理程序 KEY0～KEY3 和延时程序略)：

```
KEYSUB: JB  P1.0, NEXT1      ;如果 K0 没有按下检测 K1
        LCALL  DEL10MS       ;延时消抖
        JB  P1.0, NEXT1      ;再检测，判断是否为干扰
        LCALL  KEY0          ;K0 按下，调用 K0 的处理程序
NEXT1:  JB  P1.1, NEXT2      ;如果 K1 没有按下检测 K2
        LCALL  DEL10MS       ;延时消抖
        JB  P1.1, NEXT2      ;再检测，判断是否为干扰
        LCALL  KEY1          ;K1 按下，调用 K1 的处理程序
NEXT2:  JB  P1.2, NEXT3      ;如果 K2 没有按下检测 K3
        LCALL  DEL10MS       ;延时消抖
        JB  P1.2, NEXT3      ;再检测，判断是否为干扰
        LCALL  KEY2          ;K2 按下，调用 K2 的处理程序
NEXT3:  JB  P1.3, KEYEND     ;如果 K3 没有按下结束，返回主程序
        LCALL  DEL10MS       ;延时消抖
        JB  P1.3, KEYEND     ;再检测，判断是否为干扰
        LCALL  KEY3          ;K3 按下，调用 K3 的处理程序
KEYEND: RET
```

C 语言程序[这里各按键的处理函数 key0( )～key3( )和延时函数 delay(10)略]：

```
#include   <reg51.h>
sbit   K0=P1^0;
sbit   K1=P1^1;
sbit   K2=P1^2;
sbit   K3=P1^3;
……
if  (K0==0)  { delay(10);if  (K0==0)  key0( );}
if  (K1==0)  { delay(10);if  (K1==0)  key1( );}
if  (K2==0)  { delay(10);if  (K2==0)  key2( );}
if  (K3==0)  { delay(10);if  (K3==0)  key3( );}
……
```

2. 矩阵式键盘与单片机的接口

图 8-35 是通过 8255A 芯片扩展的并行 I/O 接口连接 2×8 的矩阵式键盘。按键设置在行、列线的交点上，行、列线分别连接到按键开关的两端。PA 口接 8 根列线，PC 口低 2 位接行线，PA 口为输出，PC 口低 2 位为输入。

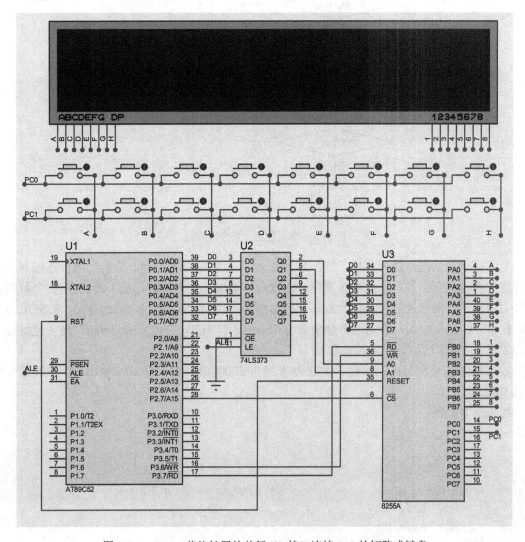

图 8-35　8255A 芯片扩展的并行 I/O 接口连接 2×8 的矩阵式键盘

该矩阵键盘的处理过程如下：首先，通过8255A的PA口送全扫描字00H，使所有的列为低电平，读入PC口低2位，判断是否有键按下。其次，如果有键按下，再通过PA口依次送列扫描字，将列线逐列置为低电平，读入PC口行线状态，判断按下的键是在哪一列的哪一行上面，然后通过行首码加列号得到当前按键的编码。该矩阵式键盘的扫描子程序流程图如图8-36所示。

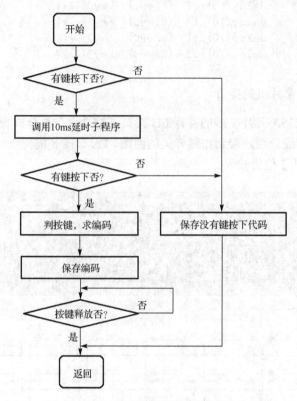

图 8-36　键盘扫描子程序流程图

为了便于测试键盘是否正确，图8-35中添加了8个LED数码管，它们的硬件连接与软件程序在前面已经介绍过，这里不再重复。通过数码管显示按下的键，按下的键在8个数码管的最右边显示，而原来的内容依次左移。根据图8-35中8255A与8051的连接，8255A的A口、B口、C口和控制口的地址可分别取为7F00H、7F01H、7F02H和7F03H（高8位地址线未用的取1，低8位地址线未用的取0）。

在主程序中对8255A初始化。设定为A口方式0输出，B口方式0输出，C口的低2位方式0输入。

汇编语言程序：

```
      ORG  0000H
      LJMP MAIN
      ORG  0100H
MAIN:MOV A,#0                ;显示缓冲区57H～50H单元初始化为7～0
      MOV R2,#8
      MOV R0,#50H
LOOP:  MOV @R0,A
```

```
          INC  R0
          INC  A
          DJNZ R2,LOOP
          MOV  A,#10000001B      ;8255 初始化
          MOV  DPTR,#7F03H       ;使 DPTR 指向 8255 控制寄存器端口
          MOVX @DPTR,A
LOOP1:    ACALL  KEYSUB          ;调用键盘子程序
          CJNE   R2,#0FFH,NEXT
          SJMP   NEXT1
NEXT:     MOV 50H,51H            ;显示缓冲区左移
          MOV 51H,52H
          MOV 52H,53H
          MOV 53H,54H
          MOV 54H,55H
          MOV 55H,56H
          MOV 56H,57H
          MOV 57H,R2
NEXT1:    ACALL DISPLAY          ;调用显示子程序
          SJMP LOOP1
          SJMP  $
;无键按下，R2 返回 FFH，有键按下，R2 返回键码
KEYSUB:   ACALL  KS1             ;调用判断有无键按下子程序
          JNZ LK1                ;有键按下时,(A)≠0 转消抖延时
          AJMP NOKEY             ;无键按下返回
LK1:ACALL  TM6                   ;调用 10ms 延时子程序
          ACALL  KS1             ;查有无键按下,若真有键按下
          JNZ  LK2               ;键(A)≠ 0 逐列扫描
NOKEY:MOV R2,#0FFH               ;不是真有键按下,R2 中放无键代码 FFH
          AJMP  KEYOUT           ;返回
LK2:MOV  R3,#0FEH                ;初始列扫描字(0 列)送入 R3
          MOV R4,#00H            ;初始列(0 列)号送入 R4
LK3:MOV  DPTR,#7F00H             ;DPTR 指向 8255PA 口
          MOV  A,R3              ;列扫描字送至 8255PA 口
          MOVX @DPTR,A
          INC  DPTR             ;DPTR 指向 8255PC 口
          INC  DPTR
          MOVX A,@DPTR           ;从 8255 PC 口读入行状态
          JB ACC.0,LONE         ;查第 0 行无键按下,转查第 1 行
          MOV A,#00H            ;第 0 行有键按下,行首键码#00H→A
          AJMP LKP               ;转求键码
LONE: JB ACC.1,KNEXT            ;查第 1 行无键按下,转查第 2 行
          MOV A,#08H            ;第 1 行有键按下,行首键码#08H→A
LKP:ADD  A,R4                    ;求键码,键码=行首键码+列号
          MOV R2,A               ;键码放入 R2 中
LK4:ACALL  KS1                   ;等待键释放
          JNZ  LK4               ;键未释放,等待
KEYOUT: RET                      ;键扫描结束,出口状态 R2:无键按下为 FFH,有键按下为键码
```

```
KNEXT:INC  R4              ;准备扫描下一列,列号加1
    MOV  A,R3              ;取列扫描字送累加器 A
    JNB  ACC.7,NOKEY       ;判断 8 列扫描完否?
    RL   A                 ;扫描字左移一位,变为下一列扫描字
    MOV  R3,A             ;扫描字送入 R3 中保存
    AJMP LK3              ;转下一列扫描
KS1:MOV  DPTR,#7F00H       ;DPTR 指向 8255PA 口
    MOV  A,#00H            ;全扫描字→A
    MOVX @DPTR,A          ;全扫描字送往 8255PA 口
    INC  DPTR             ;DPTR 指向 8255PC 口
    INC  DPTR
    MOVX A,@DPTR          ;读入 PC 口行状态
    CPL  A                 ;变正逻辑,以高电平表示有键按下
    ANL  A,#03H            ;屏蔽高 4 位,只保留低 4 位行线值
    RET                   ;出口状态:(A)≠0 时有键按下

TM12ms: MOV  R7,#14H       ;延时 10 ms 子程序
TM:     MOV  R6,#0FFH
TM6:    DJNZ R6,TM6
    DJNZ R7,TM
    RET
;显示子程序,显示缓冲区 57H~50H 的内容在 8 个数码管上显示一次
DISPLAY:MOV  R0,#57H       ;动态显示初始化,使 R0 指向缓冲区首地址
    MOV  R3,#7FH          ;首位位选字送 R3
    MOV  A,R3
DP0:  MOV  DPTR,#7F01H;使 DPTR 指向 PB 口
    MOVX @DPTR,A          ;从 PB 口送出位选字
    MOV  DPTR,#7F00H      ;使 DPTR 指向 PA 口
    MOV  A,@R0            ;读要显示数
    ADD  A,#0DH           ;调整距离段选码表首的偏移量
    MOVC A,@A+PC          ;查表取得段选码
    MOVX @DPTR,A          ;段选码从 PA 口输出
    ACALL DL1             ;调用 1ms 延时子程序
    DEC  R0              ;指向缓冲区下一单元
    MOV  A,R3            ;位选码送累加器 A
    JNB  ACC.0,DP1        ;判断 8 位是否显示完毕,显示完返回
    RR   A               ;未显示完,把位选字变为下一位选字
    MOV  R3,A            ;修改后的位选字送 R3
    AJMP DP0             ;循环实现按位序依次显示
DP1:RET
TAB:DB  3FH,06H,5BH,4FH,66H,6DH,7DH,07H  ;字段码表
    DB  7FH,6FH,77H,7CH,39H,5EH,79H,71H

DL1:MOV  R7,#02H          ;延时子程序
DL: MOV  R6,#0FFH
DL0:DJNZ R6,DL0
    DJNZ R7,DL
```

```
        RET
        END
```

C 语言键盘扫描子程序：

```c
#include <reg51.h>
#include <absacc.h>              //定义绝对地址访问
#define uchar unsigned char
#define uint unsigned int
void delay(uint);               //声明延时函数
void display(void);             //声明显示函数
uchar checkkey(void);           //检测有无键按下函数，有返回 0，无返回 0xff
uchar keyscan(void);            //键盘扫描函数，如果有键按下，则返回该键的编码，
                                //如果无键按下，则返回 0xff
uchar disbuffer[8]={0,1,2,3,4,5,6,7};      //定义显示缓冲区
void main(void)
{
uchar key;
XBYTE[0x7f03]=0x81;             //8255A 初始化
while(1)
{
key=keyscan();                  //调用键盘函数
if( key!=0xff)                  //显示缓冲区左移
    {disbuffer[0]=disbuffer[1];
    disbuffer[1]=disbuffer[2];
    disbuffer[2]=disbuffer[3];
    disbuffer[3]=disbuffer[4];
    disbuffer[4]=disbuffer[5];
    disbuffer[5]=disbuffer[6];
    disbuffer[6]=disbuffer[7];
    disbuffer[7]=key;
    }
display();                      //调用显示函数
}
}


//***********延时函数***********
void delay(uint i)              //延时函数
{uint j;
for (j=0;j<i;j++){}
}
//**********显示函数
void display(void)              //定义显示函数
{uchar
codevalue[16]={0x3f,0x06,0x5b,0x4f,0x66,0x6d,0x7d,0x07,0x7f,0x6f,0x77,
0x7c,0x39,0x5e,0x79,0x71};      //0～F 的字段码表
uchar chocode[8]={0xfe,0xfd,0xfb,0xf7,0xef,0xdf,0xbf,0x7f};    //位选码表
uchar i,p,temp;
for (i=0;i<8;i++)
{
XBYTE[0x7f01]=0xff;
p=disbuffer[i];                 //取当前显示的字符
```

```
temp=codevalue[p];            //查得显示字符的字段码
XBYTE[0x7f00]=temp;           //送出字段码
temp=chocode[i];              //取当前的位选码
XBYTE[0x7f01]=temp;           //送出位选码
delay(20);                    //延时 1ms
}
}
//***********检测有无键按下函数***********
uchar  checkkey()             //检测有无键按下函数, 有返回 0, 无返回 0xff
{uchar i;
XBYTE[0x7f00]=0x00;
i=XBYTE[0x7f02];
i=i&0x0f;
if  (i==0x0f)  return(0xff);
else  return(0);
}
//***********键盘扫描函数***********
uchar  keyscan()              //键盘扫描函数, 如果有键按下, 则返回该键的编码,
                              //  如果无键按下, 则返回 0xff
{uchar  scancode;             //定义列扫描码变量
uchar  codevalue;            //定义返回的编码变量
uchar  m;                    //定义行首编码变量
uchar  k;                    //定义行检测码
uchar  i,j;
if  (checkkey()==0xff)  return(0xff);      //检测有无键按下, 无返回 0xff
else
{delay(20);                   //延时
if(checkkey()==0xff)  return(0xff);        //检测有无键按下, 无返回 0xff
else
{
scancode=0xfe;               //列扫描码, 行首码赋初值
for  (i=0;i<8;i++)
{k=0x01;
XBYTE[0x7f00]=scancode;      //送列扫描码
m=0x00;
for  (j=0;j<2;j++)
{if  ((XBYTE[0x7f02]&k)==0)  //检测当前行是否有键按下
{codevalue=m+i;              //按下, 求编码
while  (checkkey()!=0xff);   //等待键位释放
return(codevalue);           //返回编码
}
else
{k=k<<1;m=m+8;}              //行检测码左移一位,计算下一行的行首编码
}
scancode=scancode<<1;        //列扫描码左移一位, 扫描下一列
}
}
}
}
```

8.6　D/A、A/D 转换器与 51 单片机的接口

计算机控制系统中，有一些设备要求用模拟量进行控制，D/A 转换器的作用是把数字量转换成模拟量，这样就可以通过计算机对被控设备进行控制。A/D 转换器的作用是把模拟量转换成数字量，以便于输入计算机进行处理。

8.6.1　DAC0832 与 51 单片机的接口

1. DAC0832 芯片概述

DAC0832 是采用 CMOS 工艺制成的电流型 8 位 T 形电阻解码网络 D/A 转换器芯片。分辨率为 8 位，满刻度误差为 ±1LSB，线性误差为 ±0.1%，建立时间为 1μs，功耗为 20mW。其数字输入端具有双重缓冲功能，可以双缓冲、单缓冲或直通方式输入。DAC0832 与单片机接口方便，转换控制容易，价格便宜，在实际工作中广泛使用。

2. DAC0832 的内部结构

DAC0832 的内部结构如图 8-37 所示。由 8 位输入寄存器、8 位 DAC 寄存器、8 位 D/A 转换器和控制逻辑电路组成。其中：8 位输入寄存器接收从外部发送来的 8 位数字量，锁存于内部锁存器中；8 位 DAC 寄存器从 8 位输入寄存器中接收数据，并能把接收的数据锁存于内部锁存器中；8 位 D/A 转换器对 8 位 DAC 寄存器发送来的数据进行转换，转换的结果通过 I_{out1} 和 I_{out2} 输出。8 位输入寄存器和 8 位 DAC 寄存器都分别有自己的控制端 $\overline{LE1}$ 和 $\overline{LE2}$，$\overline{LE1}$ 和 $\overline{LE2}$ 通过相应的控制逻辑电路控制。通过它们，DAC0832 可以很方便地实现双缓冲、单缓冲或直通方式处理。

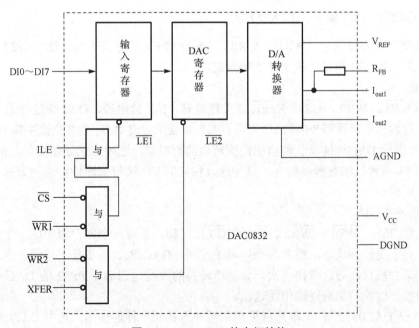

图 8-37　DAC0832 的内部结构

3. DAC0832 的引脚

DAC0832 有 20 个引脚，采用双列直插式封装，如图 8-38 所示。

各引脚信号线的功能如下：

DI0～DI7（DI0 为最低位）：8 位数字量输入端。

ILE：数据允许控制输入线，高电平有效。

$\overline{CS}$：片选信号。

$\overline{WR1}$：写信号线 1。

$\overline{WR2}$：写信号线 2。

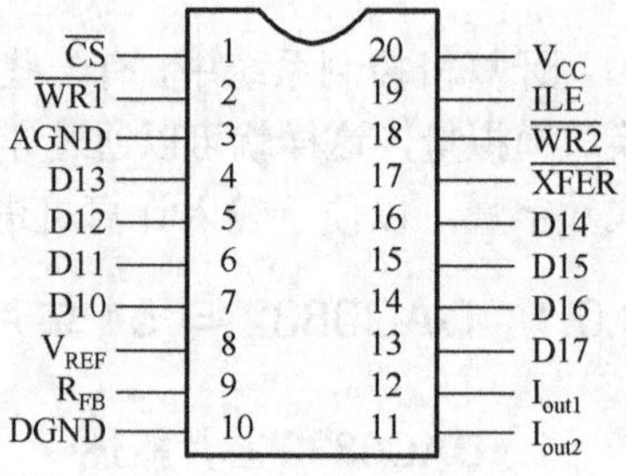

图 8-38　DAC0832 的引脚图

$\overline{XFER}$：数据传送控制信号输入线，低电平有效。

R_{FB}：片内反馈电阻引出线，反馈电阻集成在芯片内部，该电阻与内部的电阻网络相匹配。R_{FB} 端一般直接接到外部运算放大器的输出端，相当于将反馈电阻接在运算放大器的输入端和输出端之间，将输出的电流转换为电压输出。

I_{out1}：模拟电流输出线 1，它是数字量输入为"1"的模拟电流输出端。当输入数字量为全 1 时，其值最大，约为 V_{REF}；当输入数字量为全 0 时，其值最小，为 0。

I_{out2}：模拟电流输出线 2，它是数字量输入为"0"的模拟电流输出端。当输入数字量为全 0 时，其值最大，约为 V_{REF}；当输入数字量为全 1 时，其值最小，为 0。I_{out1} 加 I_{out2} 等于常数（V_{REF}）。采用单极性输出时，I_{out2} 常常接地。

V_{REF}：基准电压输入线。电压范围为–10～+10V。

V_{CC}：工作电源输入端，可接+5～+15V 电源。

AGND：模拟地。

DGND：数字地。

4. DAC0832 与 51 单片机的连接方式

通过改变控制引脚 ILE、$\overline{WR1}$、$\overline{WR2}$、$\overline{CS}$ 和 $\overline{XFER}$ 的连接方法，DAC0832 与 51 单片机之间有直通、单缓冲和双缓冲 3 种连接方式。

（1）直通方式

当引脚 $\overline{WR1}$、$\overline{WR2}$、$\overline{CS}$、$\overline{XFER}$ 直接接地时，ILE 接电源，DAC0832 工作于直通方式下，此时，8 位输入寄存器和 8 位 DAC 寄存器都直接处于导通状态，当 8 位数字量一到达 DI0～DI7，就立即进行 D/A 转换，从输出端得到转换的模拟量。这种方式处理简单，但 DI0～DI7 不能直接和 51 单片机的数据线相连，只能通过独立的 I/O 接口来连接。这种方式在单片机应用系统中使用较少。

（2）单缓冲方式

通过连接 ILE、$\overline{WR1}$、$\overline{WR2}$、$\overline{CS}$ 和 $\overline{XFER}$ 引脚，使得两个寄存器中的一个处于直通状态，另一个处于受控制状态，或者两个同时被控制，DAC0832 就工作于单缓冲方式。对于单缓冲方式，单片机只需对它操作一次，就能将转换的数据送到 DAC0832 的 DAC 寄存器，并立即开始转换，转换结果通过输出端输出。

图 8-39 是 DAC0832 与 51 单片机采用单缓冲方式的一种连接图，其中 DAC0832 的 $\overline{WR2}$ 和 $\overline{XFER}$ 引脚直接接地，ILE 引脚接电源，$\overline{WR1}$ 引脚接 8051 的片外数据存储器写信号线 $\overline{WR}$，$\overline{CS}$ 引脚接 8051 的片外数据存储器地址线最高位 A15（P2.7），DI0～DI7 与 8051 的 P0 口（数据

总线)相连。因此，DAC0832 的输入寄存器受 8051 控制导通，DAC 寄存器直接导通，当 8051 向 DAC0832 的输入寄存器写入转换的数据时，就直接通过 DAC 寄存器送 D/A 转换器开始转换，转换结果通过输出端输出。

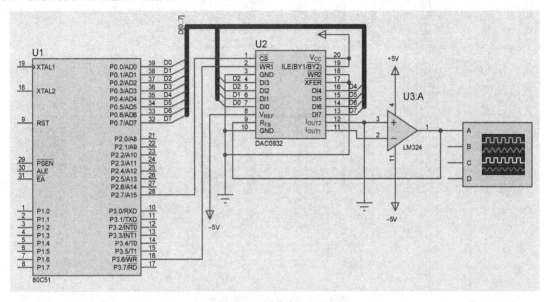

图 8-39　单缓冲方式的连接

(3) 双缓冲方式

当 8 位输入寄存器和 8 位 DAC 寄存器分开控制导通时，DAC0832 工作于双缓冲方式，此时单片机对 DAC0832 的操作先后分为两步：第一步，使 8 位输入寄存器导通，将 8 位数字量写入 8 位输入寄存器中；第二步，使 8 位 DAC 寄存器导通，8 位数字量从 8 位输入寄存器送入 8 位 DAC 寄存器。第二步只使 DAC 寄存器导通，在数据输入端写入的数据无意义。通常通过双缓冲方式实现多片 DAC0832 和单片机之间进行连接，实现多路模拟信号输出。

图 8-40 是两片 DAC0832 与 MCS-51 单片机采用双缓冲方式的一种连接图，其中两片 DAC0832 的 ILE 都接电源，数据线 DI0～DI7 并联与 8051 的 P0 口(数据总线)相连，两片 DAC0832 的 $\overline{WR1}$ 和 $\overline{WR2}$ 都与 8051 的片外数据存储器写信号线 $\overline{WR}$ 相连，第一片 DAC0832 的 $\overline{CS}$ 引脚与 8051 的 P2.6 相连，第二片 DAC0832 的 $\overline{CS}$ 引脚与 8051 的 P2.7 相连，两片 DAC0832 的 $\overline{XFER}$ 连接在一起与 8051 的 P2.5 相连。也即，两片 DAC0832 的输入寄存器分开控制，而 DAC 寄存器一起控制。使用时，8051 先分别向两片 DAC0832 的输入寄存器写入转换的数据，再让两片 DAC0832 的 DAC 寄存器一起导通，则两个输入寄存器中的数据分别写入 DAC 寄存器一起开始转换，转换结果通过输出端同时输出，这样实现两路模拟量同时输出。

5. DAC0832 的应用

D/A 转换器在实际中经常作为波形发生器使用，通过它可以产生各种各样的波形。D/A 转换器产生波形的原理如下：利用 D/A 转换器输出模拟量与输入数字量成正比这一特点，通过程序控制 CPU 向 D/A 转换器送出随时间呈一定规律变化的数字，则 D/A 转换器输出端就可以输出随时间按一定规律变化的波形。

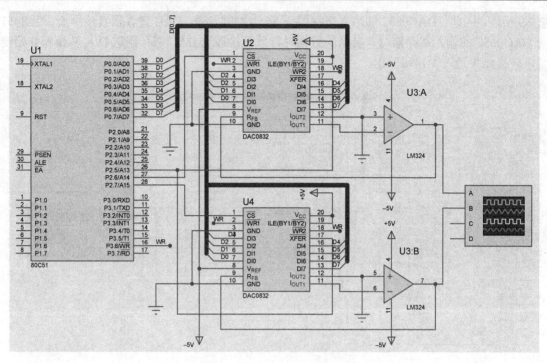

图 8-40　双缓冲方式的连接

【例 8-1】　根据图 8-39 编程。从 DAC0832 输出端分别产生三角波、方波和正弦波。

根据图 8-39 的连接，DAC0832 的输入寄存器通过片外数据存储器方式使用，地址可取 7FFFH(无关的地址位都取成 1)。

汇编语言编程：

三角波：

```
        ORG 0000H
        LJMP  MAIN
        ORG 0100H
MAIN:   MOV     DPTR,#7FFFH
        CLR A
LOOP1:  MOVX  @DPTR,A
        INC A
        CJNE  A,#0FFH,LOOP1
LOOP2:  MOVX  @DPTR,A
        DEC A
        JNZ LOOP2
        SJMP  LOOP1
        END
```

方波：

```
        ORG 0000H
        LJMP  MAIN
        ORG 0100H
MAIN:   MOV     DPTR,#7FFFH
```

```
LOOP:    MOV  A,#00H
         MOVX  @DPTR,A
         ACALL  DELAY
         MOV   A,#0FFH
         MOVX   @DPTR,A
         ACALL  DELAY
         SJMP LOOP
DELAY:   MOV  R7,#0FFH
         DJNZ  R7,$
         RET
         END
```

正弦波：

```
         ORG 0000H
         LJMP  MAIN
         ORG 0100H
MAIN:    MOV R1,#63              ;单位周期内共 64 个采样输出
SIN:     MOV DPTR,#TAB
         MOV A,R1
         MOVC   A,@A+DPTR        ;查找正弦代码
         MOV    DPTR,#7FFFH
         MOVX   @DPTR,A          ;输出
         NOP
         DJNZ   R1,SIN
         SJMP   MAIN
TAB:     DB   80H,8CH,98H,0A5H,0B0H,0BCH,0C7H,0D1H    ;正弦代码表
         DB   0DAH,0E2H,0EAH,0F0H,0F6H,0FAH,0FDH,0FFH
         DB   0FFH,0FFH,0FDH,0FAH,0F6H,0F0H,0EAH,0E3H
         DB   0DAH,0D1H,0C7H,0BCH,0B1H,0A5H,99H,8CH
         DB   80H,73H,67H,5BH,4FH,43H,39H,2EH
         DB   25H,1DH,15H,0FH,09H,05H,02H,00H
         DB   00H,00H,02H,05H,09H,0EH,15H,1CH
         DB   25H,2EH,38H,43H,4EH,5AH,66H,73H
         END
```

C 语言编程：

三角波：

```
#include  <absacc.h>            //定义绝对地址访问
#define  uchar  unsigned char
#define  DAC0832  XBYTE[0x7FFF]
void main()
{
uchar  i;
while(1)
{
for (i=0;i<0xff;i++)
{DAC0832=i;}
```

```
for (i=0xff;i>0;i--)
{DAC0832=i;}
}
}
```

方波：

```
#include  <absacc.h>          //定义绝对地址访问
#define  uchar  unsigned char
#define  DAC0832  XBYTE[0x7FFF]
void  delay(void);
void  main()
{
uchar  i;
while(1)
{
DAC0832=0;                    //输出低电平
delay();                      //延时
DAC0832=0xff;                 //输出高电平
delay();                      //延时
}
}
void  delay()                 //延时函数
{
uchar  i;
for (i=0;i<0xff;i++) {;}
}
```

正弦波：

```
#include  <absacc.h>          //定义绝对地址访问
#define  uchar  unsigned char
#define  DAC0832  XBYTE[0x7FFF]
uchar sindata[64]=
        {0x80,0x8c,0x98,0xa5,0xb0,0xbc,0xc7,0xd1,
         0xda,0xe2,0xea,0xf0,0xf6,0xfa,0xfd,0xff,
         0xff,0xff,0xfd,0xfa,0xf6,0xf0,0xea,0xe3,
         0xda,0xd1,0xc7,0xbc,0xb1,0xa5,0x99,0x8c,
         0x80,0x73,0x67,0x5b,0x4f,0x43,0x39,0x2e,
         0x25,0x1d,0x15,0xf,0x9,0x5,0x2,0x0,0x0,
         0x0,0x2,0x5,0x9,0xe,0x15,0x1c,0x25,0x2e,
         0x38,0x43,0x4e,0x5a,0x66,0x73};    //正弦代码表
void delay(uchar m)                        //延时函数
{   uchar i;
    for(i=0;i<m;i++);
    }
void main(void)
{uchar k;
 while(1)
```

```
    {   for(k=0;k<64;k++)
        { DAC0832=sindata[k];                    //查找正弦代码并输出
        delay(1);
        }
    }
}
```

8.6.2　ADC0809 与 8051 的接口

1. ADC0809 芯片概述

ADC0809 是 8 位 CMOS 逐次逼近型 A/D 转换器，采用单一的+5V 电源供电，工作温度范围宽，最小误差为±1LSB，每片 ADC0809 有 8 路模拟量输入通道，带转换启停控制，输入模拟电压范围为 0～+5V，不需零点和满刻度校准，转换时间为 100μs，功耗低，约为 15mW。

2. ADC0809 的内部结构

ADC0809 由 8 路模拟通道选择开关、地址锁存与译码器、比较器、8 位开关树形 D/A 转换器、逐次逼近型寄存器、定时和控制电路和三态输出锁存器等组成。内部结构如图 8-41 所示。其中：8 路模拟通道选择开关的功能是从 8 路输入模拟量中选择一路送给后面的比较器；地址锁存与译码器用于当 ALE 信号有效时锁存从 ADDA、ADDB、ADDC 三根地址线上送来三位地址，译码后形成当前模拟通道的选择信号送给 8 路模拟通道选择开关；比较器、8 位开关树形 D/A 转换器、逐次逼近型寄存器、定时和控制电路组成 8 位 A/D 转换器，当 START 信号由高电平变为低电平，启动转换，同时 EOC 引脚由高电平变为低电平，经过 8 个 CLOCK 时钟，转换结束，转换得到的数字量送到 8 位三态锁存器，同时 EOC 引脚回到高电平。当 OE 信号输入高电平时，保存在三态输出锁存器中的转换结果可通过数据线 D0～D7 送出。

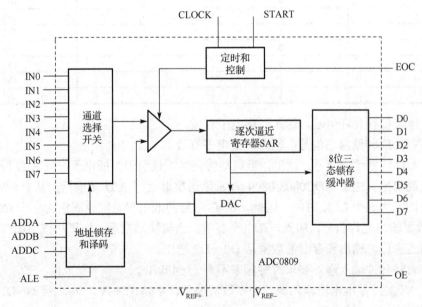

图 8-41　ADC0809 的内部结构图

3. ADC0809 的引脚

ADC0809 芯片有 28 条引脚，采用双列直插式封装，如图 8-42 所示。

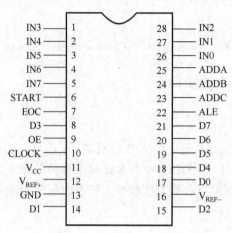

图 8-42 ADC0809 的引脚图

各引脚信号线的功能如下：

IN0～IN7：8 路模拟量输入端。

D0～D7：8 位数字量输出端。

ADDA、ADDB、ADDC：3 位地址输入线，用于选择 8 路模拟通道中的一路，选择情况见表 8-6。

表 8-6 ADC0809 通道地址选择表

ADDC	ADDB	ADDA	选择通道
0	0	0	IN0
0	0	1	IN1
0	1	0	IN2
0	1	1	IN3
1	0	0	IN4
1	0	1	IN5
1	1	0	IN6
1	1	1	IN7

ALE：地址锁存允许信号，输入，高电平有效。

START：A/D 转换启动信号，输入，高电平有效。

EOC：A/D 转换结束信号，输出。当启动转换时，该引脚为低电平，当 A/D 转换结束时，该引脚输出高电平。由于 ADC0808/0809 为 8 位逐次逼近型 A/D 转换器，从启动转换到转换结束的时间固定为 8 个 CLK 时钟，因此，EOC 信号的低电平宽度也固定为 8 个 CLK 时钟。

OE：数据输出允许信号，输入，高电平有效。当转换结束后，如果从该引脚输入高电平，则打开输出三态门，输出锁存器的数据从 D0～D7 送出。

CLK：时钟脉冲输入端。要求时钟频率不高于 640kHz。

V_{REF+}、V_{REF-}：基准电压输入端。在多数情况下，V_{REF+} 接+5V，V_{REF-} 接 GND。

V_{CC}：电源，接+5V 电源。

GND：地。

4．ADC0809 的工作流程

ADC0809 的工作流程如图 8.43 所示。

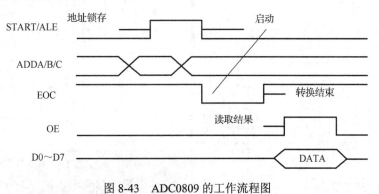

图 8-43　ADC0809 的工作流程图

（1）输入 3 位地址，并使 ALE＝1，将地址存入地址锁存器中，经地址译码器译码从 8 路模拟通道中选通一路模拟量送到比较器。

（2）送 START 一高脉冲，START 的上升沿使逐次逼近寄存器复位，下降沿启动 A/D 转换，并使 EOC 信号为低电平。

（3）当转换结束时，转换的结果送入到三态输出锁存器，并使 EOC 信号回到高电平，通知 CPU 已转换结束。

（4）当 CPU 知道 ADC0809 转换结束，通过执行读数据指令，使 OE 为高电平，则从输出端 D0～D7 读出数据。

CPU 对 ADC0809 转换结束的了解可通过三种方式：延时方式、查询方式和中断方式。由于 ADC0809 从启动转换到转换结束固定通过 8 个 CLK 时钟，CPU 只要通过延时，延时 8 个 CLK 时钟，就肯定知道转换结束，再去读取结果，这是延时方式。把转换结束 EOC 信号接到单片机一根并口线，启动转换后，查询单片机并口线，如果变为高电平，说明转换结束，读取转换结果，这就是查询方式。把转换结束 EOC 信号接到单片机外中断请求端，转换结束后向单片机提出中断请求，在中断服务中读入转换结果，这就是中断方式。在中断方式中，由于转换结束时 EOC 信号是由低电平变为高电平，产生上升沿，而单片机的外中断请求为下降沿有效，因此 EOC 信号要通过一个反相器再接到单片机的外中断请求端。

5．ADC0809 与 51 单片机的接口

图 8-44 所示的是 ADC0809 与 8051 的一种接口电路图。图中，ADC0809 的数据线 D0～D7 与 8051 的 P0 对应相连。地址线 ADDA、ADDB、ADDC 接地，直接选中 0 通道。锁存信号 ALE 和启动信号 START 连接在一起与 8051 的 P3.0 相连。输出允许信号 OE 接 8051 的 P3.1。转换结束信号 EOC 接 8051 的 P3.2，通过查询方式检测是否转换结束。时钟信号 CLOCK 接8051 的 P3.7，由 8051 的定时/计数器 0 工作于方式 2 定时，定时时间为 10μs，时间到后对 P3.7取反，产生 50kHz 周期性信号。基准电压正端 V_{REF+} 接+5V 电源，负端 V_{REF-} 接地。在输入通道 IN0 接模拟量输入，最大值为+5V，对应数字量为 255，最小值 0 对应数字量为 0。为了显示转换结果，在 8051 单片机的 P1 口和 P2 口接了 4 个共阳极 LED 数码管，采用动态方式显示，P1 口输出字段码，P2 口的低 4 位输出位选码，数码管通过固定定时方式显示，由 8051定时/计数器 1 产生 20ms 的周期性定时，定时时间到后对 4 个数码管依次显示一次。

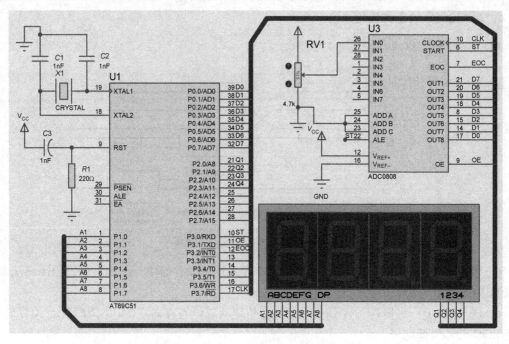

图 8-44　ADC0809 与 8051 的接口电路图

汇编语言程序：

;设系统时钟频率12MHz，转换结果的数字量放于片内 RAM 的30H 单元，拆分的百位放在片内 RAM 的33 单元，拆分的十位放在片内 RAM 的34 单元，拆分的个位放在片内 RAM 的35 单元。显示时百位、十位和个位显示在右边 3 个数码管上。P1 口为字段码口，P2 口为位选码口。

```
GETDATA EQU     30H                          ;ADC0808 数据输出值
ST      BIT     P3.0
OE      BIT     P3.1
EOC     BIT     P3.2
CLK     BIT     P3.7
        ORG     0000H
        LJMP    MAIN
        ORG     000BH
        CPL     CLK                          ;定时/计数器 0 中断,产生转换时钟
        RETI
        ORG     001BH
        LJMP    T1X                          ;定时/计数器 1 中断,数码管显示
        ORG     0030H
MAIN:   MOV     TMOD,#12H                    ;T0 工作在模式 2，T1 工作在模式 1
        MOV     TH0,#246
        MOV     TL0,#246
        MOV     TH1,#(65536-20000)/256       ;20ms 延时赋初值
        MOV     TL1,#(65536-20000)MOD 256
        SETB    ET0
        SETB    ET1
        SETB    TR0
```

```
             SETB    TR1
             SETB    EA
LOOP:        CLR     ST                      ;产生启动转换的正脉冲信号
             SETB    ST
             CLR     ST
             JNB     EOC,$                   ;等待转换结束
             SETB    OE                      ;允许输出
             MOV     GETDATA,P0              ;暂存转换结果
             CLR     OE                      ;关闭输出
             MOV     A,GETDATA               ;将转换结果转换为十进制数
             MOV     B,#100
             DIV     AB
             MOV     33H,A                   ;存放百位上的数
             MOV     A,B                     ;除以 100 后的余数
             MOV     B,#10
             DIV     AB
             MOV     34H,A                   ;十位上的数
             MOV     35H,B                   ;个位上的数
             LJMP    LOOP

T1X:         MOV     TH1,#(65536-20000)/256         ;20ms 延时赋值
             MOV     TL1,#(65536-20000) MOD 256
             MOV     DPTR,#TAB
             MOV     P2,#08H                 ;选中右边第一个 LED
             MOV     A,35H                   ;个位上的数
             MOVC    A,@A+DPTR
             MOV     P1,A
             LCALL   DELAY
             MOV     P2,#04H                 ;选中右边第二个 LED
             MOV     A,34H                   ;十位上的数
             MOVC    A,@A+DPTR
             MOV     P1,A
             LCALL   DELAY
             MOV     P2,#02H                 ;选中右边第三个 LED
             MOV     A,33H                   ;百位上的数
             MOVC    A,@A+DPTR
             MOV     P1,A
             LCALL   DELAY
             RETI
TAB:         DB      0C0H,0F9H,0A4H,0B0H,99H,92H,82H,0F8H,80H,90H
                                            ;0~9 共阳极字段码
DELAY:       MOV     R7,#255
             DJNZ    R7,$
             RET
             END
```

C 语言程序：

```c
//设系统时钟频率 12MHz,P1 口为字段码口，P2 口为位选码口。
#include <reg51.H>
#define uchar unsigned char
uchar code dispcode[4]={0x08,0x04,0x02,0x00};//LED 显示的控制代码
uchar code codevalue[10]={0xC0,0xF9,0xA4,0xB0,0x99,0x92,
0x82,0xF8,0x80,0x90};          //0～9 共阳极字段码
uchar temp;                    //存储 ADC0808 转换后处理过程中的临时数值
uchar dispbuf[4];              //存储十进制值
sbit ST=P3^0;
sbit OE=P3^1;
sbit EOC=P3^2;
sbit CLK=P3^7;
uchar count;                   //LED 显示位控制
uchar getdata;                 //ADC0808 转换后的数值

void delay(uchar m)            //延时
  { while(m--)
     {}
  }

void main(void)
{
ET0=1;
ET1=1;
EA=1;
TMOD=0x12;                     //0 工作在模式 2，T1 工作在模式 1
TH0=246;
TL0=246;
TH1=(65536-20000)/256;
TL1=(65536-20000)%256;
TR1=1;
TR0=1;
while(1)
{ST=0;
ST=1;                          //产生启动转换的正脉冲信号
ST=0;
while(EOC==0)                  //等待转换结束
{;}
OE=1;
getdata=P0;
OE=0;
temp=getdata;                  //暂存转换结果
/*将转换结果转换为十进制数*/
dispbuf[2]=getdata/100;
```

```
temp=temp-dispbuf[2]*100;
dispbuf[1]=temp/10;
temp=temp-dispbuf[1]*10;
dispbuf[0]=temp;
}
}

void T0X(void)interrupt 1 using 0          //定时/计数器 0 中断,产生转换时钟
{
  CLK=~CLK;
  }

void T1X(void) interrupt 3 using 0         //定时/计数器 1 中断,数码管显示
{
    TH0=(65536-20000)/256;
    TL0=(65536-20000)%256;
    for(count=0;count<=3;count++)
    {
    P2=dispcode[count];
    P1=codevalue[dispbuf[count]];           //输出显示控制代码
    delay(255);
    }
}
```

习　　题

1. 简述存储器扩展的一般方法。
2. 什么是部分译码法？什么是全译码法？它们各有什么特点？
3. 存储器芯片的地址引脚与容量有什么关系？
4. 51 单片机的外部设备可以通过什么方式访问？
5. 何为键抖动？键抖动对键位识别有什么影响？怎样消除键抖动？
6. 简述对矩阵键盘的扫描过程。
7. 共阴极数码管与共阳极数码管有何区别？
8. 简述 LED 数码管显示器的译码方式。
9. 简述 LED 动态显示过程。
10. 使用 2764(8K×8)芯片通过部分译码法扩展 32KB 程序存储器，画出硬件连接图，指明各芯片的地址空间范围。
11. 使用 6264(8K×8)芯片通过全译码法扩展 32KB 数据存储器，画出硬件连接图，指明各芯片的地址空间范围。
12. 试用一片 74LS373 扩展一个并行输入口，画出硬件连接图，指出相应的控制命令。
13. 用 8255A 扩展并行 I/O，实现把 8 个开关的状态通过 8 个二极管显示出来，画出硬件连接图，用汇编语言和 C 语言分别编写相应的程序。
14. 试用汇编语言和 C 语言编制 4×4 的键盘扫描程序。

15. 用汇编语言或 C 语言编制一个在 8 个数码管上滚动显示 1~8 的程序。

16. 简述 DAC0832 的基本组成。

17. DAC0832 有几种工作方式？

18. 简述 ADC0809 的工作过程。

19. 简述 CPU 如何判断 ADC0809 的转换是否结束。

20. 利用 DAC0832 芯片，采用双缓冲方式，产生梯形波，分别用汇编语言和 C 语言编程实现。

21. 设计 8 路模拟量输入的巡回检测系统，使用查询的方法采样数据，采样的数据存放在片内 RAM 的 8 个单元中，分别用汇编语言和 C 语言编程实现。

第9章

单片机应用系统设计及举例

单片机应用系统是指以单片机为核心，配以一定的外围设备和软件系统，实现用户指定功能的设备。除此之外，一个实际的单片机应用系统设计还涉及很多复杂的内容与问题，如涉及多种类型的接口电路、软件与硬件的配合，以及如何选择最优方案等。

9.1　单片机应用系统开发过程

单片机应用系统由硬件系统和软件系统两部分组成。硬件系统是指单片机以及扩展的存储器、I/O 接口、外围扩展的功能芯片及其接口电路。软件系统包括监控程序和各种应用程序。

9.1.1　单片机应用系统开发的基本过程

开发一个单片机应用系统，一般可分为以下几个步骤。

1．明确系统的任务和功能要求

开发设计一个单片机应用系统，首先要明白具体任务是什么，要满足什么样的功能要求。不同的任务，具体的功能要求不同。系统的任务和功能要求一般由开发系统的投资方提出，开发设计人员认可。如开发一套单片机路灯控制系统，首先要明确功能要求，例如：定时开灯、关灯，根据季节的变化改变开灯、关灯时间，及时反馈故障路灯的状态信息、某些路灯的单独控制，以及成本信息等。目标任务和功能要求应尽可能清晰、完善。有些目标任务在开始设计时并不是非常清楚、完善，随着系统的研制开发、现场的应用及市场的变化可能会有不断的更新和变化，设计方案要尽可能适应这些变化。

2．系统的总体方案设计

根据系统的功能技术指标要求，确定系统的总体设计方案。系统的总体方案设计包括系统总体设计思想、方案选择、单片机的选择、关键器件的选型、硬件软件功能的划分及总体设计方案的确定等。在此阶段要对元器件市场情况有所了解。

在进行总体方案设计时要综合考虑硬件与软件，硬件选择上要能满足精度要求，软件开发时应采用合适的数学模型和算法。硬件、软件功能在一定程度上具有互换性，即有些硬件电路的功能可用软件实现，反之亦然。具体如何选择，要根据具体功能要求、设计难易程度及整个系统的性价比，加以综合平衡后确定。一般而言，用硬件实现速度较快，精度高，可节省 CPU 的时间，但价格相对昂贵。用软件实现则相对经济，但占用 CPU 较多的时间，精度相对低。一般的原则是：在 CPU 时间允许的情况下，尽量采用软件。

3．系统详细设计

系统总体方案确定后，就可以进行详细的硬件系统设计和软件系统设计。硬件系统设计主要包括具体芯片的选择、单片机小系统设计和外围相应接口电路设计；软件系统设计主要包含资源分配、模块划分、模块设计与主程序设计，设计时要画出主要模块的流程图，最后给出所有软件程序。

4．系统仿真与制作

系统详细设计后，为验证系统设计正确与否，可以先进行软硬件仿真，现在单片机软硬件仿真的工具很多，软件仿真工具如 Keil 51，硬件仿真工具如 Proteus。另外很多单片机系统开发公司都提供自己的仿真和开发工具。仿真完成后就可以进行具体实物制作。实物设计后，就可以用实物进行系统调试与修改。

5．系统调试与修改

系统调试是检测所设计系统的正确性与可靠性的必要过程。单片机应用系统设计是一个相当复杂的劳动过程，在设计、制作中，难免存在一些局部性的问题或错误。系统调试可发现存在的问题和错误，以便及时地进行修改。调试与修改的过程可能要反复多次，最终使系统试运行成功，并达到设计要求。

6．生成正式系统或产品

系统硬件、软件调试通过后，就可以把调试完毕的软件固化在 EPROM 中，然后脱机(脱离开发系统)运行。如果脱机运行正常，再在真实环境或模拟真实环境下运行，若反复运行正常，开发过程即告结束。这时的系统只能作为样机系统，给样机系统加上外壳、面板，再配上完整的文档资料，就可生成正式的系统(或产品)。

9.1.2　单片机应用系统的硬件系统设计

单片机应用系统的硬件系统设计是指通过单片机芯片、扩展电路、外围功能芯片及其接口电路组成相应的具体硬件电路。单片机应用系统的硬件系统设计包括三部分内容：一是单片机芯片及主要器件的选择，二是单片机系统扩展，三是系统配置。

1．单片机芯片及主要器件的选择

单片机系统的设计以单片机为核心，合理选择单片机芯片可以使设计更加方便、简洁和经济。现在生产 51 单片机芯片的厂家很多，不同厂家的芯片其内部结构与功能部件各不相同，但它们的基本原理相同，指令相互兼容，可根据当前情况进行选择。一般可根据下面几个发方面进行选择。

(1)程序存储器

单片机系统设计时一般选择内部有程序存储器的单片机，这样可使系统更加简单。程序存储器有 ROM、EPROM、EEPROM、FLASHROM 或 OTPROM 等类型，容量有 2KB、4KB、8KB、16KB、32KB、64KB 等。通常的做法是在软件开发过程中采用 EEPROM 或 FLASHROM 型芯片，而最终产品采用 OTPROM 型芯片(一次性可编程 EPROM 芯片)，这样既可以提高系统开发的效率，又可以提高产品的性价比。

(2)数据存储器

单片机片内存储空间为 128 字节或 256 字节，在进行一般数据处理时，系统不必再扩展片外数据存储器，系统相对简单。如果进行大批量数据处理，集成片内数据存储器不能满足需求，这时需通过随机存储器芯片扩展片外数据存储器。

(3)集成的外部设备

现在很多生产单片机的厂家都在基本系统的基础上集成了相应的外部设备，比如在片内集成看门狗电路 WOT、PWM 发射器、串行 EEPROM、A/D 接口、D/A 接口、比较器等，提供 UART、I2C、SPI、CAN 等通信协议的串行接口。集成的外部设备不同，芯片的功能和价格也不一样，可通过系统使用情况进行选择。

(4)并行 I/O 接口

在单片机应用系统中，外部设备通常是通过并行 I/O 接口实现连接的，单片机的并行 I/O 接口越多，可扩展的外部设备就越多，越方便。但单片机芯片的引脚数目增多必然使得芯片面积增大，最后导致单片机系统的体积增大，因此选择时一般在够用的情况下有一定的余量即可。

(5)系统速度匹配

51 单片机时钟频率可在 2～24MHz 之间，在不影响系统性能的前提下，时钟频率选择低一点好，这样可满足系统对元器件工作速度的要求，提高系统的可靠性。

单片机应用系统中，除了单片机芯片外，还涉及一些主要器件，如电子时钟系统中的实时时钟芯片、温度控制系统中的温度传感器芯片、无线数据收发系统中的无线数据收发模块芯片、显示系统中的显示模块等。这些功能模块芯片有很多，同种功能的模块也有很多公司生产，不同公司的产品内部结构不同，使用方法也不一样，在使用时根据具体情况进行选择，通过相应的方法进行使用。

2. 系统扩展和配置

单片机系统扩展是指单片机内部的功能单元(如程序存储器、数据存储器、I/O 接口、定时/计数器、中断系统等)的容量不能满足应用系统的要求时，必须在片外进行扩展，这时应选择适当的芯片，设计相应的扩展连接电路；系统配置是按照系统功能要求来配置外围设备的，如键盘、显示器、打印机、A/D 转换器、D/A 转换器等外围设备，需设计相应的接口电路。

系统扩展和配置设计遵循的原则如下：

(1)尽可能选择典型通用的电路，并符合单片机的常规用法。为硬件系统的标准化、模块化奠定良好的基础。

(2)系统的扩展与外围设备配置的水平应充分满足应用系统当前的功能要求，并留有适当余地，便于以后进行功能的扩充。

(3)硬件结构应结合应用软件方案一并考虑。硬件结构与软件方案会产生相互影响，考虑的原则是：软件能实现的功能尽可能由软件实现，即尽可能地用软件代替硬件，以简化硬件结构，降低成本，提高可靠性。但必须注意，由软件实现的硬件功能，其响应时间要比直接用硬件长。因此，某些功能选择以软件代替硬件实现时，应综合考虑系统响应速度、实时要求等相关的技术指标。

(4)整个系统中相关的器件要尽可能做到性能匹配。例如，选用晶振频率较高时，存储器的存取时间就短，应选择存取速度较快的芯片；选择 CMOS 芯片单片机构成低功耗系统时，系统中的所有芯片都应该选择低功耗产品。如果系统中相关的器件性能差异很大，系统综合性能将降低，甚至不能正常工作。

(5)可靠性及抗干扰设计是硬件设计中不可忽视的一部分，它包括芯片和器件选择、去耦滤波、印刷电路板布线、通道隔离等。如果设计中只注重功能实现，而忽视可靠性及抗干扰设计，到头来只能是事倍功半，甚至会造成系统崩溃，前功尽弃。

（6）单片机外接电路较多时，必须考虑其驱动能力。驱动能力不足时，系统工作会不可靠。解决的办法是增强驱动能力，增加总线驱动器或者减小芯片功耗，降低总线负载。

3. 其他电路设计

除前面的电路外，硬件系统设计一般还包含以下几个部分。

（1）译码电路设计

外部扩展电路较多时，就需要设计译码电路。译码电路要尽可能简单，这就要求存储空间分配合理，译码方式选择得当。

考虑到修改方便与保密性，译码电路除了可以使用常规的门电路、译码器实现外，还可以利用只读存储器与可编程门阵列来实现。

（2）总线驱动器设计

如果单片机外部扩展的器件较多，负载过重，就需要考虑设计总线驱动器。例如，51 单片机的 P0 口负载能力为 8 个 TTL 芯片，P2 口负载能力为 4 个 TTL 芯片，如果 P0、P2 口实际连接的芯片数目超出上述定额，就必须在 P0、P2 口增加总线驱动器来提高它们的驱动能力。P0 口可使用双向数据总线驱动器（如 74LS245），P2 口可使用单向总线驱动器（如 74LS244）。

（3）抗干扰电路设计

针对可能出现的各种干扰，应设计抗干扰电路。在单片机应用系统中，一个不可缺少的抗干扰电路就是抗电源干扰电路。最简单的实现方法是在系统弱电部分（以单片机为核心）的电源入口对地跨接一个大电容（100μF 左右）与一个小电容（0.1μF 左右），在系统内部芯片的电源端对地跨接一个小电容（0.01～0.1μF）。

另外，可以采用隔离放大器、光电隔离器件抗共地干扰，采用差分放大器抗共模干扰，采用平滑滤波器抗白噪声干扰，采用屏蔽手段抗辐射干扰等。

9.1.3　单片机应用系统的软件设计

整个单片机应用系统是一个整体。在进行应用系统总体设计时，软件设计和硬件设计应统一考虑，相结合进行。软、硬件功能可以在一定范围内变化。一些硬件电路的功能可以由软件来实现，反之亦然。在应用系统设计中，系统的软、硬件功能划分要根据系统的要求而定，若要提高速度，减少存储容量和软件研制的工作量，则多用硬件来实现；若要提高灵活性和适应性，节省硬件开支，则多用软件来实现。系统的硬件电路设计定型后，软件的功能也就基本明确了。

一个应用系统中的软件一般由应用程序和系统监控程序两部分构成。其中，应用程序是用来完成如测量、计算、显示、打印、输出控制等各种实质性功能的软件；系统监控程序是控制单片机系统按预定操作方式运行的程序，它负责组织调度各应用程序模块，完成系统自检、初始化，处理键盘命令，处理接口命令，处理条件触发和显示等功能。

进行软件设计时，应根据系统软件功能的要求，将软件分成若干个相对独立的部分，并根据它们之间的联系和时间上的关系，设计出软件的总体结构，画出程序流程框图。画流程框图时还要对系统资源做具体的分配和说明。根据系统特点和用户的了解情况选择编程语言，现在一般用汇编语言和 C 语言。用汇编语言编写程序对硬件操作方便，编写的程序代码短，早期单片机应用系统软件主要用汇编语言来编写；C 语言功能丰富，表达能力强，使用灵活方便，应用面广，目标程序效率高，可移植性好，目前很多单片机应用系统都用 C 语言来进行开发和设计。

1. 软件设计的特点

应用系统中的软件是根据系统功能设计的，应可靠地实现系统的各种功能。应用系统种类繁多，应用软件各不相同，但是一个优秀的应用系统的软件应具有以下特点：

(1) 软件结构清晰、简捷，流程合理。

(2) 各功能程序实现模块化、系统化。这样，既便于调试、连接，又便于移植、修改和维护。

(3) 程序存储区、数据存储区规划合理，既能节约存储容量，又能给程序设计与操作带来方便。

(4) 运行状态实现标志化管理。各个功能程序运行状态、运行结果及运行需求都设置状态标志以便查询，程序的转移、运行、控制都可通过状态标志来控制。

(5) 经过调试和修改后的程序应进行规范化，除去修改"痕迹"。规范化的程序便于交流、借鉴，也为以后的软件模块化、标准化打下基础。

(6) 实现全面软件抗干扰设计。软件抗干扰是计算机应用系统提高可靠性的有力措施。

(7) 为了提高运行的可靠性，在应用软件中设置自诊断程序，在系统运行前先运行自诊断程序，用以检查系统各特征参数是否正常。

2. 资源分配

合理地分配资源对软件的正确编写起着十分重要的作用。一个单片机应用系统的资源主要分为片内资源和片外资源。片内资源是指单片机内部的中央处理器、程序存储器、数据存储器、定时/计数器、中断、串行口、并行口等。不同的单片机芯片，内部资源的情况各不相同，在设计时就要充分利用内部资源。当内部资源不能满足需求时，就需要有片外扩展。

在这些资源分配中，定时/计数器、中断、串行口等分配比较容易，这里介绍程序存储器和数据存储器的分配。

(1) 程序存储器（ROM/EPROM）资源的分配

程序存储器（ROM/EPROM）用于存放程序和数据表格。按照 MCS-51 单片机的复位及中断入口的规定，002FH 以前的地址单元作为中断、复位入口地址区。在这些单元中一般都设置了转移指令，用于转移到相应的中断服务程序或复位启动程序。当程序存储器中存放的功能程序及子程序数量较多时，应尽可能为它们设置入口地址表。一般的常数、表格集中设置在表格区。二次开发、扩展部分尽可能放在高位地址区。

(2) 数据存储器（RAM）资源的分配

RAM 分为片内 RAM 和片外 RAM。片外 RAM 的容量较大，通常用来存放批量数据，如采样结果数据；片内 RAM 容量较少，应尽量重叠使用，如数据暂存区与显示、打印缓冲区重叠。

对于 51 单片机来说，片内 RAM 是指 00H～7FH 的单元，这 128 个单元的功能并不完全相同，分配时应注意发挥各自的特点，做到物尽其用。

00H～1FH 这 32 个字节可以作为工作寄存器组，在工作寄存器的 8 个单元中，R0 和 R1 具有指针功能，是编程的重要角色，应充分发挥其作用。系统上电复位时，PSW 等于 00H，当前工作寄存器选择 0 组，而工作寄存器组 1 为堆栈，并向工作寄存器组 2、3 延伸。若在中断服务程序中，也要使用 R1 寄存器且不将原来的数据冲掉，则可在主程序中先将堆栈空间设置在其他位置，然后在进入中断服务器程序后选择工作寄存器组 1、2 或 3，这时若再执行如 MOV　R1，#00H 指令时，就不会冲掉主程序 R1（01H 单元）中原来的内容，因为中断服务程序中 R1 的地址已改变为 09H、11H 或 19H。在中断服务程序结束时，可重新选择工作寄存器组 0。因此，通常可在应用程序中，安排主程序及调用的子程序来使用工作寄存器组 0，而安排定时器溢出中断、外部中断、串行口中断来使用工作寄存器组 1、2 或 3。

9.1.4　单片机应用系统开发工具

一个单片机应用系统经过总体设计，完成硬件开发和软件设计后，就要进行硬件安装。硬件安装好后，把编制好的程序写入存储器中，调试好后系统就可以运行了。但用户设计的应用系统本身并不具备自开发的能力，不能够写入程序和调试程序，必须借助单片机开发系统才能完成这些工作。单片机开发系统是能够模拟用户实际需求的单片机，并且能随时观察运行的中间过程和结果，从而能对现场进行模拟的仿真开发系统。通过它能很方便地对硬件电路进行诊断和调试，得到正确的结果。

目前国内使用的通用单片机的仿真开发系统很多，如复旦大学研制的 SICE 系列、启东计算机厂制造的 DVCC 系列、中国科技大学研制的 KDV 系列、南京伟福实业有限公司的伟福 E2000，以及西安唐都科教仪器公司的 TDS51 开发及教学实验系统。它们都具有对用户程序进行输入、编辑、汇编和调试的功能。此外，有些还具备在线仿真功能，能够直接将程序固化到 EEPROM 中。传真开发系统一般都支持汇编语言编程，有的可以通过开发软件使用 C 语言编程。例如，可以通过 Keil C51 软件来编写 C 语言源程序，编译连接生成目标文件、可执行文件，仿真、调试、生成代码并下载到应用系统中。

9.2　单片机电子时钟的设计

在日常生活中，电子时钟与我们密切相关，在很多地方都会用到电子时钟。除了专用的时钟、计时显示牌外，许多应用系统常常也带有实时时钟显示，如各种智能化仪器仪表、工业过程控制系统及家用电器等。

9.2.1　功能要求

本节设计的电子时钟的主要功能有：
(1) 自动计时功能。
(2) 能显示计时时间，显示效果良好。
(3) 有校时功能，能对时间进行校准。
扩展功能（用户自己添加）包括：
(4) 具有整点报时功能，在整点时使用蜂鸣器进行报时。
(5) 具有定时闹钟功能，能设定定时闹钟，在时间到时能使蜂鸣器鸣叫。

9.2.2　总体方案设计

单片机电子时钟方案主要涉及两个方面：计时方案和显示方案。

1．计时方案

单片机电子时钟计时有两种方法：第一种是通过单片机内部的定时/计数器，采用软件编程来实现时钟计时，这种方法实现的时钟一般称为软时钟，这种方法的硬件线路简单，系统的功能一般与软件设计相关，通常用在对时间精度要求不高的场合。第二种是采用专用的硬件时钟芯片计时，这种方法实现的时钟一般称为硬时钟，专用的时钟芯片功能比较强大，除了自动实现基本计时外，一般还具有日历和闰年补偿等功能，计时准确，软件编程简单，但硬件成本相对较高，通常用在对时钟精度要求较高的场合。

2．显示方案

对于电子时钟而言，显示是另一个重要的环节。显示通常采用两种方式：LED 数码管显示和 LCD 液晶显示。LED 数码管显示亮度高，显示内容清晰，根据具体的连接方式可分为静态显示和动态显示。在有多个数码管时一般采用动态显示，动态显示时需要占用 CPU 的大量时间来执行动态显示程序，显示效果往往与显示程序的执行相关。LCD 液晶显示一般能显示较多信息，显示效果好，而且 LCD 液晶显示器一般都含有控制器，显示过程由自带的控制器控制，不需要 CPU 参与，但 LCD 液晶显示器造价相对较高。

比较计时和显示方案，根据系统要求，计时选择硬件计时，显示选择 LCD 液晶显示，总体设计框图如图 9-1 所示。

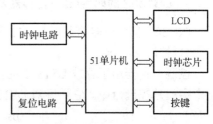

图 9-1　单片机电子时钟总体设计框图

9.2.3　主要器件介绍

根据系统设计方案，该系统的主要器件有三个：51 单片机、时钟芯片和 LCD 模块芯片。51 单片机选择价格便宜，容易购买的 AT89C52，LCD 芯片选择 LCD1602，时钟芯片选择 DS1302。AT89C52 是 52 子系列的 51 单片机，集成 8KB 内部程序存储器，内部结构与 8051 相同，不再介绍；LCD1602 在第 8 章已经介绍；这里仅介绍时钟芯片 DS1302。

1．DS1302 简介

DS1302 是 DALLAS 公司推出的高性能低功耗涓流充电时钟芯片，内含有一个实时时钟/日历寄存器和 31 个字节静态 RAM，实时时钟/日历寄存器能提供 2100 年之前的秒、分、时、日、日期、月、年等信息，每月的天数和闰年的天数可自动调整，时钟操作可通过 AM/PM 指示决定采用 24 小时或 12 小时格式。内部 31 个字节静态 RAM 可提供用户访问。对时钟/日历寄存器、RAM 的读/写，可以采用单字节方式或多达 31 个字节的字符组方式；工作电压范围宽，为 2.0～5.5V；与 TTL 兼容，$V_{CC} = 5V$；温度范围宽，可在–40～+85℃ 正常工作；采用主电源和备份电源双电源供电，备份电源可由电池或大容量电容实现；功耗很低，保存数据和时钟信息时功率小于 1mW。

2．DS1302 引脚功能

DS1302 可采用 8 脚 DIP 封装或 SOIC 封装，引脚图如图 9-2 所示。

引脚功能如下：

X1、X2：32.768kHz 晶振接入引脚。

GND：接地。

$\overline{\text{RST}}$：复位引脚，低电平有效。

I/O：数据输入/输出引脚，具有三态功能。

SCLK：串行时钟输入引脚。

V_{CC1}：电源 1 引脚。

V_{CC2}：电源 2 引脚。

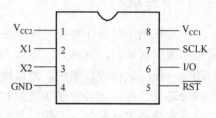

图 9-2　DS1302 的引脚图

在单电源与电池供电的系统中，V_{CC1} 提供低电源并提供低功率的备用电源。双电源系统中，V_{CC2} 提供主电源，V_{CC1} 提供备用电源，以便在没有主电源时能保存时间信息以及数据，DS1302 由 V_{CC1} 和 V_{CC2} 两者中较大的供电。DS1302 与单片机之间能简单地采用同步串行的方式进行通信，通信只需 RES(复位线)、I/O(数据线)和 SCLK(串行时钟)三根信号线 。

3. DS1302 的时钟/日历寄存器及片内 RAM

DS1302 有一个控制寄存器、12 个时钟/日历寄存器和 31 个 RAM。

(1)控制寄存器

控制寄存器用于存放 DS1302 的控制命令字，DS1302 的 $\overline{\text{RST}}$ 引脚回到高电平后写入的第一个字就是控制命令。它用于对 DS1302 读写过程进行控制，它的格式如图 9-3 所示。

D7	D6	D5	D4	D3	D2	D1	D0
1	RAM/$\overline{\text{CK}}$	A4	A3	A2	A1	A0	RD/$\overline{\text{W}}$

图 9-3　控制寄存器的格式

各项功能说明如下：

D7：固定为 1。

D6：RAM/$\overline{\text{CK}}$ 位，片内 RAM 或日历、时钟寄存器选择位。当 RAM/$\overline{\text{CK}}$ = 1 时，对片内 RAM 进行读写；当 RAM/$\overline{\text{CK}}$ = 0 时，对日历、时钟寄存器进行读写。

D5～D1：地址位，用于选择进行读写的日历、时钟寄存器或片内 RAM。对日历、时钟寄存器或片内 RAM 的选择如表 9-1 所示。

D0：读写位，当 RD/$\overline{\text{W}}$ = 1 时，对日历、时钟寄存器或片内 RAM 进行读操作，当 RD/$\overline{\text{W}}$ = 0 时，对日历、时钟寄存器或片内 RAM 进行写操作。

表 9-1　日历、时钟寄存器的选择

寄存器名称	D7	D6	D5	D4	D3	D2	D1	D0
	1	RAM/$\overline{\text{CK}}$	A4	A3	A2	A1	A0	RD/$\overline{\text{W}}$
秒寄存器	1	0	0	0	0	0	0	0 或 1
分寄存器	1	0	0	0	0	0	1	0 或 1
小时寄存器	1	0	0	0	0	1	0	0 或 1
日寄存器	1	0	0	0	0	1	1	0 或 1
月寄存器	1	0	0	0	1	0	0	0 或 1
星期寄存器	1	0	0	0	1	0	1	0 或 1
年寄存器	1	0	0	0	1	1	0	0 或 1
写保护寄存器	1	0	0	0	1	1	1	0 或 1

续表

寄存器名称	D7	D6	D5	D4	D3	D2	D1	D0
	1	RAM/$\overline{CK}$	A4	A3	A2	A1	A0	RD/$\overline{W}$
涓流充电寄存器	1	0	0	1	0	0	0	0 或 1
时钟突发模式	1	0	1	1	1	1	1	0 或 1
RAM0	1	1	0	0	0	0	0	0 或 1
⋮	1	1	⋮	⋮	⋮	⋮	⋮	0 或 1
RAM30	1	1	1	1	1	1	0	0 或 1
RAM 突发模式	1	1	1	1	1	1	1	0 或 1

（2）日历、时钟寄存器

DS1302 共有 12 个寄存器，其中有 7 个与日历、时钟相关，存放的数据为 BCD 码形式。日历、时钟寄存器的格式如表 9-2 所示。

表 9-2　日历、时钟寄存器的格式

寄存器名称	取值范围	D7	D6	D5	D4	D3	D2	D1	D0
秒寄存器	00～59	CH	秒的十位			秒的个位			
分寄存器	00～59	0	分的十位			分的个位			
小时寄存器	01～12 或 00～23	12/24	0	A/P	HR	小时的个位			
日寄存器	01～31	0	0	日的十位		日的个位			
月寄存器	01～12	0	0	0	1 或 0	月的个位			
星期寄存器	01～07	0	0	0	0	星期几			
年寄存器	01～99	年的十位				年的个位			
写保护寄存器		WP	0	0	0	0	0	0	0
涓流充电寄存器		TCS	TCS	TCS	TCS	DS	DS	RS	RS

说明：

① 数据都以 BCD 码形式表示。

② 小时寄存器的 D7 位为 12 小时制/24 小时制的选择位，当 D7 位为 1 时选 12 小时制，为 0 时选 24 小时制。当选择 12 小时制时，D5 位为 1 是上午，D5 位为 0 是下午，D4 位为小时的十位。当选择 24 小时制时，D5、D4 位为小时的十位。

③ 秒寄存器中的 CH 位为时钟暂停位，当 CH 位为 1 时，时钟暂停，为 0 时，时钟开始启动。

④ 写保护寄存器中的 WP 为写保护位，当 WP = 1 时，写保护；当 WP = 0 时，未写保护；当对日历、时钟寄存器或片内 RAM 进行写时，WP 应清零；当对日历、时钟寄存器或片内 RAM 进行读时，WP 一般置 "1"。

⑤ 涓流充电寄存器的 TCS 位控制涓流充电特性，当它为 1010 时才能使涓流充电器工作。DS 为二极管选择位。DS 为 01 时选择一个二极管，DS 为 10 时选择两个二极管，DS 为 11 或 00 时充电器被禁止，与 TCS 无关。RS 用于选择连接在 V_{CC2} 与 V_{CC1} 之间的电阻，RS 为 00，充电器被禁止，与 TCS 无关，电阻选择情况如表 9-3 所示。

（3）片内 RAM

DS1302 片内有 31 个 RAM 单元，对片内 RAM 的操作有单字节方式和多字节方式两种。当控制命令字为 C0H～FDH 时为单字节读写方式，命令字中的 D5～D1 用于选择对应的 RAM

单元,其中奇数为读操作,偶数为写操作。当控制命令字为 FEH、FFH 时为多字节操作(表 9-1 中的 RAM 突发模式),多字节操作可一次对所有的 RAM 单元内容进行读写。FEH 为写操作, FFH 为读操作。

表 9-3　RS 对电阻的选择情况表

RS 位	电 阻 器	阻　值
00	无	无
01	R1	2kΩ
10	R2	4kΩ
11	R3	8kΩ

(4)DS1302 的输入/输出过程

DS1302 通过 $\overline{RST}$ 引脚驱动输入/输出过程,当 $\overline{RST}$ 置高电平时启动输入/输出过程,在 SCLK 时钟的控制下,首先把控制命令字写入 DS1302 的控制寄存器,其次根据写入的控制命令字,依次读写内部寄存器或片内 RAM 单元的数据。对于日历、时钟寄存器,根据控制命令字,一次可以读写一个日历、时钟寄存器,也可以一次读写 8 个字节,对所有的日历、时钟寄存器进行读写(表 9-1 中的时钟突发模式),写的控制命令字为 0BEH,读的控制命令字为 0BFH;对于片内 RAM 单元,根据控制命令字,一次可读写一个字节,一次也可读写 31 个字节。当数据读写完后,$\overline{RST}$ 变为低电平,输入/输出过程结束。无论是命令字还是数据,一个字节传送时都是低位在前,高位在后,每一位的读写发生在时钟的上升沿。

4. DS1302 与 51 单片机的接口

图 9-4 是 DS1302 与 51 单片机的一种连接图。DS1302 的 X1 和 X2 接 32kHz 晶体,V_{CC2} 接主电源 V_{CC},V_{CC1} 接备用电源(3V 的电池)。51 单片机与 DS1302 连接只需要 3 条线:复位线 $\overline{RST}$ 与 P1.2 相连,时钟线 SCLK 与 P1.3 相连,数据线 I/O 与 P1.4 相连。

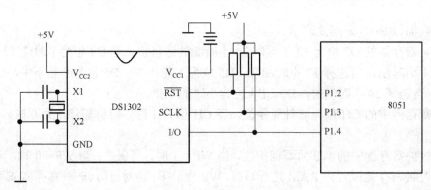

图 9-4　DS1302 与单片机的连接图

部分读写驱动程序:
汇编程序:

```
T_RST  Bit  P1.2          ;DS1302 复位线引脚
T_CLK  Bit  P1.3          ;DS1302 时钟线引脚
T_IO   Bit  P1.4          ;DS1302 数据线引脚
......
;WRITE 子程序
```

```
              ;功能:写 DS1302 一字节,写入的内容在 B 寄存器中
              ;*********************************************
WRITE:  MOV  50h,  #8      ;一个字节有 8 个位,移 8 次
INBIT1: MOV  A, B
        RRC  A                  ;通过 A 移入 CY 中
        MOV  B, A
        MOV  T_IO, C           ;移入芯片内
        SETB  T_CLK
        CLR  T_CLK
        DJNZ  50h,INBIT1
        RET
              ;*********************************************
              ;READ 子程序
              ;功能:读 DS1302 一个字节,读出的内容在累加器 A 中
              ;*********************************************
READ:  MOV  50h,  #8       ;一个字节有 8 个位,移 8 次
OUTBIT1:MOV  C, T_IO     ;从芯片内移到 CY 中
        RRC  A                  ;通过 CY 移入 A 中
        SETB  T_CLK
        CLR  T_CLK
        DJNZ  50h,OUTBIT1
        RET
```

C 语言编程:

```
sbit  T_RST = P1^2;       //DS1302 复位线引脚
sbit  T_CLK = P1^3;       //DS1302 时钟线引脚
sbit  T_IO = P1^4;        //DS1302 数据线引脚
……

//往 DS1302 写入 1Byte 数据
void  WriteB(uchar  ucDa)
{
uchar  i;
ACC = ucDa;
for(i=8;i>0;i--)
{
T_IO = ACC0;              //相当于汇编中的 RRC
T_CLK = 1;
T_CLK = 0;
ACC = ACC >> 1;
}
}
//从 DS1302 读取 1Byte 数据
uchar  ReadB(void)
{
uchar  i;
 for(i=8;i>0;i--)
```

```
{
ACC = ACC >>1;
ACC7 = T_IO;T_CLK = 1;T_CLK = 0;      //相当于汇编中的 RRC
}
return(ACC);
}
//DS1302 单字节写,向指定单元写命令/数据,ucAddr:DS1302 地址, ucDa:要写的命令/
数据
void v_W1302(uchar ucAddr,uchar ucDa)
{
T_RST = 0;
T_CLK = 0;
_nop_();_nop_();
T_RST = 1;
_nop_();_nop_();
WriteB(ucAddr);                  /*地址, 命令*/
WriteB(ucDa);                    /*写 1Byte 数据*/
T_CLK = 1;
T_RST =0;
}
//DS1302 单字节读,从指定地址单元读出的数据
uchar uc_R1302(uchar  ucAddr)
{
uchar ucDa=0;
T_RST = 0;T_CLK = 0;

T_RST = 1;
WriteB(ucAddr);                  /*写地址*/
ucDa = ReadB();                  /*读 1Byte 命令/数据 */

T_CLK = 1;T_RST =0;
return(ucDa);
}
```

9.2.4　硬件电路设计

　　具体硬件电路如图 9-5 所示,单片机采用应用广泛的 AT89C52,系统时钟采用 12MHz 的晶振,时钟芯片采用 DS1302,显示器采用 LCD1602,DS1302 复位线 $\overline{RST}$ 与 89C 52 单片机的 P1.2 相连,时钟线 SCLK 与 P1.3 相连,数据线 I/O 与 P1.4 相连,DS1302 的 X1 和 X2 接 32kHz 晶体,V_{CC2} 接主电源 V_{CC},V_{CC1} 接备用电源(3V 的电池)。LCD1602 的数据线与 89C 52 的 P2 口相连,RS 与 P1.7 相连,R/$\overline{W}$ 与 P1.6 相连,E 端与 P1.5 相连。设定 3 个开关 K0、K1 和 K2,通过 P1 口低 3 位相连。K0 键为模式选择键,K1 为加 1 键,K2 为减 1 健。K0 没有按下,则正常走时,K0 按第一次,则可调年,按第二次,则可调月,按第三次,则可调日,按第四次,则可调小时,按第五次,则可调分钟,按第六次,则又回到正常走时。

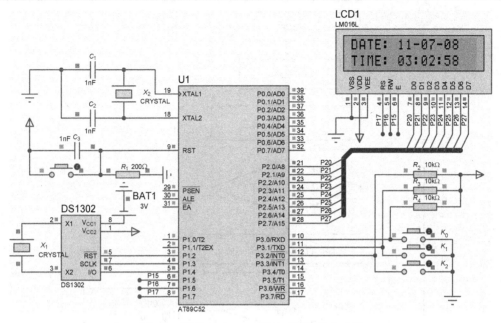

图 9-5　硬件定时 LCD 显示时钟硬件电路图

9.2.5　软件程序设计

根据系统的功能将软件程序划分为以下几个部分：系统主程序、DS1302 驱动程序、LCD 驱动程序。在主程序中调用 DS1302 驱动程序和 LCD 驱动程序，另外在主程序中还包含按键处理。DS1302 驱动程序和 LCD 驱动程序在前面已介绍，这里主要介绍主程序。

主程序流程图如图 9-6 所示，先是将 LCD 初始化，其次在 LCD 显示日期和时间的提示信息，然后进入死循环，在循环中先判断是否有键按下，若按下 K0 键，则功能单元加 1；如按下 K1 键，则根据功能单元的内容把日期时间相应位加 1；若按下 K2 键，则根据功能单元的内容把日期时间相应位减 1；并把修改后的日期时间写入 1302（在这个过程中注意日期时间的数据格式的转换）。接着读 DS1302 日历时钟寄存器，读出的内容存入日期、时间缓冲区；最后把日期、时间缓冲区数转化为 ASCII 码放入 LCD 显示缓冲区并调用 LCD 显示程序显示。

汇编语言程序：

```
T_RST  Bit  P1.2          ;DS1302 复位线引脚
T_CLK  Bit  P1.3          ;DS1302 时钟线引脚
T_IO   Bit  P1.4          ;DS1302 数据线引脚
RS     BIT  P1.7          ;LCD1602 控制线定义
RW     BIT  P1.6
E      BIT  P1.5
K0     BIT  P3.0          ;定义按键
K1     BIT  P3.1
K2     BIT  P3.2
;40h～46h 存放"秒、分、时、日、月、星期、年"的初值;格式按寄存器中的格式
;30h～36h 存放 1302 读出的秒、分、时、日、月、星期、年的大小。
;37H 单元为功能计数器。
```

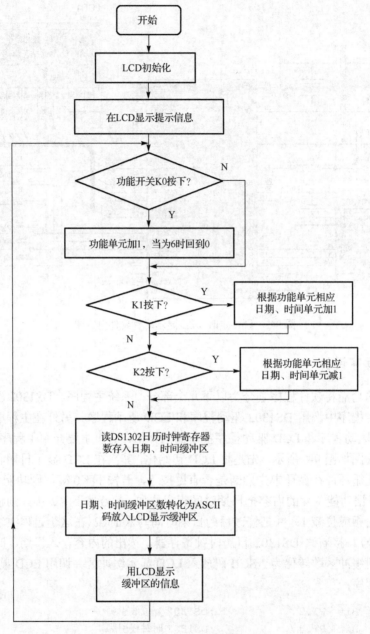

图 9-6   主程序流程图

```
;************************************************
        ORG     0000H
        AJMP    MAIN
        ORG     0030H
MAIN:   MOV     SP,#50H
        ACALL   INIT
        MOV     A,#80H          ;写入显示缓冲区起始地址为第 1 行第 1 列开始显示 DATE:
        ACALL   WC51R
        MOV     A,#'D'
        ACALL   WC51DDR
```

```
        MOV     A,#'A'
        ACALL   WC51DDR
        MOV     A,#'T'
        ACALL   WC51DDR
        MOV     A,#'E'
        ACALL   WC51DDR
        MOV     A,#':'
        ACALL   WC51DDR
        MOV     A,#0C0H       ;写入显示缓冲区起始地址为第 2 行第 1 列开始显示 TIME：
        ACALL   WC51R
        MOV     A,#'T'
        ACALL   WC51DDR
        MOV     A,#'I'
        ACALL   WC51DDR
        MOV     A,#'M'
        ACALL   WC51DDR
        MOV     A,#'E'
        ACALL   WC51DDR
        MOV     A,#':'
        ACALL   WC51DDR
REP:    LCALL   KEYSCAN       ;调键盘程序修改日期时间
        LCALL   GET1302       ;读取当前日期时间到 40H～46H
        MOV     R0,#40H       ;40H～46H 日期时间格式转换成日期时间数据放入 30H～36H
        MOV     R1,#30H
        MOV     R2,#07
REP1:   MOV     A,@R0
        SWAP    A
        ANL     A,#0FH
        MOV     B,#10
        MUL     AB
        MOV     @R1,A
        MOV     A,@R0
        ANL     A,#0FH
        ADD     A,@R1
        MOV     @R1,A
        INC     R0
        INC     R1
        DJNZ    R2,REP1
        MOV     A,#86H        ;写入显示缓冲区起始地址为第 1 行第 7 列开始显示当前日期
        ACALL   WC51R
        MOV     A,46H         ;年拆分成十位与个位，转换字符显示
        MOV     B,#10H
        DIV     AB
        ADD     A,#30H
        ACALL   WC51DDR
        MOV     A,B
        ADD     A,#30H
```

```
ACALL   WC51DDR
MOV     A,#'-'
ACALL   WC51DDR
MOV     A,44H      ;月拆分成十位与个位，转换字符显示
MOV     B,#10H
DIV     AB
ADD     A,#30H
ACALL   WC51DDR
MOV     A,B
ADD     A,#30H
ACALL   WC51DDR
MOV     A,#'-'
ACALL   WC51DDR
MOV     A,43H       ;日拆分成十位与个位，转换字符显示
MOV     B,#10H
DIV     AB
ADD     A,#30H
ACALL   WC51DDR
MOV     A,B
ADD     A,#30H
ACALL   WC51DDR
MOV     A,#' '
ACALL   WC51DDR
MOV     A,#0c6H    ;写入显示缓冲区起始地址为第 2 行第 7 列开始显示当前时间
ACALL   WC51R
MOV     A,42H       ;小时拆分成十位与个位，转换字符显示
MOV     B,#10H
DIV     AB
ADD     A,#30H
ACALL   WC51DDR
MOV     A,B
ADD     A,#30H
ACALL   WC51DDR
MOV     A,#':'
ACALL   WC51DDR
MOV     A,41H       ;分拆分成十位与个位，转换字符显示
MOV     B,#10H
DIV     AB
ADD     A,#30H
ACALL   WC51DDR
MOV     A,B
ADD     A,#30H
ACALL   WC51DDR
MOV     A,#':'
ACALL   WC51DDR
MOV     A,40H       ;秒拆分成十位与个位，转换字符显示
MOV     B,#10H
```

```
             DIV      AB
             ADD      A,#30H
             ACALL    WC51DDR
             MOV      A,B
             ADD      A,#30H
             ACALL    WC51DDR
             LJMP     REP
```

;按键程序，无键按下返回，有键按下修改时间并写入 1302

```
KEYSCAN:JNB      K0,KEYSCAN0
             JNB      K1,KEYSCAN1
             JNB      K2,KEYSCAN2
             RET
KEYSCAN0:LCALL    DL10MS
             JB       K0,KEYOUT
WAIT0:   JNB      K0,WAIT0
             INC      37H
             MOV      A,37H
             CJNE     A,#06H,KEYOUT
             MOV      37H,#00
             SJMP     KEYOUT
KEYSCAN1:LCALL    DL10MS
             JB       K1,KEYOUT
WAIT1:   JNB      K1,WAIT1
             MOV      A,37H
             CJNE     A,#01H,KSCAN11
             INC      36H
             MOV      A,36H
             CJNE     A,#100,KEYOUT
             MOV      36H,#00
             SJMP     KEYOUT
KSCAN11:CJNE     A,#02H,KSCAN12
             INC      34H
             MOV      A,34H
             CJNE     A,#13,KEYOUT
             MOV      34H,#01
             SJMP     KEYOUT
KSCAN12:CJNE     A,#03H,KSCAN13
             INC      33H
             MOV      A,33H
             CJNE     A,#32,KEYOUT
             MOV      33H,#01
             SJMP     KEYOUT
KSCAN13:CJNE     A,#04H,KSCAN14
             INC      32H
             MOV      A,32H
             CJNE     A,#24,KEYOUT
             MOV      32H,#00
```

```
            SJMP     KEYOUT
KSCAN14:CJNE     A,#05H,KEYOUT
            INC      31H
            MOV      A,31H
            CJNE     A,#60,KEYOUT
            MOV      31H,#00
            SJMP     KEYOUT
KEYOUT: LCALL     NUMTOTT ;调转换程序把 30H～36H 日期时间数据转换成日期时间格式放入
                            40H～46H
            LCALL     SET1302 ;设定的日期时间写入 1302
            RET
KEYSCAN2:LCALL  DL10MS
            JB       K2,KEYOUT
WAIT2:   JNB      K2,WAIT2
            MOV      A,37H
            CJNE     A,#01H,KSCAN21
            DEC      36H
            MOV      A,36H
            CJNE     A,#0FFH,KEYOUT
            MOV      36H,#99
            SJMP     KEYOUT
KSCAN21:CJNE     A,#02H,KSCAN22
            DEC      34H
            MOV      A,34H
            CJNE     A,#00H,KEYOUT
            MOV      34H,#12
            SJMP     KEYOUT
KSCAN22:CJNE     A,#03H,KSCAN23
            DEC      33H
            MOV      A,33H
            CJNE     A,#00H,KEYOUT
            MOV      33H,#31
            SJMP     KEYOUT
KSCAN23:CJNE     A,#04H,KSCAN24
            DEC      32H
            MOV      A,32H
            CJNE     A,#0FFH,KEYOUT
            MOV      32H,#23
            SJMP     KEYOUT
KSCAN24:CJNE     A,#05H,KEYOUT
            DEC      31H
            MOV      A,31H
            CJNE     A,#0FFH,KEYOUT
            MOV      31H,#59
            SJMP     KEYOUT
NUMTOTT:MOV      R0,#40H      ;30H～36H 日期时间数据转换成日期时间格式放入 40H～46H
            MOV      R1,#30H
```

```
            MOV      R2,#07
REP2:       MOV      A,@R1
            MOV      B,#10
            DIV      AB
            SWAP     A
            ORL      A,B
            MOV      @R0,A
            INC      R0
            INC      R1
            DJNZ     R2,REP2
            ;WRITE 子程序
            ;功能:写 DS1302 一个字节,写入的内容在 B 寄存器中
            ;************************************
WRITE:      MOV      50h, #8        ;一个字节有 8 个位,移 8 次
INBIT1:     MOV      A, B
            RRC      A              ;通过 A 移入 CY 中
            MOV      B, A
            MOV      T_IO, C        ;移入芯片内
            SETB     T_CLK
            CLR      T_CLK
            DJNZ     50h,INBIT1
            RET
            ;************************************
            ;READ 子程序
            ;功能:读 DS1302 一个字节,读出的内容在累加器 A 中
            ;************************************
READ:       MOV      50h, #8        ;一个字节有 8 个位,移 8 次
OUTBIT1:    MOV      C, T_IO        ;从芯片内移到 CY 中
            RRC      A              ;通过 CY 移入 A 中
            SETB     T_CLK
            CLR      T_CLK
            DJNZ     50h,OUTBIT1
            RET
            ;**********************************************
            ;SET1302 子程序名
            ;功能:设置 DS1302 初始时间,并启动计时
            ;调用:WRITE 子程序
            ;入口参数:初始时间秒、分、时、日、月、星期、年在 40H~46H 单元
            ;出口参数:无
            ;影响资源:A B R0 R1 R4 R7
            ;**********************************************
SET1302:    CLR      T_RST
            CLR      T_CLK
            SETB     T_RST
            MOV      B, #8EH        ;控制命令字
            LCALL    WRITE
            MOV      B, #00H        ;写操作前清写保护位 W
```

```
            LCALL    WRITE
            SETB     T_CLK
            CLR      T_RST
            MOV      R0, #40H          ;秒、分、时、日、月、星期、年数据在 40H~46H 单元
            MOV      R7, #7            ;共 7 个字节
            MOV      R1, #80H          ;写秒寄存器命令
S13021:     CLR      T_RST
            CLR      T_CLK
            SETB     T_RST
            MOV      B, R1             ;写入写秒命令
            LCALL    WRITE
            MOV      A, @R0            ;写秒数据
            MOV      B, A
            LCALL    WRITE
            INC      R0                ;指向下一个写入的日历、时钟数据
            INC      R1                ;指向下一个日历、时钟寄存器
            INC      R1
            SETB     T_CLK
            CLR      T_RST
            DJNZ     R7, S13021        ;未写完,继续写下一个
            CLR      T_RST
            CLR      T_CLK
            SETB     T_RST
            MOV      B, #8EH           ;控制寄存器
            LCALL    WRITE
            MOV      B, #80H           ;写完后打开写保护控制,WP 置 1
            LCALL    WRITE
            SETB     T_CLK
            CLR      T_RST             ;结束写入过程
            RET
;****************************************************************
;GET1302 子程序名
;功能:从 DS1302 读时间
;调用:WRITE 写子程序,READ 子程序
;入口参数:无
;出口参数:秒、分、时、日、月、星期、年保存在 40H~46H 单元
;影响资源:A B R0 R1 R4 R7
;****************************************************************
GET1302:    MOV      R0, #40H
            MOV      R7,#7
            MOV      R1,#81H           ;读秒寄存器命令
G13021:     CLR      T_RST
            CLR      T_CLK
            SETB     T_RST
            MOV      B, R1             ;写入读秒寄存器命令
            LCALL    WRITE
            LCALL    READ
```

```
        MOV     @R0,A               ;存入读出数据
        INC     R0                  ;指向下一个存放日历、时钟的存储单元
        INC     R1                  ;指向下一个日历、时钟寄存器
        INC     R1
        SETB    T_CLK
        CLR     T_RST
        DJNZ    R7, G13021          ;未读完,读下一个
        RET
        ;LCD 初始化子程序
INIT:   MOV     A,#00000001H        ;清屏
        ACALL   WC51R
        MOV     A,#00111000B        ;使用 8 位数据,显示两行,使用 5×7 的字型
        LCALL   WC51R
        MOV     A,#00001100B        ;显示器开,光标关,字符不闪烁
        LCALL   WC51R
        MOV     A,#00000110B        ;字符不动,光标自动右移一格
        LCALL   WC51R
        RET
        ;检查忙子程序
F_BUSY: PUSH    ACC                 ;保护现场
        MOV     P2,#0FFH
        CLR     RS
        SETB    RW
WAIT:   CLR     E
        SETB    E
        JB      P2.7,WAIT           ;忙,等待
        POP     ACC                 ;不忙,恢复现场
        RET
        ;写入命令子程序
WC51R:  ACALL   F_BUSY
        CLR     E
        CLR     RS
        CLR     RW
        SETB    E
        MOV     P2,ACC
        CLR     E
        RET
        ;写入数据子程序
WC51DDR:ACALL   F_BUSY
        CLR     E
        SETB    RS
        CLR     RW
        SETB    E
        MOV     P2,ACC
        CLR     E
        RET
        ;延时 10MS 子程序
```

```
DL10MS: MOV      R6,#14H
DL1:    MOV      R7,#0FBH
DL2:    DJNZ     R7,DL2
        DJNZ     R6,DL1
        RET
        END
```

C 语言程序如下:

```
#include  <reg51.h>
#include  <absacc.h>          //定义绝对地址访问
#include  <intrins.h>
#define  uchar  unsigned  char
#define  uint  unsigned  int
sbit T_CLK = P1^3;            //DS1302 时钟线引脚
sbit T_IO = P1^4;             //DS1302 数据线引脚
sbit T_RST = P1^2;            //DS1302 复位线引脚
sbit  RS=P1^7;                //定义 LCD 的控制线
sbit  RW=P1^6;
sbit  EN=P1^5;
sbit  key0=P3^0;              //定义按键
sbit  key1=P3^1;
sbit  key2=P3^2;
sbit ACC7 =ACC^7;
sbit ACC0 =ACC^0;
uchar  datechar[]={"DATE:"};
uchar  timechar[]={"TIME:"};
uchar  datebuffer[8]={0,0,0x2d,0,0,0x2d,0,0};    //定义日历显示缓冲区
uchar  timebuffer[8]={0,0,0x3a,0,0,0x3a,0,0};    //定义时间显示缓冲区
uchar data ttime[3]={0x00,0x00,0x00};            //分别为秒、分和小时的值
uchar data tdata[3]={0x00,0x00,0x00};            //分别为年、月、日
//往 DS1302 写入 1Byte 数据
void  WriteB(uchar  ucDa)
{
uchar i;
ACC = ucDa;
for(i=8;i>0;i--)
{
T_IO = ACC0;                                     //相当于汇编中的 RRC
T_CLK = 1;
T_CLK = 0;
ACC = ACC >> 1;
}
}
//从 DS1302 读取 1Byte 数据
uchar  ReadB(void)
{
uchar i;
```

```
    for(i=8;i>0;i--)
    {
ACC = ACC >>1;
ACC7 = T_IO;T_CLK = 1;T_CLK = 0;                          //相当于汇编中的 RRC
    }
return(ACC);
    }
//DS1302 单字节写，向指定单元写命令/数据，ucAddr：DS1302 地址， ucDa：要写的命令/数据
void  v_W1302(uchar ucAddr,uchar ucDa)
    {
T_RST = 0;
T_CLK = 0;
_nop_();_nop_();
T_RST = 1;
_nop_();_nop_();
WriteB(ucAddr);                  /*地址，命令*/
WriteB(ucDa);                    /*写 1Byte 数据*/
T_CLK = 1;
T_RST = 0;
    }
//DS1302 单字节读，从指定地址单元读出的数据
uchar  uc_R1302(uchar  ucAddr)
    {
uchar ucDa=0;
T_RST = 0;T_CLK = 0;

T_RST = 1;
WriteB(ucAddr);                  /*写地址*/
ucDa = ReadB();                  /*读 1Byte 数据 */

T_CLK = 1;T_RST = 0;
return(ucDa);
    }
//LCD 检查忙函数
void  fbusy()
    {

    P2 = 0xff;
    RS = 0;
    RW = 1;
    EN = 1;
    EN = 0;
    while((P2 & 0x80))
    {
    EN = 0;
    EN = 1;
    }
```

```
}
//LCD 写命令函数
void  wc51r(uchar  j)
{
    fbusy();
    EN = 0;
    RS = 0;
    RW = 0;
    EN = 1;
    P2 = j;
    EN = 0;
}
//LCD 写数据函数
void  wc51ddr(uchar  j)
{
    fbusy();                    //读状态
    EN = 0;
    RS = 1;
    RW = 0;
    EN = 1;
    P2 = j;
    EN = 0;
}
void  init()                    //LCD1602 初始化
{
wc51r(0x01);                     //清屏
wc51r(0x38);                     //使用 8 位数据，显示两行，使用 5×7 的字型
wc51r(0x0c);                     //显示器开，光标开，字符不闪烁
wc51r(0x06);                     //字符不动，光标自动右移一格
}
//************延时函数************
void  delay(uint  i)            //延时函数
{uint  y,j;
for  (j=0;j<i;j++){
for  (y=0;y<0xff;y++){;}}
}
void  main(void)
{
uchar  i,set;
uchar data temp;
SP=0X50;
delay(10);
init();
wc51r(0x80);
for (i=0;i<5;i++) wc51ddr(datechar[i]);      //第一行开始显示 DATA:
wc51r(0xc0);
for (i=0;i<5;i++) wc51ddr(timechar[i]);      //第二行开始显示 TIME:
```

```
while(1)
    {P3=0XFF;
        if(key0==0) { delay(10);if (key0==0) { while (key0==0);set++;if
(set==6) set=0;}}
    if(key1==0) { delay(10);                    //如果是加1键，则日历、时钟相应位加1
            if (key1==0)
{ while (key1==0);
                switch(set) {
case 1:
tdata[0]++;if (tdata[0]==100) tdata[0]=0;
                temp=(tdata[0]/10)*16+tdata[0]%10;
                v_W1302(0x8e,0);
                v_W1302(0x8c,temp);
                v_W1302(0x8e,0x80);
                break;
        case 2:
                tdata[1]++;if (tdata[1]==13) tdata[1]=1;
                temp=(tdata[1]/10)*16+tdata[1]%10;
                v_W1302(0x8e,0);
                v_W1302(0x88,temp);
                v_W1302(0x8e,0x80);
                break;
        case 3:
                tdata[2]++;if (tdata[2]==32) tdata[2]=1;
                temp=(tdata[2]/10)*16+tdata[2]%10;
                v_W1302(0x8e,0);
                v_W1302(0x86,temp);
                v_W1302(0x8e,0x80);
                break;
        case 4:
                ttime[2]++;if (ttime[2]==24) ttime[2]=0;
                temp=(ttime[2]/10)*16+ttime[2]%10;
                v_W1302(0x8e,0);
                v_W1302(0x84,temp);
                v_W1302(0x8e,0x80);
                break;
        case 5:
                ttime[1]++;if (ttime[1]==60) ttime[1]=0;
                temp=(ttime[1]/10)*16+ttime[1]%10;
                v_W1302(0x8e,0);
                v_W1302(0x82,temp);
                v_W1302(0x8e,0x80);
                break;
                }
            }
        }
    if(key2==0) { delay(10);    //如果是减1键，则日历、时钟相应位减1
```

```
    if (key2==0) { while (key2==0);
    switch(set) {
    case 1:
        tdata[0]--;if (tdata[0]==0xff) tdata[0]=99;
        temp=(tdata[0]/10)*16+tdata[0]%10;
        v_W1302(0x8e,0);
        v_W1302(0x8c,temp);
        v_W1302(0x8e,0x80);
        break;
    case 2:
        tdata[1]--;if (tdata[1]==0x00) tdata[1]=12;
        temp=(tdata[1]/10)*16+tdata[1]%10;
        v_W1302(0x8e,0);
        v_W1302(0x88,temp);
        v_W1302(0x8e,0x80);
        break;
    case 3:
        tdata[2]--;if (tdata[2]==0x00) tdata[2]=31;
        temp=(tdata[2]/10)*16+tdata[2]%10;
        v_W1302(0x8e,0);
        v_W1302(0x86,temp);
        v_W1302(0x8e,0x80);
        break;
    case 4:
        ttime[2]--;if (ttime[2]==0xff) ttime[2]=23;
        temp=(ttime[2]/10)*16+ttime[2]%10;
        v_W1302(0x8e,0);
        v_W1302(0x84,temp);
        v_W1302(0x8e,0x80);
        break;
    case 5:
        ttime[1]--;if (ttime[1]==0xff) ttime[1]=59;
        temp=(ttime[1]/10)*16+ttime[1]%10;
        v_W1302(0x8e,0);
        v_W1302(0x82,temp);
        v_W1302(0x8e,0x80);
        break;
        }
    }
}
temp=uc_R1302(0x8d);     //读年，分成十位和个位，转换成字符放入日历显示缓冲区
tdata[0]=(temp/16)*10+temp%16; //存入年单元
datebuffer[0]=0x30+temp/16;datebuffer[1]=0x30+temp%16;
temp=uc_R1302(0x89);     //读月，分成十位和个位，转换成字符放入日历显示缓冲区
tdata[1]=(temp/16)*10+temp%16; //存入月单元
datebuffer[3]=0x30+temp/16;datebuffer[4]=0x30+temp%16;
```

```
temp=uc_R1302(0x87);        //读日，分成十位和个位，转换成字符放入日历显示缓冲区
tdata[2]=(temp/16)*10+temp%16;  //存入日单元
datebuffer[6]=0x30+temp/16;datebuffer[7]=0x30+temp%16;
temp=uc_R1302(0x85);        //读小时，分成十位和个位，转换成字符放入时间显示缓冲区
temp=temp&0x7f;
ttime[2]=(temp/16)*10+temp%16;  //存入小时单元
timebuffer[0]=0x30+temp/16;timebuffer[1]=0x30+temp%16;
temp=uc_R1302(0x83);        //读分，分成十位和个位，转换成字符放入时间显示缓冲区
ttime[1]=(temp/16)*10+temp%16;  //存入分单元
timebuffer[3]=0x30+temp/16;timebuffer[4]=0x30+temp%16;
temp=uc_R1302(0x81);        //读秒，分成十位和个位，转换成字符放入时间显示缓冲区
temp = temp & 0x7f;
ttime[0]=(temp/16)*10+temp%16;
timebuffer[6]=0x30+temp/16;timebuffer[7]=0x30+temp%16;
wc51r(0x86);            //第一行后面显示日历
for (i=0;i<8;i++) wc51ddr(datebuffer[i]);
wc51r(0xc6);            //第二行后面显示时间
for (i=0;i<8;i++) wc51ddr(timebuffer[i]);
}
}
```

9.3　单片机数显温度计的设计

温度是非常重要的量，在日常生活和生产中，我们都会经常关注温度。现在温度控制在工业控制、电子测温计、医疗仪器、家用电器等各种温度控制系统中广泛应用。

9.3.1　功能要求

本设计数显温度计主要功能为：
(1)测量温度范围-55～+99℃。
(2)测量精度±0.5℃。
(3)显示效果良好。
扩展功能(用户自己添加)：
(4)测量多点温度。
(5)可温度上下限报警。

9.3.2　总体方案设计

温度测量通常可以使用两种方式来实现：一种是用热敏电阻之类的器件，由于温感效应，热敏电阻的阻值能够随温度发生变化，当热敏电阻接入电路，则流过它的电流或其两端的电压就会随温度发生相应的变化，再将随温度变化的电压或电流采集过来，进行 A/D 转换后，发送到单片机进行数据处理，通过显示电路，就可以将被测温度显示出来。这种设计需要用到 A/D转换电路，其测温电路比较复杂。第二种方法是用温度传感器芯片。温度传感器芯片能把温度信号转换成数字信号，直接发送给单片机，转换后通过显示电路显示即可。这种方法电路结构

简单，设计方便，而且精度较高，可满足绝大部分功能要求，目前使用十分广泛。本设计选择第二种方法设计的单片机数字显示温度计，显示部件选择 LCD，总体框图如图 9-7 所示。

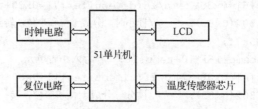

图 9-7　数字显示温度计总体框图

9.3.3　主要器件介绍

根据系统设计方案，该系统主要器件有三个：51 单片机、温度传感器芯片和 LCD 模块芯片。51 单片机选择价格便宜，市场容易购买的 AT89C52，LCD 选择 LCD1602，温度传感器芯片选择 DS18B20。下面介绍用到的主要芯片——温度传感器 DS18B20。

1. DS18B20 简介

DS18B20 是 DALLAS 公司生产的单总线数字温度传感器芯片，具有 3 引脚 TO-92 小体积封装形式；温度测量范围为 –55～+125℃；可编程为 9～12 位 A/D 转换精度；用户可自设定非易失性的报警上下限值；被测温度用 16 位补码方式串行输出；测温分辨率可达 0.0625℃；其工作电源既可在远端引入，也可采用寄生电源方式产生；多个 DS18B20 可以并联到 3 根或 2 根线上，CPU 只需一根端口线就能与诸多 DS18B20 通信，占用微处理器的端口较少。可广泛用于工业、民用、军事等领域的温度测量及控制仪器、测控系统和大型设备中。

2. DS18B20 的外部结构

DS18B20 可采用 3 引脚 TO-92 小体积封装和 8 引脚 SOIC 封装。其外形和引脚图如图 9-8 所示。

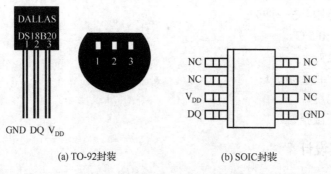

(a) TO-92封装　　　　　　(b) SOIC封装

图 9-8　DS18B20 的外形和引脚图

图 9-8 中各引脚定义如下：

DQ：数字信号输入/输出端。

GND：电源地。

V_{DD}：外接供电电源输入端(在寄生电源接线方式时接地)。

3. DS18B20 的内部结构

DS18B20 内部主要由 4 部分组成：64 位光刻 ROM、温度传感器、非易失性温度报警触发器 TH 和 TL、配置寄存器等。其内部结构图如图 9-9 所示。

DS18B20 的存储部件有以下几种。

(1) 光刻 ROM 存储器

光刻 ROM 中存放的是 64 位序列号，出厂前已被光刻好，它可以看作是该 DS18B20 的地址序列号。不同的器件地址序列号不同。64 位序列号的排列是：开始的 8 位 (28H) 是产品类型标号，接着的 48 位是该 DS18B20 自身的序列号，最后 8 位是前面 56 位的循环冗余校验码。光刻 ROM 的作用是使每一个 DS18B20 都各不相同，这样就可以达到一根总线上挂接多个 DS18B20 的目的。

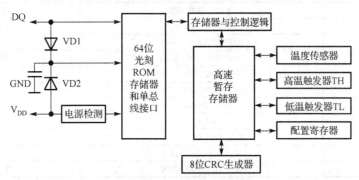

图 9-9　DS18B20 的内部结构图

(2) 高速暂存存储器

高速暂存存储器由 9 个字节组成，其分配如表 9-4 所示。第 0 和第 1 个字节存放转换所得的温度值；第 2 和第 3 个字节分别为高温度触发器 TH 和低温度触发器 TL；第 4 个字节为配置寄存器；第 5、6、7 个字节保留；第 8 个字节为 CRC 校验寄存器。

表 9-4　DS18B20 高速暂存存储器的分布

字节序号	功　能
0	温度转换后的低字节
1	温度转换后的高字节
2	高温度触发器 TH
3	低温度触发器 TL
4	配置寄存器
5	保留
6	保留
7	保留
8	CRC 校验寄存器

DS18B20 中的温度传感器可完成对温度的测量，当温度转换命令发布后，转换后的温度以补码形式存放在高速暂存存储器的第 0 和第 1 个字节中。以 12 位转化为例：用 16 位符号扩展的二进制补码数形式提供，以 0.0625℃/LSB 形式表示，其中 S 为符号位。表 9-5 是 12 位数据转化后得到的 16 位数据，高字节的前面 5 位是符号位，如果测得的温度大于 0，这 5 位为 0，只要将测到的数值乘以 0.0625 即可得到实际温度；如果测得的温度小于 0，这 5 位为 1，测到的数值需要取反加 1 再乘以 0.0625 即可得到实际温度。

表 9-5 DS18B20 温度值格式表

	D7	D6	D5	D4	D3	D2	D1	D0
LS 字节	2^3	2^2	2^1	2^0	2^{-1}	2^{-2}	2^{-3}	2^{-4}
	D7	D6	D5	D4	D3	D2	D1	D0
MS 字节	S	S	S	S	S	26	25	24

例如，+125℃的数字输出为 07D0H，+25.0625℃的数字输出为 0191H，−25.0625℃的数字输出为 FF6FH，−55℃的数字输出为 FC90H。表 9-6 列出了 DS18B20 部分温度值与采样数据的对应关系。

表 9-6 DS18B20 部分温度数据表

温度/℃	16 位二进制编码	十六进制数表示
+125	0000 0111 1101 0000	07D0H
+85	0000 0101 0101 0000	0550H
+25.0625	0000 0001 1001 0001	0191H
+10.125	0000 0000 1010 0010	00A2H
+0.5	0000 0000 0000 1000	0008H
0	0000 0000 0000 0000	0000H
−0.5	1111 1111 1111 1000	FFF8H
−10.125	1111 1111 0101 1110	FF5EH
−25.0625	1111 1110 0110 1111	FE6FH
−55	1111 1100 1001 0000	FC90H

高温度触发器和低温度触发器分别存放温度报警的上限值 TH 和下限值 TL；DS18B20 完成温度转换后，就把转换后的温度值 T 与温度报警的上限值 TH 和下限值 TL 作比较，若 T>TH 或 T<TL，则把该器件的告警标志置位，并对主机发出的告警搜索命令作出响应。

配置寄存器用于确定温度值的数字转换分辨率，该字节各位的意义如图 9-10 所示。

D7	D6	D5	D4	D3	D2	D1	D0
TM	R1	R0	1	1	1	1	1

图 9-10 配置寄存器各位的意义

其中低 5 位一直都是 1，TM 是测试模式位，用于设置 DS18B20 是在工作模式还是在测试模式。在 DS18B20 出厂时该位被设置为 0，用户不要去改动。R1 和 R0 用来设置分辨率，如表 9-7 所示(DS18B20 出厂时被设置为 12 位)。

表 9-7 温度值分辨率设置表

R1	R0	分辨率/位	温度最大转换时间/ms
0	0	9	93.75
0	1	10	187.5
1	0	11	275.00
1	1	12	750.00

CRC 校验寄存器存放的是前 8 个字节的 CRC 校验码。

4. DS18B20 的温度转换过程

根据 DS18B20 的通信协议，主机控制 DS18B20 完成温度转换必须经过三个步骤：每一次读写之前都要对 DS18B20 进行复位，复位成功后发送一条 ROM 指令，最后发送 RAM 指令，这样才能对 DS18B20 进行预定的操作。DS18B20 的 ROM 指令和 RAM 指令如表 9-8 和表 9-9 所示。

表 9-8 ROM 指令表

指　　令	约定代码	功　　能
读 ROM	33H	读 DS18B20 温度传感器 ROM 中的编码(即 64 位地址)
匹配 ROM	55H	发出此命令之后，接着发出 64 位 ROM 编码，访问单总线上与该编码相对应的 DS18B20 使之作出响应，为下一步对该 DS18B20 的读写作准备
搜索 ROM	0F0H	用于确定挂接在同一总线上 DS18B20 的个数和识别 64 位 ROM 地址。为操作各器件做好准备
跳过 ROM	0CCH	忽略 64 位 ROM 地址，直接向 DS1820 发温度变换命令。适用于单片工作
告警搜索命令	0ECH	执行后只有温度超过设定值上限或下限的片子才作出响应

表 9-9 RAM 指令表

指　　令	约定代码	功　　能
温度变换	44H	启动 DS18B20 进行温度转换，12 位转换时最长为 750ms(9 位为 93.75ms)。结果存入内部 9 字节 RAM 中
读暂存器	0BEH	读内部 RAM 中 9 字节的内容
写暂存器	4EH	发出向内部 RAM 的第 3、4 字节写上、下限温度数据命令，紧跟该命令之后，是传送两字节的数据
复制暂存器	48H	将 RAM 中第 3、4 字节的内容复制到 EEPROM 中
重调 EEPROM	0B8H	将 EEPROM 中的内容恢复到 RAM 中的第 3、4 字节
读供电方式	0B4H	读 DS18B20 的供电模式。寄生供电时 DS18B20 发送 "0"，外接电源供电时 DS18B20 发送 "1"

每一步骤都有严格的时序要求，所有时序都是将主机作为主设备，单总线器件作为从设备。而每一次命令和数据的传输都是从主机主动启动写时序开始的，如果要求单总线器件回送数据，在进行写命令后，主机需启动读时序完成数据接收。数据和命令的传输都是低位在前。

时序可分为初始化时序、读时序和写时序。复位时要求主 CPU 将数据线下拉 500μs，然后释放，DS18B20 收到信号后等待 15～60μs 左右，后发出 60～240μs 的低电平，主 CPU 收到此信号则表示复位成功。

读时序分为读 "0" 时序和读 "1" 时序两个过程。对于 DS18B20 的读时序在从主机把单总线拉低之后，15μs 之内就得释放单总线，以使 DS18B20 将数据传输到单总线上。DS18B20 完成一个读时序过程至少需要 60μs。

对于 DS18B20 的写时序仍然分为写 "0" 时序和写 "1" 时序两个过程。DS18B20 对写 "0" 时序和写 "1" 时序的要求不同：当要写 "0" 时，单总线要被拉低至少 60μs，以保证 DS18B20 能够在 15μs 到 45μs 之间正确地采样 I/O 总线上的 "0" 电平；当要写 "1" 时，单总线被拉低之后，在 15μs 之内就得释放单总线。

5. DS18B20 与单片机的常见接口

DS18B20 可采用外部电源供电，也可采用内部寄生电源供电。可单片连接形成单点测温系统，也能够多片连接组网形成多点测温系统。在多片连接时，DS18B20 必须采用外部电源供电方式。DS18B20 与单片机通常有三种连接方式。

图 9-11 是单片寄生电源供电方式连接图，在寄生电源供电方式下，DS18B20 从单线信号

线上汲取能量，在信号线 DQ 处于高电平期间把能量储存在内部电容里，在信号线处于低电平期间消耗电容上的电能工作，直到高电平到来再给寄生电源(电容)充电。寄生电源方式有三个好处：①进行远距离测温时，无须本地电源；②可以在没有常规电源的条件下读取 ROM；③电路更加简洁，仅用一根 I/O 口来实现测温。

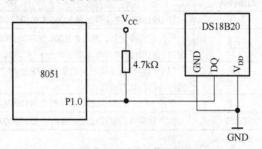

图 9-11　单片寄生电源供电方式连接图

图 9-12 为单片外部电源供电方式连接图。在外部电源供电方式下，DS18B20 工作电源由 V_{DD} 引脚接入，GND 引脚接地。

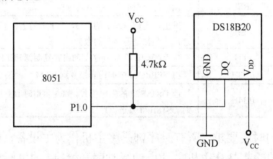

图 9-12　单片外部电源供电方式连接图

图 9-13 为外部供电方式的多点测温电路图，多个 DS18B20 直接并联在唯一的三线上，实现组网多点测温。

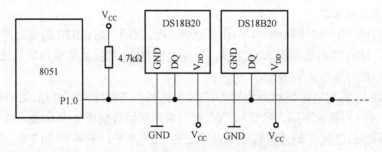

图 9-13　外部供电方式的多点测温电路图

9.3.4　硬件电路设计

单片机数字显示温度计的系统硬件电路由单片机系统、测温电路和显示电路组成，如图 9-14 所示。单片机系统由 AT89C52 单片机、复位电路和时钟电路组成，时钟采用 12MHz 的晶振。测温电路由温度传感器 DS18B20 组成，DS18B20 的 DQ 与单片机的 P1.0 相连，同时通过电阻接电源，另外 DS18B20 采用外部电源供电，V_{DD} 引脚接+5V 电源，GND 接地。显示电路采用

LCD1602，LCD1602 的数据线与 89C52 的 P2 口相连，RS 与 P1.7 相连，R/$\overline{\text{W}}$ 与 P1.6 相连，E 端与 P1.5 相连。

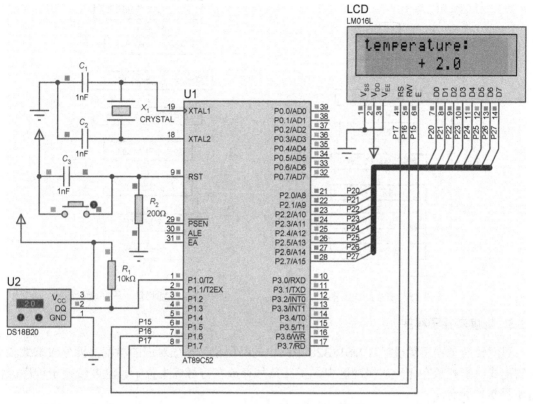

图 9-14 数字显示温度计的硬件图

9.3.5 系统软件程序设计

单片机数字显示温度计的软件程序主要由主程序、温度测量子程序和温度转换子程序等组成。

1. 主程序

在主程序中首先初始化，检测 DS18B20 是否存在，通过调用读温度子程序读出 DS18B20 的当前值，调用温度转换子程序把从 DS18B20 中读出的值转换成对应的温度值，温度的符号显示在 LCD 上，温度值的整数部分分为十位和个位显示，小数点显示，温度值的小数部分显示，循环。主程序流程图如图 9-15 所示。

2. 温度测量子程序

温度测量子程序的功能是读出并处理 DS18B20 测量的当前温度值，读出的温度值以补码的形式存放在缓冲区，温度的正负号用一个符号标志来表示，温度为正表示为 0，温度为负表示为 1。注意：DS18B20 每一次读写之前都要先进行复位，复位成功后发送一条 ROM 指令，最后发送 RAM 指令。这样才能对 DS18B20 进行预定的操作。温度测量子程序流程图如图 9-16 所示。

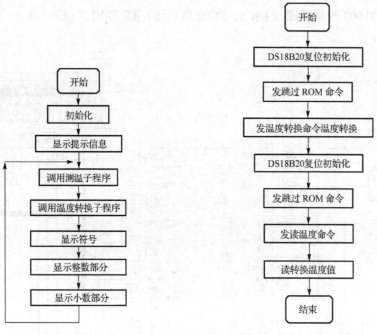

图 9-15 主程序流程图   图 9-16 温度测量子程序流程图

3. 温度转换子程序

温度转换子程序实现把从 DS18B20 中读出的补码值转换成对应的温度值拆分成整数和小数的形式分别存放在相应的缓冲区中，正、负号存放在符号标志位中。温度转换子程序流程图如图 9-17 所示。

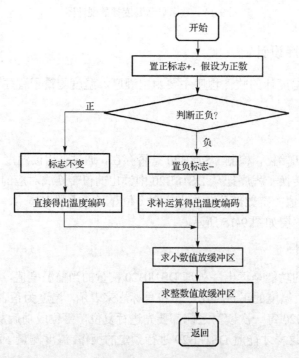

图 9-17 温度转换子程序流程图

这里假定系统时钟频率为 12MHz，测量的温度范围为-55～+99℃，精度为小数点后一位，相应程序如下：

汇编语言程序：

```
;********************************************************************
;程序适合单个 DS18B20 和 MCS-51 单片机的连接,晶振为 12MHz
;测量的温度范围为-55～+99℃，温度精确到小数点后一位
;********************************************************************
TEMPER_L    EQU    30H           ;存放从 DS18B20 中读出的高、低位温度值
TEMPER_H    EQU    31H
TEMPER_NUM  EQU    32H           ;存放温度转换后的整数部分
TEMPER_POT  EQU    33H           ;存放温度转换后的小数部分
FLAG0       EQU    34H           ;FLAG0 存放温度的符号
DQ          EQU    P1.0          ;DS18B20 数据线
RS   BIT   P1.7                  ;LCD1602 控制线定义
RW   BIT   P1.6
E    BIT   P1.5
SkipDs18b20    EQU    0CCH       ;DS18B20 跳过 ROM 命令
StartDs18b20   EQU    44H        ;DS18B20 温度变换命令
ReadDs         EQU    0BEH       ;DS18B20 读暂存器命令


ORG 0000H
SJMP MAIN
ORG 0040H
MAIN:   MOV     SP,#60H
        ACALL   LCD_INIT
        MOV     A,#80H              ;lcd 第 1 行第 1 列开始显示 temperature:
        ACALL   WC51R
        MOV     A,#'t'
        ACALL   WC51DDR
        MOV     A,#'e'
        ACALL   WC51DDR
        MOV     A,#'m'
        ACALL   WC51DDR
        MOV     A,#'p'
        ACALL   WC51DDR
        MOV     A,#'e'
        ACALL   WC51DDR
        MOV     A,#'r'
        ACALL   WC51DDR
        MOV     A,#'a'
        ACALL   WC51DDR
        MOV     A,#'t'
        ACALL   WC51DDR
        MOV     A,#'u'
        ACALL   WC51DDR
        MOV     A,#'r'
```

```
            ACALL    WC51DDR
            MOV      A,#'e'
            ACALL    WC51DDR
            MOV      A,#':'
            ACALL    WC51DDR
    REP:    LCALL    GET_TEMPER         ;调测温子程序，读出转换后的数字量
            LCALL    TEMPER_COV         ;调转换子程序，转换成相应的温度值
            MOV      A,#0c6H            ;lcd 第 2 行第 7 列开始显示温度
            ACALL    WC51R
            MOV      A,FLAG0            ;显示符号
            ACALL    WC51DDR
            MOV      A,TEMPER_NUM       ;温度整数拆分成十位和个位显示
            MOV      B,#10
            DIV      AB
            ADD      A,#30H
            CJNE     A,#30H,REP1        ;如果十位为 0 不显示
            MOV      A,#20H
    REP1:   ACALL    WC51DDR
            MOV      A,B
            ADD      A,#30H
            ACALL    WC51DDR
            MOV      A,#'.'             ;显示小数点
            ACALL    WC51DDR
            MOV      DPTR,#TABLE
            MOV      A,TEMPER_POT       ;显示小数部分
            MOVC     A,@A+DPTR
            ACALL    WC51DDR
            LJMP     REP
    ;DS18B20 复位程序
    DS18B20_INIT:SETB   DQ
            NOP
            NOP
            CLR      DQ
            MOV      R7,#9
    INIT_DELAY:CALL  DELAY60US
            DJNZ     R7,INIT_DELAY
            SETB     DQ
            CALL     DELAY60US
            CALL     DELAY60US
            MOV      C,DQ
            JC       ERROR
            CALL     DELAY60US
            CALL     DELAY60US
            CALL     DELAY60US
            CALL     DELAY60US
            RET
    ERROR:  CLR      DQ
```

```
            SJMP        DS18B20_INIT
            RET
;读 DS18B20 一个字节到累加器 A 程序
READ_BYTE:MOV    R7,#08H
            SETB        DQ
            NOP
            NOP
LOOP:   CLR DQ
            NOP
            NOP
            NOP
            SETB        DQ
            MOV         R6,#07H
            DJNZ        R6,$
            MOV         C,DQ
            CALL        DELAY60US
            RRC         A
            SETB        DQ
            DJNZ        R7,LOOP
            CALL        DELAY60US
            CALL        DELAY60US
            RET
;累加器 A 写到 DS18B20 程序
WRITE_BYTE:MOV   R7,#08H
            SETB        DQ
            NOP
            NOP
LOOP1:CLR    DQ
            MOV         R6,#07H
            DJNZ        R6,$
            RRC         A
            MOV         DQ,C
            CALL        DELAY60US
            SETB        DQ
            DJNZ        R7,LOOP1
            RET
DELAY60US:MOV    R6,#1EH
            DJNZ        R6,$
            RET
;读温度程序
GET_TEMPER:CALL DS18B20_INIT    ;DS18B20 复位程序
            MOV         A,#0CCH         ;DS18B20 跳过 ROM 命令
            CALL        WRITE_BYTE
            CALL        DELAY60US
            CALL        DELAY60US
            MOV         A,#44H          ;DS18B20 温度变换命令
            CALL        WRITE_BYTE
```

```
            CALL       DELAY60US
            CALL       DS18B20_INIT      ;DS18B20 复位程序
            MOV        A,#0CCH           ;DS18B20 跳过 ROM 命令
            CALL       WRITE_BYTE
            CALL       DELAY60US
            MOV        A,#0BEH           ;DS18B20 读暂存器命令
            CALL       WRITE_BYTE
            CALL       DELAY60US
            CALL       READ_BYTE         ;读温度低字节
            MOV        TEMPER_L,A
            CALL       READ_BYTE         ;读温度高字节
            MOV        TEMPER_H,A
            RET
;将从 DS18B20 中读出的温度拆分成整数和小数
TEMPER_COV:
            MOV        FLAG0,#'+'        ;设当前温度为正
            MOV        A,TEMPER_H
            SUBB       A,#0F8H
            JC         TEM0              ;看温度值是否为负？不是,转
            MOV        FLAG0,#'-'        ;是,置 FLAG0 为'-'
            MOV        A,TEMPER_L
            CPL        A
            ADD        A,#01
            MOV        TEMPER_L,A
            MOV        A,TEMPER_H
            CPL        A
            ADDC       A,#00
            MOV        TEMPER_H,A
TEM0:
            MOV        A,TEMPER_L        ;存放小数部分到 TEMPER_POT
            ANL        A,#0FH
            MOV        TEMPER_POT,A
            MOV        A,TEMPER_L        ;存放整数部分到 TEMPER_NUM
            ANL        A,#0F0H
            SWAP       A
            MOV        TEMPER_NUM,A
            MOV        A,TEMPER_H
            SWAP       A
            ORL        A,TEMPER_NUM
            MOV        TEMPER_NUM,A
            RET
            ;LCD 初始化子程序
LCD_INIT:MOV        A,#00000001H         ;清屏
            ACALL      WC51R
            MOV        A,#00111000B      ;使用 8 位数据,显示两行,使用 5×7 的字型
            LCALL      WC51R
            MOV        A,#00001100B      ;显示器开,光标关,字符不闪烁
```

```
        LCALL    WC51R
        MOV      A,#00000110B      ;字符不动,光标自动右移一格
        LCALL    WC51R
        RET
        ;检查忙子程序
F_BUSY: PUSH     ACC               ;保护现场
        MOV      P2,#0FFH
        CLR      RS
        SETB     RW
WAIT:   CLR      E
        SETB     E
        JB       P2.7,WAIT         ;忙,等待
        POP      ACC               ;不忙,恢复现场
        RET
        ;写入命令子程序
WC51R:  ACALL    F_BUSY
        CLR      E
        CLR      RS
        CLR      RW
        SETB     E
        MOV      P2,ACC
        CLR      E
        RET
        ;写入数据子程序
WC51DDR:ACALL    F_BUSY
        CLR      E
        SETB     RS
        CLR      RW
        SETB     E
        MOV      P2,ACC
        CLR      E
        RET
TABLE:  DB   30H,31H,31H,32H,33H,33H,34H,34H
        DB   35H,36H,36H,37H,38H,38H,39H,39H      ;小数温度转换表
        END
```

C 语言程序:

```c
//程序适合单个 DS18B20 和 MCS-51 单片机的连接,晶振为 12MHz
//测量的温度范围为-55~+99℃,温度精确到小数点后一位

#include <REG52.H>
#define uchar unsigned char
#define uint unsigned int
sbit  DQ =P1^0;                    //定义端口
sbit  RS=P1^7;
sbit  RW=P1^6;
sbit  EN=P1^5;
```

```c
union{
    uchar c[2];
    uint x;
}temp;
uchar flag;        //flag为温度值的正负号标志单元，"1"表示为负值,"0"表示为正值
uint cc,cc2;       //变量cc中保存读出的温度值
float cc1;
uchar buff1[13]={"temperature:"};
uchar buff2[6]={"+00.0"};
//检查忙函数
void  fbusy()
{
    P2 = 0xff;
    RS = 0;
    RW = 1;
    EN = 1;
    EN = 0;
    while((P2 & 0x80))
    {
    EN = 0;
    EN = 1;
    }
}
//写命令函数
void  wc51r(uchar  j)
{
fbusy();
    EN = 0;
    RS = 0;
    RW = 0;
    EN = 1;
    P2 = j;
    EN = 0;
}
//写数据函数
void  wc51ddr(uchar  j)
{
    fbusy();           //读状态
    EN = 0;
    RS = 1;
    RW = 0;
    EN = 1;
    P2 = j;
    EN = 0;
}
void  init()
{
```

```
wc51r(0x01);              //清屏
wc51r(0x38);              //使用 8 位数据，显示两行，使用 5×7 的字型
wc51r(0x0c);              //显示器开，光标开，字符不闪烁
wc51r(0x06);              //字符不动，光标自动右移一格
}
void delay(uint useconds)              //延时程序
{
  for(;useconds>0;useconds--);
}
uchar ow_reset(void)                   //复位
{
  uchar presence;
  DQ = 0;                              //DQ 低电平
  delay(50);                           //480ms
  DQ = 1;                              //DQ 高电平
  delay(3);                            //等待
  presence = DQ;                       //presence 信号
  delay(25);
  return(presence);                    //0 允许，1 禁止
}
uchar read_byte(void)                  //从单总线上读取一个字节
{
  uchar i;
  uchar value = 0;
  for (i=8;i>0;i--)
  {
    value>>=1;
    DQ = 0;
    DQ = 1;
    delay(1);
    if(DQ)value|=0x80;
    delay(6);
  }
  return(value);
}
void write_byte(uchar val)             //向单总线上写一个字节
{
  uchar i;
  for (i=8;i>0;i--)                    //一次写一字节
  {
    DQ = 0;
    DQ = val&0x01;
    delay(5);
    DQ = 1;
    val=val/2;
  }
```

```
    delay(5);
}

void Read_Temperature(void)              //读取温度
{
  ow_reset();
  write_byte(0xCC);                      //跳过 ROM
  write_byte(0xBE);                      //读
  temp.c[1]=read_byte();
  temp.c[0]=read_byte();
  ow_reset();
  write_byte(0xCC);
  write_byte(0x44);                      //开始
  return;
}
void main()                             //主程序
{
uchar  k;
delay(10);
  EA=0;
  flag=0;
  init();
wc51r(0x80);                            //写入显示缓冲区起始地址为第 1 行第 1 列
for (k=0;k<13;k++)                      //第一行显示提示信息"current temp is:"
    { wc51ddr(buff1[k]);}
while(1)
 {
  delay(10000);
  Read_Temperature();                   //读取双字节温度
  cc=temp.c[0]*256.0+temp.c[1];
  if (temp.c[0]>0xf8) {flag=1;cc=~cc+1;}else flag=0;
  cc1=cc*0.0625;                        //计算出温度值

  cc2=cc1*100;                          //放大 100 倍，放在整型变量中便于取数字
  buff2[1]=cc2/1000+0x30;if ( buff2[1]==0x30) buff2[1]=0x20;
                                        //取出十位，转换成字符，如果十位是 0 不显示
  buff2[2]=cc2/100-(cc2/1000)*10+0x30;  //取出个位，转换成字符
  buff2[4]=cc2/10-(cc2/100)*10+0x30;    //取出小数点后一位，转换成字符
  if (flag==1) buff2[0]='-';else buff2[0]='+';
  wc51r(0xc5);                          //写入显示缓冲区起始地址为第 2 行第 6 列
  for (k=0;k<6;k++)                     //第二行显示温度
    { wc51ddr(buff2[k]);}
 }
}
```

习　题

1. 说明单片机应用系统设计开发的步骤。
2. 简要介绍进行硬件系统设计时通常要考虑哪些方面的问题。
3. 简要介绍进行软件设计时如何合理地分配系统资源。
4. 对 9.2 节中的单片机电子时钟进行改进，如添加温度显示，增加定闹功能，等等。
5. 对 9.3 节中的单片机数显温度计进行改进，如添加温度上下限报警功能等。
6. 利用 DS18B20 设计一个单片机多点温度采集系统。
7. 利用 ADC0809 设计一个 8 路温度采集系统，可通过按键控制显示各路电压值。

第10章

Keil C51 集成环境的使用

Keil C51 是单片机应用系统开发中使用较多的一种开发工具，它功能强大、简单易用，特别适合于初学者。

10.1 Keil C51 简介

Keil C51 是美国 Keil Software 公司出品的 51 系列单片机开发软件，它集成源程序编辑、编译、仿真调试于一体，支持汇编语言、C 语言、PL/M 语言。软件提供丰富的库函数和功能强大的集成开发调试工具，界面友好，易学易用。Keil C51 自产生到现在经历了多个版本。下面以 Keil μVision4 IDE 版为例详细介绍系统各部分的功能和使用。

10.1.1 Keil μVision4 IDE 的安装

Keil μVision4 IDE 的安装与其他软件的安装方法相似，安装过程比较简单，运行 Keil μVision4 IDE 的安装程序，然后选择默认的安装目录或设置新的安装目录，确定后根据提示依次填入相应信息，就将 Keil μVision4 IDE 软件安装到计算机上了，同时在桌面上建立了一个快捷方式。

10.1.2 Keil μVision4 IDE 界面

单击"Keil μVision4 IDE"图标，启动 Keil μVision4 IDE 程序，就可以看到如图 10-1 所示的 Keil μVision4 IDE 的主界面。下面对 μVision4 IDE 的界面做简要说明。

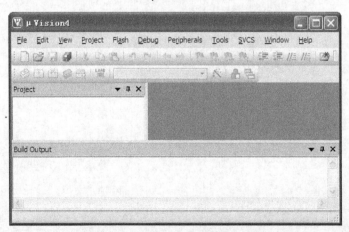

图 10-1　Keil μVision4 IDE 的主界面

窗口标题栏下面是菜单栏，菜单栏下面是工具栏，工具栏下面的左边是项目管理器窗口，右边是编辑窗口，它们的下面是命令窗口和各种输出信息窗口，对于这些窗口可以通过视图菜单(View)下面的命令打开或关闭。

菜单栏提供各种操作菜单，如文件操作、编辑操作、项目维护、开发工具选项设置、调试程序、窗口选择和处理在线帮助等。工具栏按钮提供键盘快捷键(用户可自行设置)，允许快速执行 Keil μVision4 IDE 命令。

μVision4 有两种操作模式：编辑模式和调试模式，通过用 Debug 菜单下的"Start/Stop Debugging"(开始/停止调试模式)命令切换。编辑模式可以建立项目、文件，编译项目、文件产生可执行程序。调试模式提供一个非常强大的调试器，可以调试项目。两种模式的菜单命令有一定的区别。

下面列出了 Keil μVision4 IDE 命令、默认的快捷键及其描述。

1. 文件菜单(File)

文件菜单的各项说明如表 10-1 所示。

表 10-1　文件菜单说明

命　令	快　捷　键	描　述
New	Ctrl+N	创建新文件
Open	Ctrl+O	打开已经存在的文件
Close		关闭当前文件
Save	Ctrl+S	保存当前文件
Save As		另取名保存文件
Save All		保存所有文件
Device Database		管理器件库
License Management		许可证管理器
Print Setup		打印机设置
Print	Ctrl+P	打印当前文件
Print Preview		打印预览
1-10		打开最近用过的文件
Exit		退出 μVision4 提示是否保存文件

2. 编辑菜单(Edit)

编辑菜单的各项说明如表 10-2 所示。

表 10-2　编辑菜单说明

命　令	快　捷　键	描　述
Undo	Ctrl+Z	取消上次操作
Redo	Ctrl+Shift+Z	重复上次操作
Cut	Ctrl+X	剪切选取文本
Ctrl+Y		剪切当前行的所有文本
Copy	Ctrl+C	复制选取文本
Paste	Ctrl+V	粘贴
Navigate Backwards		向后浏览
Navigate Forwards		向前浏览

命　　令	快　捷　键	描　　述
Insert/Remove Bookmark		插入/删除书签
Goto Next Bookmark	F2	移动光标到下一个标签处
Goto Previous Bookmark	Shift+F2	移动光标到上一个标签处
Clear All Bookmarks		清除当前文件的所有标签
Find	Ctrl+F	在当前文件中查找文本
Replace	Ctrl+H	替换特定的字符
Find in Files		在多个文件中查找
Start All Outlining		源代码命令
Advanced		编辑器命令
Configuration		配置

3. 视图菜单（View）

视图菜单的各项说明如表 10-3 所示。

表 10-3　视图菜单说明

命　　令	描　　述
Status Bar	显示/隐藏状态条
Toolbars	工具栏
File Toolbar	显示/隐藏文件菜单条
Build Toolbar	显示/隐藏编译菜单条
Project Window	显示/隐藏项目窗口
Books Window	书窗口
Functions Window	功能窗口
Templates Window	模板窗口
Source Browser Window	源浏览窗口
Build Output Window	建立输出窗口
Find in Files Window	在文件窗口查找
Full Screen	全屏

在调试模式下视图菜单增加一些命令，如表 10-4 所示。

表 10-4　调试模式下视图菜单增加命令表

命　　令	描　　述
Command Window	显示/隐藏命令窗口
Disassembly Window	显示/隐藏反汇编窗口
Symbol Window	显示/隐藏字符变量窗口
Registers Window	显示/隐藏寄存器窗口
Call Stack Window	显示/隐藏观察和堆栈窗口
watch Window	显示/隐藏观察和堆栈窗口
Memory Window	显示/隐藏存储器窗口
Serial Window	显示/隐藏串口的观察窗口
Analysis Window	显示/隐藏分析窗口
Trace	跟踪
System Viewer	系统查看器
Toolbox	显示/隐藏自定义工具条
Periodic Window Update	程序运行时刷新调试窗口

4．项目菜单（Project）

项目菜单的各项说明如表 10-5 所示。

表 10-5 项目菜单说明

命　令	快　捷　键	描　　述
New Project		创建新项目
New Multi-project woRkspace		创建新多项目工作区
Import μVision1 Project		转化 μVision1 的项目
Open Project		打开一个已经存在的项目
Close Project		关闭当前的项目
Export		套出
Save Project to μVision3 Format		将项目保存为 μVision3 格式
Save multi-Project Workspace to μVision3 Format		将多项目工作区保存为 μVision3 格式
Manage		管理器
Components Environment Books		组件环境书
Multi-Project Workspace		多项目工作区
Select Device For Target Target1		为目标 Target1 选择器件
Remove Item		删除项目
Options		目标选项
Clean Target		清除目标
Build Target	F7	编译连接目标文件
Rebuild All Target Files		重新编译连接所有目标文件
Batch Build		批量编译连接
Translate	Ctrl+F7	编译当前文件
Stop Build		停止编译连接
1-10		最近打开过的项目

5．Flash 菜单（Flash）

Flash 菜单可以配置和运行 Flash 编程设备。Flash 菜单的各项说明如表 10-6 所示。

表 10-6 Flash 菜单说明

命　令	快　捷　键	描　　述
Download		下载到 Flash ROM
Erase		擦除 Flash ROM
Configure Flash Tools		打开 Flash 配置工具

6．调试菜单（Debug）

调试菜单的各项说明如表 10-7 所示。

表 10-7 调式菜单说明

命　令	快　捷　键	描　　述
Start/Stop Debugging	Ctrl+F5	开始/停止调试模式
Reset CPU		CPU 复位
Run	F5	连续运行
Stop	ESC	停止运行
Step Over	F11	单步执行
Step Out	F10	单步执行程序跳过子程序
Run to Cursor Line		运行到光标行
Show Next Statement		显示下一条指令

续表

命　令	快　捷　键	描　述
Breakpoints		打开断点对话框
Insert/Remove Breakpoint		设置/取消当前行的断点
Enable/Disable Breakpoint		使能/禁止当前行的断点
Disable All Breakpoints		禁止所有的断点
Kill All Breakpoints		取消所有的断点
Os Support		操作系统支持
Execution Profiling		记录执行时间
Memory Map		打开存储器空间配置对话框
Inline Assembly		对某一个行重新汇编可以修改汇编代码
Function Editor		编辑调试函数和调试配置文件
Debug Setting		调试设置

7. 片上外设菜单（Peripherals）

片上外设菜单在命令调试时才会出现,这些外设对话框可能由于所选 CPU 的不同而不同,各项说明如表 10-8 所示。

表 10-8　片上外设菜单说明

命　令	描　述
Interrupt	打开片上外设中断对话框
I/O-Ports	打开片上外设并口对话框
Serial	打开片上外设串口对话框
Timer	打开片上外设定时/计数器对话框

8. 工具菜单（Tool）

利用工具菜单可以配置,运行 Gimpel PC-Lint、Siemens Easy-Case 和用户程序。通过 Customize Tools Menu 菜单,可以添加想要添加的程序。具体菜单描述如表 10-9 所示。

表 10-9　工具菜单说明

命　令	描　述
Setup PC-Lint	配置 Gimpel Software 的 PC-Lint 程序
Lint	用 PC-Lint 处理当前编辑的文件
Lint all C Source Files	用 PC-Lint 处理项目中所有的 C 源代码文件
Customize Tools Menu	添加用户程序到工具菜单中

9. 软件版本控制系统菜单（SVCS）

用此菜单来配置和添加软件版本控制系统的命令。具体菜单描述如表 10-10 所示。

表 10-10　软件版本控制系统菜单说明

命　令	描　述
Configure Software Version Control	配置软件版本控制系统的命令

10. 视窗菜单（Window）

视窗菜单的各项说明如表 10-11 所示。

表 10-11　视窗菜单说明

命　　令	描　　述
Debug Restore View	调试窗口 View 恢复
Reset View to Defaults	恢复 View 菜单到默认值
Split	把当前的文件窗口分割为几个
Close All	关闭所有窗口
1-9	激活指定的窗口对象

11.　帮助菜单（Help）

帮助菜单的各项说明如表 10-12 所示。

表 10-12　帮助菜单说明

命　　令	描　　述
Vision Help	打开在线帮助
Open Books Window	打开工程工作空间中的 Books 标签
Simulated Periperals for "　"	有关所选 CPU 的外设信息
Internet Support Knowledgebase	网站知识提供
Contact Support	通过论坛可以获得技术支持
Check for Update	检查更新
About Vision	显示版本信息和许可证信息

12.　选择文本命令

在 Keil μVision4 IDE 中，可以通过按住 Shift 键和相应的光标操作键来选择文本。例如，如果"Ctrl+→"组合键是移动光标到下一个词，那么，"Ctrl+Shift+→"组合键就是选择当前光标位置到下一个词的开始位置间的文本。

当然，也可以用鼠标来选择文本，操作如表 10-13 所示。

表 10-13　选择文本命令操作说明

要选择内容	鼠标操作
任意数量的文本	在要选择的文本上拖动鼠标
一个词	双击此词
一行文本	移动鼠标到此行左边，直到鼠标变成右指向的箭头，然后单击
多行文本	移动鼠标到此行最左边，直到鼠标变成右指向的箭头，然后相应拖动
一个矩形框中的文本	按住 Alt 键，然后相应拖动鼠标

10.2　Keil μVision4 IDE 的使用方法

Keil μVision4 IDE 是一个集项目管理、源代码编辑、程序调试仿真于一体的集成开发环境。可用来编译 C 源码，汇编源程序，连接和重定位目标文件和库文件，创建 HEX 文件，调试目标程序。

Keil μVision4 IDE 中文件采用项目方式管理，各种 C51 源程序、汇编源程序、头文件等都放在项目文件里统一管理。一般操作步骤如下：

① 建立项目文件。

② 给项目添加程序文件。

③ 编译、连接项目，形成目标文件。

④ 仿真运行调试观察结果。

10.2.1 建立项目文件

µVision4 采用项目方式管理，一个项目用一个文件夹存放，建项目时要先建一文件夹，文件夹建好后，启动 µVision4，通过用 Project 菜单下的"New µVision Project"命令建立项目文件，过程如下：

(1)在编辑模式下，选择 Project 菜单下的"New µVision Project"命令，弹出如图 10-2 所示的"Create New Project"对话框。

图 10-2 "Create New Project"对话框

(2)在"Create New Project"对话框中选择新建项目文件的位置（为项目建立的文件夹），输入新建项目文件的名称，项目文件类型固定为 uvproj。例如，项目文件名为"example"，单击"保存"按钮，弹出如图 10-3 所示的"Select Device for Target 'Target 1'..."对话框，用户可以根据使用情况选择单片机型号，如选择 AT89C51。Keil µVision4 IDE 几乎支持所有 51 核心的单片机，并以列表的形式给出。选中芯片后，在右边的描述框中将同时显示所选中芯片的相关信息以供用户参考。

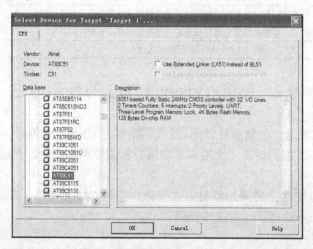

图 10-3 "Select Device for Target 'Target 1'..."对话框

　　(3)选择好单片机芯片后，单击"确定"按钮，弹出如图 10-4 所示的"Copy Standard 8051 Startup Code to Project Folder and Add File to Project"确认框，问是否把启动代码文件复制到项目文件夹并添加到项目中。如果程序用 C51 语言编写要选择"是"，如果用汇编语言编写选择"否"，单击相应按钮后，项目文件就创建好了。项目文件创建后，在左边的项目管理器窗口可以看到新建的项目，这时的项目只是一个框架，紧接着需向项目文件中添加程序文件内容。

图 10-4 "Copy Standard 8051 Startup Code to Project
Folder and Add File to Project"确认框

10.2.2 给项目添加程序文件

　　当项目文件创建好后，就可以向项目文件中加入程序文件了，Keil μVision4 支持 C 语言程序，也支持汇编语言程序。程序文件已经建立好了可直接添加，如果没有程序文件，须先建立程序文件再添加，过程如下：

　　(1)如果没有程序文件，应先用 File 菜单下的"New"命令建立程序文件，输入文件内容，存盘(注意，汇编程序扩展名为.ASM，C 语言程序扩展名为.C)。例如，这里新建一个控制并行口 P2 滚动输出高电平的 C51 程序，存盘为 io.c 文件，文件内容如下：

```
#include<intrins.h>
#include<reg52.h>
#define uchar unsigned char
#define uint unsigned int

void mDelay(uint Delay)    //延时
{   uint i;
    for(;Delay > 0;Delay--)
        for(i = 0;i < 110;i++);
}

void main(void)
{
    unsigned char a,i;
    while(1)
    {
        a = 0x01;
        for(i = 0;i < 8;i++)            //流水灯一共 8 只，实现 1 到 8 只流水灯的循环
        {
            P2 = _crol_(a,1);          //实现输出
            a = P2;
            mDelay(500);               //500ms 的延迟
```

```
        }
      }
    }
```

(2)程序文件建立好后，在项目管理器窗口中，展开 Target1 项，可以看到 Source Group1 子项。

(3)右键单击 Source Group1，在出现如图 10-5 所示的菜单中选择"Add Files to Group 'Source Group1'…"命令。

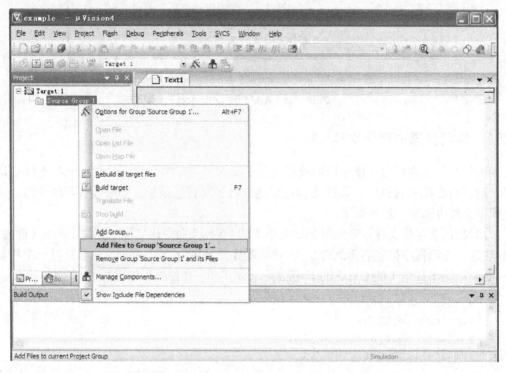

图 10-5　选择"Add Files to Group 'Source Group1'…"命令

(4)弹出如图 10-6 所示的"Add Files to Group 'Source Group1'"对话框。在对话框中选择需要添加的程序文件，单击"Add"按钮，把所选文件添加到项目文件中。一次可连续添加多个文件，添加的文件在项目管理器的 Source Group1 下面可以看见。当不再添加时，单击"Close"按钮，结束添加程序文件。

图 10-6　"Add Files to Group 'Source Group1'"对话框

注意，在该对话框中文件类型默认为*.C，如果是汇编程序，需在文件类型选择框中选择*.a*才看得到，如果文件添加得不对，可在项目管理器的 Source Group1 子项下面选中对应的文件，用右键菜单中的"Remove File"命令把它移出去。如果某个文件添加后再次添加将给出提示，如图 10-7 所示，提示文件已经添加了，只需单击"确定"按钮即可。

图 10-7　"文件已经添加提示"对话框

10.2.3　编译、连接项目，形成目标文件

当把程序文件添加到项目文件中，并且程序文件已经建立好存盘后，就可以进行编译、连接，形成目标文件。编译、连接使用 Project 菜单下的"Built Target"命令(或用快捷键 F7)，如图 10-8 所示。

编译、连接时，如果程序有错，则编译不成功，并在下面的信息窗口给出相应的出错提示信息，以便用户进行修改，修改后再编译、连接，这个过程可能会重复多次。如果没有错误，则编译、连接成功，并且在信息窗口给出提示信息。

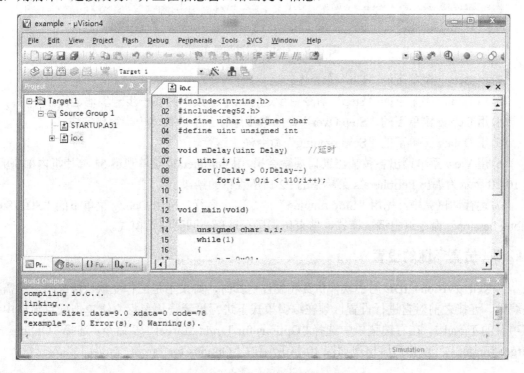

图 10-8　编译、连接后的显示图

10.2.4 运行调试观察结果

当项目编译、连接成功后，就可以进入调试模式，可通过仿真运行来观察结果，运行调试过程如下。

(1)先用 Debug 菜单下的"Start/Stop Debug Session"命令(或用快捷键"Ctrl+F5")进入调试模式，结果如图 10-9 所示。

图 10-9　启动调试过程结果图

(2)用 Debug 菜单下的"Go"命令连续运行。

(3)用 Debug 菜单下的"Step"命令单步运行。子函数中也要一步一步地运行。

(4)用 Debug 菜单下的"Step Over"命令单步运行。子函数体一步直接完成。

(5)用 Debug 菜单下的"Stop running"命令停止运行。

(6)用 View 菜单调出各种输出窗口观察结果，用 Peripherals 菜单观察 51 单片机内部资源。图 10-10 所示为调出 Peripherals 菜单下的 P2 口所观察的结果。

(7)运行调试完毕，先用"Stop running"命令停止运行，再用 Debug 菜单下的"Start/Stop Debug Session"命令退出调试模式，结束仿真运行过程，回到编辑模式。

10.2.5 仿真环境的设置

当 Keil μVision4 IDE 用于软件仿真和硬件仿真时，如果不是工作在默认情况下，就需要在编译、连接之前对它进行设置，须在编辑模式下进行设置，用鼠标右键单击项目窗口中当前项目的 Target 1，在右键菜单中选择"Options for Target 'Target 1'"命令。选择"Options for Target 'Target 1'"命令后将出现如图 10-11 所示的"Options for Target 'Target 1'"对话框。

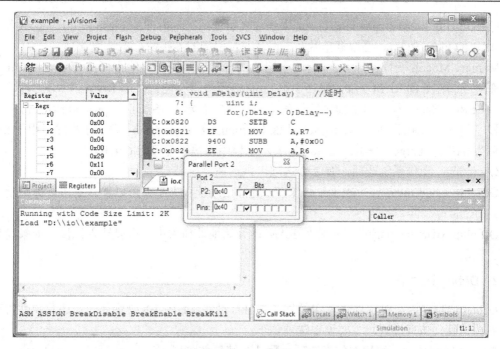

图 10-10　P2 口仿真窗口

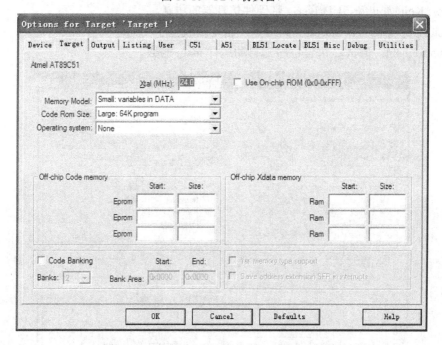

图 10-11　"Options for Target 'Target 1'" 对话框

"Options for Target 'Target 1'" 对话框有 10 个选项卡，默认为 Target 选项卡。常用的有以下几个。

1. Target 选项卡

Target 选项卡用于设置芯片的相关信息。

Xtal(MHz)：设置单片机的工作频率。已经有一个已选芯片的默认值。

Use On-chip ROM（0x0-0xFFF）：选中该项表示使用芯片内部的 Flash ROM，8051 系列内部有 4KB 的 Flash ROM。要根据单片机芯片的 EA 引脚的连接情况来选取该项。

Memory Model：变量存储方式，有 3 个选项，Small 表示变量存储在内部 RAM 中；Compact 表示变量存储在外部 RAM 的低 256B 中；Large 表示变量存储在外部 RAM 的 64KB 中。

Code Rom Size：程序和子程序的长度范围。有 3 个选项，Small："program 2K or less"表示子程序和程序只限于 2KB；Compact："2K functions，64K program"表示子程序只限于 2KB，程序可为 64KB；Large："64K program"表示子程序和程序都可为 64KB。

Operating：操作系统选项，有 3 个选项可供选择。

Off-chip Code memory：表示片外 ROM 的开始地址和大小，可以输入三段。如果没有则不填。

Off-chip Xdata memory：表示片外 RAM 的开始地址和大小，可以输入三段。如果没有则不填。

2. Debug 选项卡

Debug 选项卡用于对软件仿真和硬件仿真进行设置，如图 10-12 所示，左边是软件仿真设置，右边是硬件仿真设置，主要设定选项如下：

● Use Simulator：纯软件仿真选项，默认为纯软件仿真。

● Use: Keil Monitor-51 Driver：带硬件仿真器的仿真。

● Load Application at Startup：Keil C51 自动装载程序代码选项。

● Run to main：调试 C 语言程序，自动运行 main 函数。

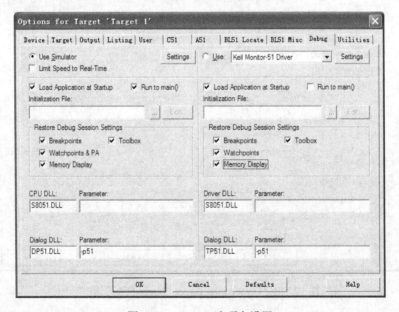

图 10-12　Debug 选项卡设置

如果选中"Use: Keil Monitor-51 Driver"硬件仿真单选按钮，还可单击右边的"Settings"按钮，对硬件仿真器连接情况进行设置，单击"Settings"按钮后，弹出如图 10-13 所示的对话框。相关选项说明如下。

Port：串行口号。仿真器与计算机连接的串行口号。

Baudrate：波特率设置，与仿真器串行通信的波特率，仿真器上的设置必须与它一致。一般仿真使用的波特率为 9600。

Serial Interrupt：选中它允许单片机串行中断。

Cache Options：缓存选项，可选可不选，选择可加快程序的运行速度。

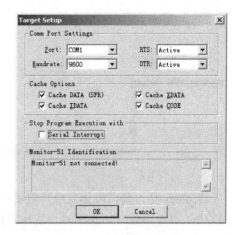

图 10-13　仿真器连接设置

3．Output 选项卡

Output 选项卡用于对编译后形成的目标文件输出进行设置，如图 10-14 所示。

Select Folder for Objects：单击该按钮用于设置编译后生成的目标文件的存储目录，如果不设置，默认为项目文件所在的目录。

Name of Executable：设置生成的目标文件的名字，默认情况下和项目文件名相同。可以生成库或 obj、HEX 格式的目标文件。

Create Executable：选择此项，则生成 obj、HEX 格式的目标文件。

Create HEX File：选择生成 HEX 文件。

Create Library：选择生成库。

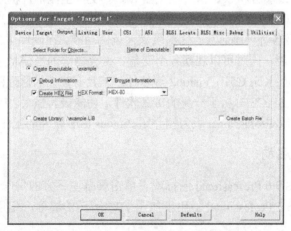

图 10-14　Output 选项卡设置

习　题

1．在 Keil C51 环境下如何设置和删除断点，在计算机上实现。

2．在 Keil C51 环境下如何查看和修改寄存器的内容，调试一个程序并修改寄存器的内容。

3．在 Keil C51 环境下如何观察和修改变量，如何观察存储器区域，在 Keil C51 环境下编程测试。

4．模仿本章实例，在 Keil C51 环境下练习并行口、定时/计数器、串行口等单片机的资源和外中断的使用。

第 11 章

Proteus 软件的使用

Proteus 是一套可以仿真单片机硬件的软件系统，20 世纪初期引入我国，它简单易用，使用方便，对单片机应用系统的开发非常有帮助，目前已在国内大专院校及企业获得广泛的使用。

11.1 Proteus 概述

Proteus ISIS 是英国 Labcenter 公司开发的电路分析与实物仿真软件。它运行于 Windows 操作系统上，可以仿真、分析(SPICE)各种模拟器件和集成电路，该软件的特点是：①单片机仿真和 SPICE 电路仿真相结合。具有模拟电路仿真、数字电路仿真、单片机及其外围电路组成的系统的仿真、RS232 动态仿真、I2C 调试器、SPI 调试器、键盘和 LCD 系统仿真的功能；有各种虚拟仪器，如示波器、逻辑分析仪、信号发生器等。②支持主流单片机系统的仿真。目前支持的单片机类型有：68000 系列、8051 系列、AVR 系列、PIC12 系列、PIC16 系列、PIC18 系列、Z80 系列、HC11 系列及各种外围芯片。③提供软件调试功能。在硬件仿真系统中具有全速、单步、设置断点等调试功能，同时可以观察各个变量、寄存器等的当前状态；同时支持第三方的软件编译和调试环境，如 Keil C51 μVision2 等软件。④具有强大的原理图绘制功能。总之，该软件是一款集单片机和 SPICE 分析于一身的仿真软件，功能极其强大。Proteus 发展很快，现在已有多个版本，本章以 7.6 Professional 版为例介绍 Proteus ISIS 软件的工作环境和一些基本操作。

11.1.1 Proteus 的启动

双击桌面上的 ISIS 7.6 Professional 图标或者单击屏幕左下方的"开始"→"程序"→"Proteus 7 Professional"→"ISIS 7 Professional"，出现如图 11-1 所示的屏幕，表明即将进入 Proteus ISIS 集成环境。

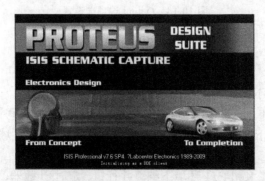

图 11-1   启动时的屏幕

11.1.2　Proteus 的界面

Proteus ISIS 的工作界面是一种标准的 Windows 界面,如图 11-2 所示。包括:标题栏、主菜单、主工具栏、模型选择工具栏、方向工具栏、仿真工具栏、预览窗口、元件列表、原理图编辑窗口等。

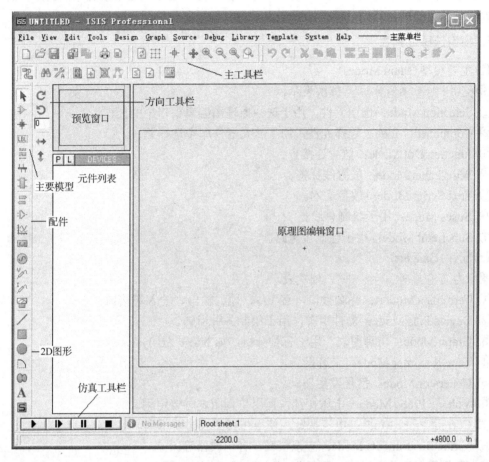

图 11-2　Proteus ISIS 的工作界面

1．主菜单栏

主菜单栏包括 File（文件）、View（查看）、Edit（编辑）、Tools（工具）、Design（设计）、Graph（图形）、Source（源）、Debug（调试）、Library（库）、Template（模板）、System（系统）和 Help（帮助）。

2．主工具栏

主工具栏包括 File 工具栏、View 工具栏、Edit 工具栏和 Design 工具栏等。每个工具栏都可以打开和关闭,可通过"View | Toolbars"命令进行设置。

3．原理图编辑窗口

顾名思义,该窗口是用来绘制原理图的。图 11-2 中对应方框内为可编辑区,元件要放到可编辑区里面。注意,该窗口没有滚动条,可用预览窗口来改变原理图的可视范围。

4．预览窗口

预览窗口可显示两个内容，一是在元件列表中选择一个元件时，它会显示该元件的预览图；一是当光标落在原理图编辑窗口时（即放置元件到原理图编辑窗口后或在原理图编辑窗口中点击鼠标后），它会显示整张原理图的缩略图，并会显示一个绿色的方框，方框里面的内容就是当前原理图窗口中显示的内容。因此，可用鼠标在它上面单击来改变绿色的方框的位置，从而改变原理图的可视范围。

5．模型选择工具栏

(1) 主要模型 (Main Modes)

图标为 ▮ ▷ ✛ ▦ ▤ ⊹ ▮ ，依次表示：

① Selection Mode：选中元件，用于选中原理图编辑窗口中的元件。

② Component Mode：选择元件，用于从元器件库中选择元件。

③ Junction Dot Mode：放置连接点。

④ Wire Label Mode：放置线标签。

⑤ Text Script Mode：放置文本。

⑥ Buses Mode：用于绘制总线。

⑦ Subcircuit Mode：用于绘制子电路。

(2) 配件 (Gadgets)

图标为 ▤ ▷ ▨ ▣ ◐ ✕ ✕ ▨ ，依次表示：

① Terminals Moder ：终端接口，有 V_{CC}、地、输出、输入等接口。

② Device Pins Mode：器件引脚，用于绘制各种引脚。

③ Graph Mode：仿真图表，用于各种分析，如 Noise Analysis。

④ Tape Recorder Mode：录音机。

⑤ Generator Mode：信号发生器。

⑥ Voltage Probe Mode：电压探针，使用仿真图表时要用到。

⑦ Current Probe Mode：电流探针，使用仿真图表时要用到。

⑧ Virtual Instruments Mode：虚拟仪表，有示波器等。

(3) 2D 图形 (2D Graphics)

图标为 ／ ▣ ◯ ◠ ⍩ A ▣ ✛ ，依次表示：

① 2D Graphics Line Mode：画各种直线。

② 2D Graphics Box Mode：画各种方框。

③ 2D Graphics Circle Mode：画各种圆。

④ 2D Graphics Are Mode：画各种圆弧。

⑤ 2D Graphics Closed Path Mode：画各种多边形。

⑥ 2D Graphics Text Mode：画各种文本。

⑦ 2D Graphics Symbols Mode：画符号。

⑧ 2D Graphics Markers Mode：画原点等。

6．元件列表 (The Object Selector)

用于挑选元件 (Component)、终端接口 (Terminals)、信号发生器 (Generators)、仿真图表

(Graph)、虚拟仪表(Virtual Instruments)等。例如，当选择"元件"(Components)工具时，单击"P"按钮会打开挑选元件对话框，选择一个元件(单击"OK"按钮)后，该元件会在元件列表中显示，以后要用到该元件时，只需在元件列表中选择即可。

7．方向工具栏(Orientation Toolbar)

图标为 $\text{C}\,\text{つ}\,\boxed{0}$ ⟷ ⭥，依次为向右旋转 90°，向左旋转 90°，水平翻转和垂直翻转。使用方法：先右键单击元件，再左键单击相应的旋转图标。

8．仿真工具栏

仿真控制按钮 ▶ ‖▶ ‖ ■ 依次表示：

① 运行；

② 单步运行；

③ 暂停；

④ 停止。

11.2　Proteus 的基本操作

下面以一个简单的实例来完整地介绍 Proteus ISIS 的处理过程和基本操作。

在 80C51 单片机系统的 P2 口连接 8 个发光二极管指示灯，编程实现流水灯的控制，从低位到高位轮流点亮指示灯，一直重复。在 Keil C51 中编写程序，形成 HEX 文件，在 Proteus 中设计硬件，下载程序，运行查看结果。Proteus ISIS 处理过程一般如下。

11.2.1　新建电路，选择元件

(1)Proteus ISIS 软件打开后，系统默认新建一个名为"UNTITLED"(没有存盘的文件)的原理图文件，如图 11-3 所示。用户要存盘，可用 File 菜单下的"Save"或"Save as"命令，这里假设文件保存到 D:\IO 文件夹下面(最好与 Keil C51 编写的程序放在同一文件夹中，这样使用方便)，文件基本名为 io，扩展名为默认。

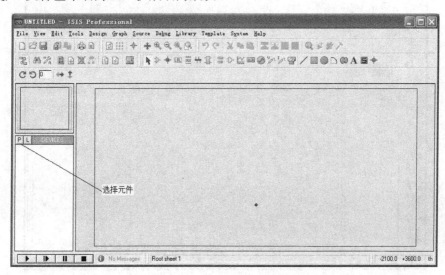

图 11-3　Proteus ISIS 窗口图

(2)在主要模型下选择 Component Mode 来选择元件工具，然后再选择图 11-3 中的按钮"P"，打开元件选择对话框，如图 11-4 所示。

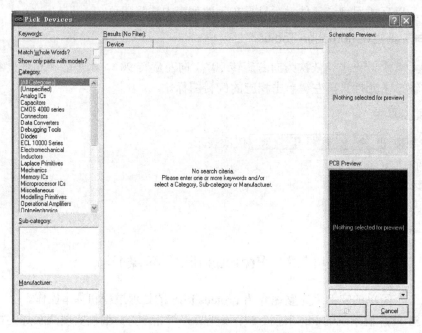

图 11-4　元件选择对话框

(3)在元件选择对话框的 Keywords 栏中输入元件关键字搜索元件，找到元件后，双击元件则可选中元件，将元件添加到 Device 元件列表栏。本实例中，需要的元件依次为：单片机（80C51）、电容（CAP）、按键（BUTTON）、晶振（CRYSTAL）、发光二极管（LED-RED）、电阻（RES）。添加后如图 11-5 所示，已选择的元件列于 Device 元件列表栏。

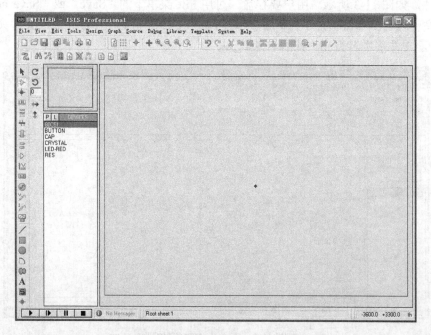

图 11-5　将元件添加到 Device 元件列表栏

　　注意，在选择元件时一定要知道元件的名字或名字的一部分，这样才能找到元件。表 11-1
给出 Proteus 中部分常见的元件及名称。

表 11-1　Proteus 中部分常见元件表

元件名称	中文名说明	元件名称	中文名说明
7407	驱动门	BATTERY	电池/电池组
1N914	二极管	CAP	电容
74Ls00	与非门	CAPACITOR	电容器
74LS04	非门	CLOCK	时钟信号源
74LS08	与门	CRYSTAL	晶振
74LS390	TTL 双十进制计数器	FUSE	保险丝
7SEG	7 段式数码管开始字符	LAMP	灯
LED	发光二极管	POT-LIN	三引线可变电阻器
LM016L	2 行 16 列液晶	RES	电阻
MOTOR	马达	RESISTOR	电阻器
SWITCH	开关	8051	51 系列单片机
BUTTON	按钮	ARM	ARM 系列
INDUCTOR	电感	PIC	PIC 系列单片机
SPEAKERS & SOUNDERS	扬声器	AVR	AVR 系列单片机
ALTERNATOR	交流发电机		

11.2.2　放置元件，调整元件

　　放置元件过程如下：

　　(1) 选择 Component Mode 工具，这时 Devices 元件列表将出现元件列表单，如图 11-5 所示。

　　(2) 单击 Devices 元件列表中的元件名称选中元件，这时在预览窗口将出现该元件的形状，将
光标移动到编辑窗口，单击左键，在光标处会出现元件形状，再移动鼠标，把元件移动到合适的
位置，单击左键，元件就被放在相应的位置上了。通过相同的方法把所有元件放置到编辑窗口的
相应位置，电源和地在配件的终端接口 🖫 中。本实例放置元件情况如图 11-6 所示。

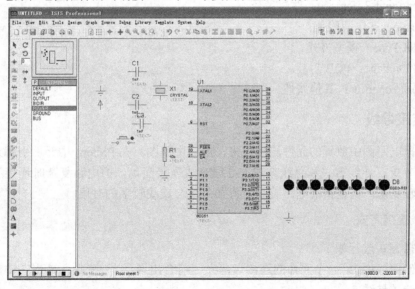

图 11-6　放置元件图

元件放置后，如果元件位置不合适或不正确，可通过移动、旋转、删除、属性修改等操作对元件进行编辑。

对元件编辑时首先要选中元件，元件的选择分以下几种：①单击鼠标左键选择；②对于活动元件，如开关 BUTTON 等，通过用鼠标左键拖动选择；③对于一组元件的选择，可以通过鼠标左键拖动选择框内的所有元件，也可按住"Ctrl"键再用鼠标左键依次单击要选择的元件。

选中元件后，如果要移动元件，则用鼠标左键拖动所选元件即可；如果要删除元件，按键盘上的"Delete"删除键，或者在选中的元件上单击鼠标右键，在弹出的菜单中选择 Delete Object 选项；如果要旋转，则在右键菜单中选择相应的旋转选项。如果修改属性，则在右键菜单下选择 Edit Properties 选项，不同的元件其属性不同，出现的元件属性对话框也不一样。图 11-7 所示是电阻属性对话框。

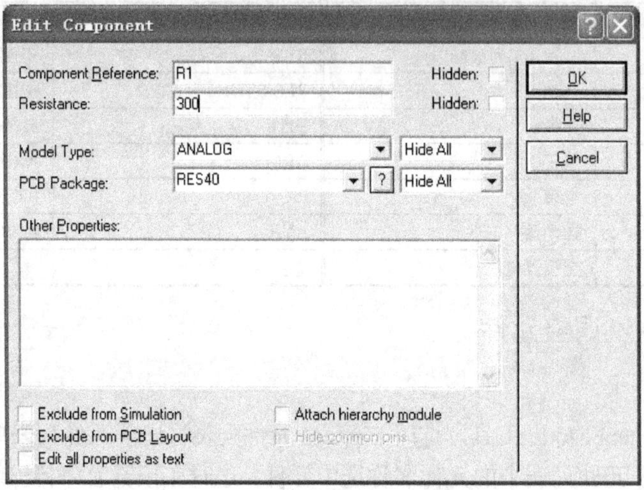

图 11-7　电阻属性对话框

在该对话框中包含如下信息：

- Component Reference：件参考号。
- Resistance：电阻阻值。
- Model Type：模型方式。
- PCB Package：PCB 封装。
- Other Properties：其他属性。

11.2.3　连接导线

用导线把电路图中放置的元件连接起来，形成电路图。在 Proteus 中元件引脚之间的连接一般有两种方式：导线方式和总线方式。导线方式连接简单，但电路复杂时连接不方便，总线方式连接较复杂，但连接的电路美观，特别是适合连线较多的时候。

1. 导线连接方式

导线连接方式过程如下：

(1)把光标移动到第一个元件的连接点，光标前会出现"□"形状，单击左键，这时会从连接点引出一条导线。

(2)移动光标到第二个元件的连接点，在第二个元件的连接点处，光标前也会出现"□"形状，单击左键，即在两个元件之间连接上导线，这时导线的走线方式是系统自动设定的直线，如果用户要控制走线路径，只需在相应的拐点处单击左键，如图 11-8 所示。

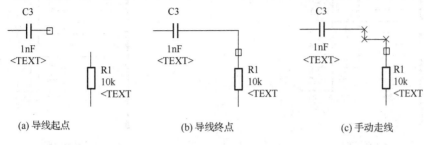

(a) 导线起点　　　　　　　　(b) 导线终点　　　　　　　　(c) 手动走线

图 11-8　导线的连接

用户也可用工具(Tools)菜单下面的自动走线（"Wire Auto Router"）命令取消自动走线，这时连接形成的就是直接从起点到终点的导线。另外，如果没有到第二个元件的连接点就双击左键，则从第一个元件的连接点引出一段导线。

(3)导线加标签

对于导线的连接，也可通过加标签的方法。给导线加标签用主要模型中的放置线标签█工具。处理过程如下：单击"放置线标签█"按钮，移动光标到需要加标签的导线上，这时光标前会出现"×"形状，单击左键，弹出编辑线标签窗口，如图 11-9 所示。在 String 栏中输入线标签名。

在一个电路图中，标签名相同的导线在逻辑上是连接在一起的。

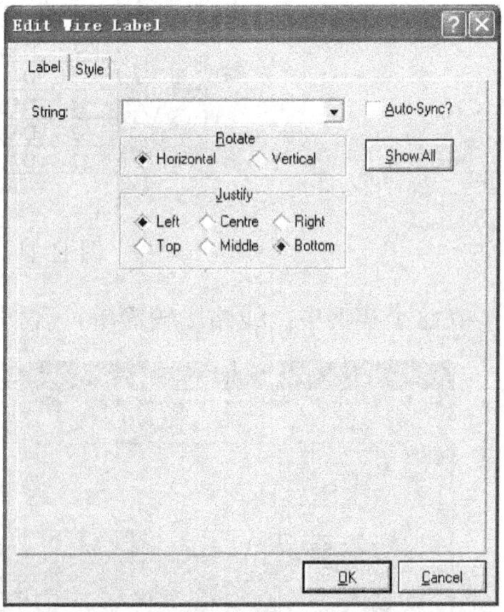

2. 总线方式

总线用于元件中间段的连接，便于减少电路导线的连接，而元件引脚端的连接必须用一般的导线。因此，使用总线时主要涉及绘制总线和导线与总线的连接。

图 11-9　编辑线标签窗口

(1)绘制总线

绘制总线可使用主要模型中的绘制总线(Buses Mode)┳工具。选中该工具后，移动光标到编辑窗口，在需要绘制总线的开始位置单击左键，移动光标，到结束位置再单击左键，便可绘制出一条总线。

(2)导线与总线的连接

导线与总线的连接一般是从导线向总线方向连线，连接时一般有直线和斜线两种，如图 11-10 所示，斜线连接时一般要取消自动走线。

总线绘制好后，也可用放置线标签█工具给总线加标签，给总线加标签时，可同时给总线中的一组信号线加标签，处理过程与导线一样，只是标签用 A[0...7]的形式，这时就给总线中的 8 根信号线加了标签，8 根信号线的标签名分别为 A0，A1，…，A7。连接在总线上的导线，若标签名相同，则它们在逻辑关系上是连接在一起的，如图 11-11 所示。

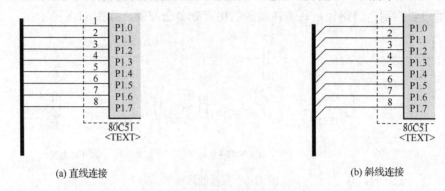

(a) 直线连接   (b) 斜线连接

图 11-10   导线与总线的连接

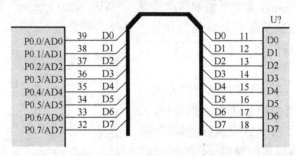

图 11-11   总线上信号线的连接

在这个实例中，线路比较简单，我们用导线方式连接，连接图如图 11-12 所示。

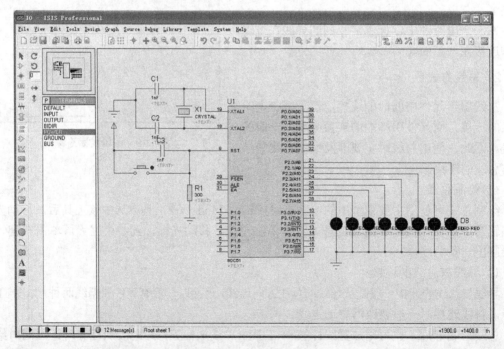

图 11-12   实例导线连接图

11.2.4　给单片机加载程序

当硬件线路连接完成，元件属性调整好后，就可以给单片机加载程序了。加载的程序只能是 HEX 文件，可以在 Keil C51 软件中设计，形成 HEX 文件。处理时软件程序文件最好与硬件电路文件保存在同一个文件夹下面，在本实例中，都保存在 E:\IO 文件夹下面。软件源程序如下：

```c
#include<intrins.h>
#include<reg52.h>
#define uchar unsigned char
#define uint unsigned int

void mDelay(uint Delay)              //延时
{   uint i;
    for(;Delay > 0;Delay--)
        for(i = 0;i < 110;i++);
}

void main(void)
{
    unsigned char a,i;
    while(1)
    {
        a = 0x01;
        for(i = 0;i < 8;i++)         //流水灯一共 8 只，实现 1 到 8 只流水灯的循环
        {
            P2 = _crol_(a,1);        //实现输出
            a = P2;
            mDelay(500);             //500ms 的延迟
        }
    }
}
```

假定在 Keil C51 中已经编译形成了名为 IO.hex 的十六进制文件，则加载过程如下：在 Proteus 电路图中，单击单片机 80C51 芯片，选中，再次单击(或单击选择"Edit Properties"命令)，打开单片机 80C51 的属性对话框，在属性对话框中的"Program File"栏中选择加载到 80C51 芯片中的程序。这里是同一个文件夹下面的 IO.hex 文件，如图 11-13 所示。

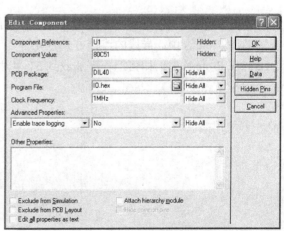

图 11-13　加载程序到单片机

11.2.5　运行仿真查看结果

程序加载以后，就可以单击仿真工具中的运行按钮 ▶ 在 51 单片机中运行程序，运行后可以在 Proteus ISIS 中看到运行的结果。

本实例结果如图 11-14 所示。如果要看 51 单片机的特殊功能寄存器、存储器中的内容，则可用暂停按钮 ▌▌ 使程序暂停下来，然后通过 Debug（调试）菜单下面的相应命令打开特殊功能寄存器窗口或存储器窗口查看。

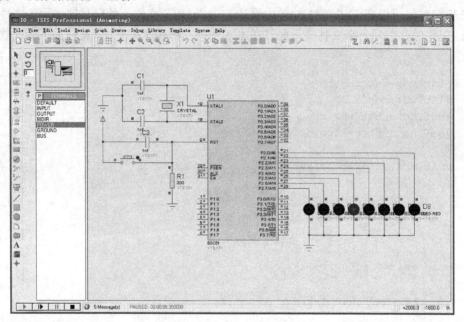

图 11-14　仿真结果图

最后说明一下，在仿真调试时，如果因为程序有错，仿真不能得到相应的结果，则要在 Keil μVision IDE 中修改程序，程序修改后再对程序进行重新编译连接形成 HEX 文件，但在 Proteus 中不用再重新加载，因为前面已经加载了，直接运行即可，非常方便。因此现在使用 Keil μVision IDE 和 Proteus 进行单片机应用系统仿真非常广泛。

习　　题

1．简要介绍在 Proteus 中单片机应用系统的仿真过程。
2．在 Proteus 中，导线的连接方式有几种？
3．在 Proteus 中，如何把程序加载到 51 单片机中？

附录 A

51 系列单片机指令表

A.1 数据传送类指令

助 记 符		功能说明	机 器 码	字 节 数	机器周期
MOV A,	Rn	寄存器内容送入累加器	E8~EF	1	1
	direct	direct 送入累加器	E5 (direct)	2	1
	@Ri	@Ri 送入累加器	E6~E7	1	1
	#data8	8 位立即数送入累加器	74 direct	2	1
MOV Rn,	A	累加器内容送入寄存器	F8~FF	1	1
	direct	direct 送入寄存器	A8 (direct)	2	2
	#data8	8 位立即数送入寄存器	78 (data8)	2	1
MOV direct,	A	累加器内容送入 direct	F5 (direct)	2	1
	Rn	寄存器内容送入 direct	88~8F (direct)	2	2
	direct	direct 送入 direct	85 (direct) (direct)	3	2
	@Ri	@Ri 送入直接地址单元	86 87 (direct)	2	2
	#data8	8 位立即数送入直接地址单元	75 (direct) (data8)	3	2
MOV @Ri,	A	累加器内容送入间接 RAM 单元	F6 F7	1	1
	direct	direct 送入间接 RAM 单元	A6 A7 (direct)	2	2
	#data8	#data8 送入间接 RAM 单元	76 77 (data8)	2	1
MOV DPTR,#data16		#data16 送入 DPTR	90 (directH) (directL)	3	2
MOVX A,	@Ri	外部 RAM (8 位地址) 送入 A	E2 E3	1	2
	@DPTR	外部 RAM (16 位地址) 送入 A	E0	1	2
MOVX @Ri,	A	A 送入外部 RAM (8 位地址)	F2 F3	1	2
MOVX DPTR,	A	A 送入外部 RAM (16 位地址)	F0	1	2
SWAP A		累加器高 4 位与低 4 位互换	C4	1	1
XCHD A,@Ri		@Ri 与 A 进行低半字节交换	D6 D7	1	1
XCH A,	Rn	Rn 与累加器交换	C8~CF	1	1
	direct	direct 与累加器交换	C5 (direct)	2	1
	@Ri	@Ri 与累加器交换	C6 C7	1	1
MOVC A, @A+DPTR		以 DPTR 为基址查表	93	1	2
MOVC A, @A+PC		以 PC 为基址查表	83	1	2
PUSH direct		入栈	D0 (direct)	2	2
POP direct		出栈	C0 (direct)	2	2

A.2　算术操作类指令

助　记　符		功能说明	机　器　码	字　节　数	机器周期
ADD A,	Rn	寄存器内容加	28～2F	1	1
	direct	直接地址单元加	25 (direct)	2	1
	@Ri	间接 RAM 内容加	26 27	1	1
	#data8	8 位立即数加	24 (data8)	2	1
ADDC A,	Rn	寄存器内容带进位加	38～3F	1	1
	direct	直接地址单元带进位加	35 (direct)	2	1
	@Ri	间接 RAM 内容带进位加	36 37	1	1
	#data8	8 位立即数带进位加	34 (data8)	2	1
INC	A	累加器加 1	04	1	1
	Rn	寄存器加 1	08～0F	1	1
	direct	直接地址单元内容加 1	05 (direct)	2	1
	@Ri	间接 RAM 内容加 1	06 07	1	1
	DPTR	DPTR 加 1	A3	1	1
DA　A		累加器进行十进制转换	D4	1	1
SUBB A,	Rn	带借位减寄存器内容	98～9F	1	1
	direct	带借位减直接地址单元	95 (direct)	2	1
	@Ri	带借位减间接 RAM 内容	96 97	1	1
	#data8	带借位减 8 位立即数	94 (data8)	2	1
DEC	A	累加器减 1	14	1	1
	Rn	寄存器减 1	18～1F	1	1
	direct	直接地址单元内容减 1	15 (direct)	2	1
	@Ri	间接 RAM 内容减 1	16 17	1	1
MUL A,B		A 乘以 B	A4	1	4
DIV A,B		A 除以 B	84	1	4

A.3　逻辑操作类指令

助　记　符		功能说明	机　器　码	字　节　数	机器周期
CLR　A		累加器清零	E4	1	1
CPL　A		累加器求反	F4	1	1
ANL A,	Rn	累加器与寄存器相与	58～5F	1	1
	direct	累加器与 direct 相与	55 (direct)	2	1
	@Ri	累加器与间接 RAM 内容相与	56 57	1	1
	#data8	累加器与 8 位立即数相与	54 (data8)	2	1
ANL direct,	A	direct 与累加器相与	52 (direct)	2	1
	#data8	direct 与#data8 相与	53 (direct) (data8)	3	2

续表

助 记 符		功能说明	机 器 码	字 节 数	机器周期
ORL A,	Rn	累加器与寄存器相或	48～4F	1	1
	direct	累加器与直接地址单元相或	45(direct)	2	1
	@Ri	累加器与间接RAM内容相或	46 47	1	1
	#data8	累加器与8位立即数相或	44(data8)	2	1
ORL direct,	A	direct与累加器相或	42(direct)	2	1
	#data8	direct与#data8相或	43(direct)(data8)	3	2
XRL A,	Rn	累加器与寄存器相异或	68～6F	1	1
	direct	累加器与direct相异或	65(direct)	2	1
	@Ri	累加器与@Ri相异或	66 67	1	1
	#data8	累加器与#data8相异或	64(data8)	2	1
XRL direct,	A	direct与累加器相异或	62(direct)	2	1
	#data8	direct与#data8相异或	63(direct)(data8)	3	2
循环/移位类指令:					
RL A		累加器循环左移	23	1	1
RLC A		累加器带进位循环左移	33	1	1
RR A		累加器循环右移	03	1	1
RRC A		累加器带进位循环右移	13	1	1

A.4 控制转移类指令

助 记 符	功能说明	机 器 码	字 节 数	机器周期
LJMP addr16	长转移	02(addrH)(addrL)	3	2
AJMP addr11	绝对短转移	(addrH*20+1)(addrL)	2	2
SJMP rel	相对转移	80(rel)	2	2
JMP @A+DPTR	相对于DPTR的间接转移	73	1	2
JZ rel	累加器为零转移	60(rel)	2	2
JNZ rel	累加器非零转移	70(rel)	2	2
CJNE A,direct,rel	A与direct比较不等则转移	B5(direct)(rel)	3	2
CJNE A,#data8,rel	A与#data8比较不等则转移	B4(data8)(rel)	3	2
CJNE Rn,#data8,rel	Rn与#data8比较不等则转移	B8～BF(data8)(rel)	3	2
CJNE @Ri,#data8,rel	@Ri与#data8比较不等则转移	B6 B7(data8)(rel)	3	2
DJNZ Rn,rel	寄存器减1非零转移	D8～DF(rel)	3	2
DJNZ direct,rel	direct减1非零转移	D5(direct)(rel)	3	2
ACALL addr11	绝对短调用子程序	(addrH*20+11)(addrL)	2	2
LACLL addr16	长调用子程序	12(addrH)(addrL)	3	2
RET	子程序返回	22	1	2
RETI	中断返回	32	1	2
NOP	空操作	00	1	1

A.5　位操作类指令

助 记 符	功能说明	机 器 码	字 节 数	机器周期
CLR C	清进位位	C3	1	1
CLR bit	清直接地址位	C2 (bit)	2	1
SETB C	置进位位	D3	1	1
SETB bit	置直接地址位	D2 (bit)	2	1
CPL C	进位位求反	B3	1	1
CPL bit	直接地址位求反	B2 (bit)	2	1
ANL C,bit	进位位和 bit 相与	82 (bit)	2	2
ANL C,/bit	进位位和 bit 的反码相与	B0 (bit)	2	2
ORL C,bit	进位位和 bit 相或	72 (bit)	2	2
ORL C,/bit	进位位和 bit 的反码相或	A0 (bit)	2	2
MOV C,bit	直接地址位送入进位位	A2 (bit)	2	1
MOV bit,C	进位位送入直接地址位	92 (bit)	2	2
JC rel	进位位为 1 则转移	40 (rel)	2	2
JNC rel	进位位为 0 则转移	50 (rel)	2	2
JB bit,rel	直接地址位为 1 则转移	20 (bit) (rel)	3	2
JNB bit,rel	直接地址位为 0 则转移	10 (bit) (rel)	3	2
JBC bit,rel	bit 为 1 则转移该位清零	30 (bit) (rel)	3	2

C51 的库函数

C51 编译器提供了丰富的库函数，使用库函数可以大大简化用户的程序设计工作从而提高编程效率，基于 MCS-51 系列单片机本身的特点，某些库函数的参数和调用格式与 ANSIC 标准有所不同。

每个库函数都在相应的头文件中给出了函数原型声明，用户如果需要使用库函数，必须在源程序的开始处采用预处理命令#include，将有关的头文件包含进来。下面是 C51 中常见的库函数。

B.1 寄存器库函数 REG×××.H

在 REG×××.H 的头文件中定义了 MCS-51 的所有特殊功能寄存器和相应的位，定义时都用大写字母。当在程序的头部把寄存器库函数 REG×××.H 包含后，在程序中就可以直接使用 MCS-51 中的特殊功能寄存器和相应的位。

B.2 字符函数 CTYPE.H

函数原型：extern bit isalpha (char c)；

再入属性：reentrant。

功能：检查参数字符是否为英文字母，是则返回 1，否则返回 0。

函数原型：extern bit isalnum(char c)；

再入属性：reentrant。

功能：检查参数字符是否为英文字母或数字字符，是则返回 1，否则返回 0。

函数原型：extern bit iscntrl (char c)；

再入属性：reentrant。

功能：检查参数字符是否在 0x00～0x1f 之间或等于 0x7f，是则返回 1，否则返回 0。

函数原型：extern bit isdigit(char c)；

再入属性：reentrant。

功能：检查参数字符是否为数字字符，是则返回 1，否则返回 0。

函数原型：extern bit isgraph (char c)；

再入属性：reentrant。

功能：检查参数字符是否为可打印字符，可打印字符的 ASCII 值为 0x21～0x7e，是则返回 1，否则返回 0。

函数原型：extern　bit　isprint（char　c）；

再入属性：reentrant。

功能：除了与 isgraph 相同之外，还接收空格符(0x20)。

函数原型：extern　bit　ispunct（char　c）；

再入属性：reentrant。

功能：检查参数字符是否为标点、空格和格式字符，是则返回 1，否则返回 0。

函数原型：extern　bit　islower（char　c）；

再入属性：reentrant。

功能：检查参数字符是否为小写英文字母，是则返回 1，否则返回 0。

函数原型：extern　bit　isupper（char　c）；

再入属性：reentrant。

功能：检查参数字符是否为大写英文字母，是则返回 1，否则返回 0。

函数原型：extern　bit　isspace（char　c）；

再入属性：reentrant

功能：检查参数字符是否为空格、制表符、回车、换行、垂直制表符和送纸之一，是则返回 1，否则返回 0。

函数原型：extern　bit　isxdigit（char　c）；

再入属性：reentrant。

功能：检查参数字符是否为十六进制数字字符，是则返回 1，否则返回 0。

函数原型：extern　char　toint（char　c）；

再入属性：reentrant。

功能：将 ASCII 字符的 0～9、A～F 转换为十六进制数，返回值为 0～F。

函数原型：extern　char　tolower（char　c）；

再入属性：reentrant。

功能：将大写字母转换成小写字母，如果不是大写字母，则不作转换直接返回相应的内容。

函数原型：extern　char　toupper（char　c）；

再入属性：reentrant。

功能：将小写字母转换成大写字母，如果不是小写字母，则不作转换直接返回相应的内容。

B.3　一般输入/输出函数 STDIO.H

C51 库中包含的输入/输出函数 STDIO.H 是通过 MCS-51 的串行口工作的。在使用输入/输出函数 STDIO.H 库中的函数之前，应先对串行口进行初始化。以 2400 波特率(时钟频率为 12MHz)为例，初始化程序为：

```
SCON=0x52;
TMOD=0x20;
TH1=0xf3;
TR1=1;
```

当然也可以使用其他的波特率。

在输入/输出函数 STDIO.H 中，库中的所有其他函数都依赖 getkey( )和 putchar( )函数，如果希望支持其他 I/O 接口，只需修改这两个函数。

函数原型：extern　char　_getkey(void)；

再入属性：reentrant。

功能：从串口读入一个字符，不显示。

函数原型：extern　char　getkey(void)；

再入属性：reentrant。

功能：从串口读入一个字符，并通过串口输出对应的字符。

函数原型：extern　char　putchar(char　c)；

再入属性：reentrant。

功能：从串口输出一个字符。

函数原型：extern　char　*gets(char * string,int len)；

再入属性：non-reentrant。

功能：从串口读入一个长度为 len 的字符串存入 string 指定的位置。输入以换行符结束。输入成功则返回传入的参数指针，失败则返回 NULL。

函数原型：extern　char　ungetchar(char　c)；

再入属性：reentrant。

功能：将输入的字符送到输入缓冲区并将其值返回给调用者，下次使用 gets 或 getchar 时可得到该字符，但不能返回多个字符。

函数原型：extern　char　ungetkey(char　c)；

再入属性：reentrant。

功能：将输入的字符送到输入缓冲区并将其值返回给调用者，下次使用_getkey 时可得到该字符，但不能返回多个字符。

函数原型：extern　int　printf(const char * fmtstr[,argument]…)；

再入属性：non-reentrant。

功能：以一定的格式通过 MCS-51 的串口输出数值或字符串，返回实际输出的字符数。

函数原型：extern　int　sprintf(char * buffer,const char*fmtstr[,argument])；

再入属性：non-reentrant。

功能：sprintf 与 printf 的功能相似，但数据不是输出到串口，而是通过一个指针 buffer 送入可寻址的内存缓冲区，并以 ASCII 码形式存放。

函数原型：extern　int　puts (const char * string)；

再入属性：reentrant。

功能：将字符串和换行符写入串行口，错误时返回 EOF，否则返回一个非负数。

函数原型：extern　int　scanf(const char * fmtstr[,argument]…)；

再入属性：non-reentrant。

功能：以一定的格式通过 MCS-51 的串口读入数据或字符串，存入指定的存储单元,注意,每个参数都必须是指针类型。scanf 返回输入的项数，错误时返回 EOF。

函数原型：extern　int　sscanf(char *buffer,const char * fmtstr[,argument])；

再入属性：non-reentrant。

功能：sscanf 与 scanf 功能相似，但字符串的输入不是通过串口，而是通过另一个以空结束的指针。

B.4　内部函数 INTRINS.H

函数原型：unsigned　char　_crol_(unsigned char var,unsigned char n)；

　　　　　unsigned　int　_irol_(unsigned int var,unsigned char n)；

　　　　　unsigned　long　_irol_(unsigned long var,unsigned char n)；

再入属性：reentrant/intrinse。

功能：将变量 var 循环左移 n 位，它们与 MCS-51 单片机的 RL　A 指令相关。这 3 个函数的不同之处在于变量的类型与返回值的类型不一样。

函数原型：unsigned　char　_cror_(unsigned char var,unsigned char n)；

　　　　　unsigned　int　_iror_(unsigned int var,unsigned char n)；

　　　　　unsigned　long　_iror_(unsigned long var,unsigned char n)；

再入属性：reentrant/intrinse。

功能：将变量 var 循环右移 n 位，它们与 MCS-51 单片机的 RR　A 指令相关。这 3 个函数不同之处在于变量的类型与返回值的类型不一样。

函数原型：void _nop_(void)；

再入属性：reentrant/intrinse。

功能：产生一个 MCS-51 单片机的 NOP 指令。

函数原型：bit　_testbit_(bit　b)；

再入属性：reentrant/intrinse。

功能：产生一个 MCS-51 单片机的 JBC 指令。该函数对字节中的一位进行测试。若为 1 则返回 1，若为 0 则返回 0。该函数只能对可寻址位进行测试。

B.5　标准函数 STDLIB.H

函数原型：float　atof(void　*string)；

再入属性：non-reentrant。

功能：将字符串 string 转换成浮点数值并返回。

函数原型：long　atol(void　*string)；

再入属性：non-reentrant。

功能：将字符串 string 转换成长整型数值并返回。

函数原型：int　atoi(void　*string)；

再入属性：non-reentrant。

功能：将字符串 string 转换成整型数值并返回。

函数原型：void　*calloc(unsigned int num,unsigned int len)；

再入属性：non-reentrant。

功能：返回 n 个具有 len 长度的内存指针，如果无内存空间可用，则返回 NULL。所分配的内存区域用 0 进行初始化。

函数原型：void   *malloc(unsigned int size)；

再入属性：non-reentrant。

功能：返回一个具有 size 长度的内存指针，如果无内存空间可用，则返回 NULL。所分配的内存区域不进行初始化。

函数原型：void   *realloc (void xdata *p,unsigned int size)；

再入属性：non-reentrant。

功能：改变指针 p 所指向的内存单元的大小，原内存单元的内容被复制到新的存储单元中，如果该内存单元的区域较大，多出的部分不进行初始化。

realloc 函数返回指向新存储区的指针，如果无足够大的内存可用，则返回 NULL。

函数原型：void   free(void xdata *p)；

再入属性：non-reentrant。

功能：释放指针 p 所指向的存储器区域，如果返回值为 NULL，则该函数无效，p 必须为以前用 callon、malloc 或 realloc 函数分配的存储器区域。

函数原型：void   init_mempool(void *data *p,unsigned int size)；

再入属性：non-reentrant。

功能：对被 callon、malloc 或 realloc 函数分配的存储器区域进行初始化。指针 p 指向存储器区域的首地址，size 表示存储区域的大小。

B.6   字符串函数 STRING.H

函数原型：void   *memccpy(void *dest,void *src,char val,int len)；

再入属性：non-reentrant。

功能：复制字符串 src 中 len 个元素到字符串 dest 中。如果实际复制了 len 个字符则返回 NULL。复制过程在复制完字符 val 后停止，此时返回指向 dest 中下一个元素的指针。

函数原型：void   *memmove (void *dest,void *src,int len)；

再入属性：reentrant/intrinse。

功能：memmove 的工作方式与 memcpy 的工作方式相同，只是复制的区域可以交叠。

函数原型：void   *memchr (void *buf,char c,int len)；

再入属性：reentrant/intrinse。

功能：顺序搜索字符串 buf 的前 len 个字符以找出字符 val，成功后返回 buf 中指向 val 的指针，失败时返回 NULL。

函数原型：char   memcmp(void *buf1,void *buf2,int len)；

再入属性：reentrant/intrinse。

功能：逐个比较字符串 buf1 和 buf 2 的前 len 个字符，相等时返回 0，若 buf1 大于 buf2，则返回一个正数；若 buf1 小于 buf 2，则返回一个负数。

函数原型：void   *memcopy (void *dest,void *src,int len)；

再入属性：reentrant/intrinse。

　　功能：从 src 所指向的存储器单元复制 len 个字符到 dest 中，返回指向 dest 中最后一个字符的指针。

　　函数原型：void　*memset（void *buf,char c,int len）;

　　再入属性：reentrant/intrinse。

　　功能：用 val 来填充指针 buf 中的 len 个字符。

　　函数原型：char　*strcat（char *dest,char *src）;

　　再入属性：non-reentrant。

　　功能：将串 dest 复制到串 src 的尾部。

　　函数原型：char　*strncat（char *dest,char *src,int len）;

　　再入属性：non-reentrant。

　　功能：将串 dest 的 len 个字符复制到串 src 的尾部。

　　函数原型：char　strcmp（char *string1,char *string2）;

　　再入属性：reentrant/intrinse。

　　功能：比较串 string1 和串 string2，相等则返回 0；若 string1>string2，则返回一个正数；若 string1<string2，则返回一个负数。

　　函数原型：char strncmp（char *string1,char *string2,int len）;

　　再入属性：non-reentrant。

　　功能：比较串 string1 与串 string2 的前 len 个字符，返回值与 strcmp 相同。

　　函数原型：char　*strcpy（char *dest,char *src）;

　　再入属性：reentrant/intrinse。

　　功能：将串 src，包括结束符，复制到串 dest 中，返回指向 dest 中第一个字符的指针。

　　函数原型：char　strncpy（char *dest,char *src,int len）;

　　再入属性：reentrant/intrinse。

　　功能：strncpy 与 strcpy 相似，但它只复制 len 个字符。如果 src 的长度小于 len，则 dest 串以 0 补齐到长度 len。

　　函数原型：int　strlen（char *src）;

　　再入属性：reentrant。

　　功能：返回串 src 中的字符个数，包括结束符。

　　函数原型：char　*strchr（const char *string,char c）;

　　　　　　　　int　strpos（const char *string,char c）;

　　再入属性：reentrant。

　　功能：strchr 搜索 string 串中第一个出现的字符 c，如果找到则返回指向该字符的指针，否则返回 NULL。被搜索的字符可以是串结束符，此时返回值是指向串结束符的指针。strpos 的功能与 strchr 类似，但返回的是字符 c 在串中出现的位置值或-1，string 中首字符的位置值是 0。

　　函数原型：int　strlen（char *src）;

　　再入属性：reentrant。

　　功能：返回串 src 中的字符个数，包括结束符。

　　函数原型：char　*strrchr（const char *string,char c）;

int　　strrpos（const char *string,char c）；

再入属性：reentrant。

功能：strrchr 搜索 string 串中最后一个出现的字符 c，如果找到则返回指向该字符的指针，否则返回 NULL。被搜索的字符可以是串结束符，此时返回值是指向串结束符的指针。strpos 的功能与 strchr 类似，但返回的是字符 c 在串中最后一次出现的位置值或-1。

函数原型：int　　strspn（char *string,char *set）；

　　　　　　int　　strcspn（char *string,char * set）；

　　　　　　char　*strpbrk（char *string,char *set）；

　　　　　　char　*strrpbrk（char *string,char *set）；

再入属性：non-reentrant。

功能：strspn 搜索 string 串中第一个不包括在 set 串中的字符，返回值是 string 中包括在 set 里的字符个数。如果 string 中所有的字符都包括在 set 里面，则返回 string 的长度（不包括结束符），如果 set 是空串则返回 0。

strcspn 与 strspn 相似，但它搜索的是 string 串中第一个包含在 set 里的字符。strpbrk 与 strspn 相似，但返回指向搜索到的字符的指针，而不是个数，如果未搜索到，则返回 NULL。strrpbrk 与 strpbrk 相似，但它返回指向搜索到的字符的最后一个字符的指针。

B.7　数学函数 MATH.H

函数原型：extern　int　abs（int　i）

　　　　　　extern　char　cabs（char　i）

　　　　　　extern　float　fabs（float　i）

　　　　　　extern　long　labs（long　i）

再入属性：reentrant。

功能：计算并返回 i 的绝对值。这 4 个函数除了变量和返回值类型不同之外，其他功能完全相同。

函数原型：extern　float　exp（float　i）

　　　　　　extern　float　log（float　i）

　　　　　　extern　float　log10（float　i）

再入属性：non-reentrant。

功能：exp 返回以 e 为底的 i 的幂，log 返回 i 的自然对数（e = 2.718282），log10 返回以 10 为底的 i 的对数。

函数原型：extern　float　sqrt（float　i）

再入属性：non-reentrant。

功能：返回 i 的正平方根。

函数原型：extern　int　rand（）

　　　　　　extern　void　srand（int　i）

再入属性：reentrant/non-reentrant。

功能：rand 返回一个 0～32767 之间的伪随机数，srand 用来将随机数发生器初始化成一个已知的值，对 rand 的相继调用将产生相同序列的随机数。

函数原型：extern　float　cos（float　i）

　　　　　　extern　float　sin（float　i）

　　　　　　extern　float　tan（float　i）

再入属性：non-reentrant。

功能：cos 返回 i 的余弦值，sin 返回 i 的正弦值，tan 返回 i 的正切值，所有函数的变量范围都是 $-\pi/2 \sim +\pi/2$，变量的值必须在 ± 65535 之间，否则产生一个 NaN 错误。

函数原型：extern　float　acos（float　i）

　　　　　　extern　float　asin（float　i）

　　　　　　extern　float　atan（float　i）

　　　　　　extern　float　atan2（float　i,float　j）

再入属性：non-reentrant。

功能：acos 返回 i 的反余弦值，asin 返回 i 的反正弦值，atan 返回 i 的反正切值，所有函数的值域都是 $-\pi/2 \sim +\pi/2$，atan2 返回 x/y 的反正切值，其值域为 $-\pi \sim +\pi$。

函数原型：extern　float　cosh（float　i）

　　　　　　extern　float　sinh（float　i）

　　　　　　extern　float　tanh（float　i）

再入属性：non-reentrant。

功能：cosh 返回 i 的双曲余弦值，sinh 返回 i 的双曲正弦值，tanh 返回 i 的双曲正切值。

B.8　绝对地址访问函数 ABSACC.H

函数原型：#define　CBYTE（(unsigned char *) 0x50000L）

　　　　　　#define　DBYTE（(unsigned char *) 0x40000L）

　　　　　　#define　PBYTE（(unsigned char *) 0x30000L）

　　　　　　#define　XBYTE（(unsigned char *) 0x20000L）

　　　　　　#define　CWORD（(unsigned int *) 0x50000L）

　　　　　　#define　DWORD（(unsigned int *) 0x50000L）

　　　　　　#define　PWORD（(unsigned int *) 0x50000L）

　　　　　　#define　XWORD（(unsigned int *) 0x50000L）

再入属性：reentrant。

功能：CBYTE 以字节形式对 CODE 区寻址，DBYTE 以字节形式对 DATA 区寻址，PBYTE 以字节形式对 PDATA 区寻址，XBYTE 以字节形式对 XDATA 区寻址，CWORD 以字形式对 CODE 区寻址，DWORD 以字形式对 DATA 区寻址，PWORD 以字形式对 PDATA 区寻址，XWORD 以字形式对 XDATA 区寻址。例如，XBYTE[0x0001]是以字节形式对片外 RAM 的 0001H 单元访问。